상식으로 꼭 알아야 할

건축,
그 천년의 이야기

김동훈, 박영란 편저

(주)삼양미디어

추천의 글

아름다움에 관심이 있는 분들이라면 꼭 읽어야 할 책이라고 소개하고 싶습니다.

"거칠고 황폐한 기둥들을 왜 봐야 하나?" 이렇게 말씀하신다면 어쩔 수 없지만, 그 기둥들이 숨기고 있는 작은 홈들과 장인들의 손에 의해 새겨진 내면의 모습을 여러분의 가슴으로 느낀다면 그 아름다움에 흠뻑 빠지게 될 것이기 때문입니다. 건축물이 탄생하기까지의 과정과 탄생 후에 건축물에 생긴 일들을 듣다 보면 마치 한 사람의 굴곡 많은 인생 이야기를 듣는 것 같은 느낌을 받습니다. 한 사람의 생애는 그 결과가 어찌하든 늘 매력적이고 아름답습니다. 누구에게나 찬란한 순간은 있고, 누구에게나 자신의 인생 중 가장 아름다운 순간은 있기 마련이지요. 단지 그것은 길고 짧음의 차이일 뿐. 이 책은 이런 사람의 인생을 반영하듯 건축물들의 매력을 펼쳐내고 있습니다.

"피라미드는 무너져도 기록은 남으리라."

지금부터 여러분은 그 기록의 순간을 경험할 것입니다. 책은 한순간을 위한 것이 아닙니다. 책은 기록 속에 새겨진 건축물에 대한 정보와 함께 그 시대 사람들의 모습을 보여 줍니다. 과거의 그들 역시 웃고 꿈꾸고 사랑하던 존재들이지 않았을까요? 그런 그들이 사랑에 빠졌던 건축물들에게 말을 걸어 봅시다. 건축은 어렵다는 편견을 깨고 가벼운 마음으로 건축으로의 항해를 시작해 봅시다.

먼저 단순한 이야기를 듣는 마음으로 이 책을 시작하시기 바랍니다.

편한 소파에 앉아 푹신한 쿠션을 껴안고 책을 들기 바랍니다. 그리고 가장 편안한 자세로 가

Architecture of The World

장 편한 페이지를 열어 봅시다. 책을 굳이 처음부터 읽을 필요는 없습니다. 여행의 묘미는 치밀하게 계획된 것도 좋지만 생각하지 못한 곳에 떨어진다는 것 역시 좋기 때문입니다. 특히 성실한 가이드를 두고 있다면 든든한 마음에 더욱 그럴 것입니다.

지금 이 책을 읽고 있는 여러분과 같은 생각으로 질문을 하고, 여러분과 똑같은 의구심을 가진 이가 있습니다. 바로 이 책의 지은이입니다. 제 발로 세계 각지를 여행한 경험이 그리 많지 않고 건축에 대한 전문 지식 또한 넓지 않지만, 호기심만은 대단한 지은이지요. 지면을 통해 펼쳐 놓은 지은이의 건축 여행은 "건물은 왜 저렇게 만들어졌을까?"라고 스스로 던진 질문에 꼼꼼한 조사와 진실한 상상으로 답하고 있습니다.

건축을 읽는다는 것은 그 시대를 읽는다는 것입니다. 건축물들은 각각 자신들이 숨기고 있는 매력과 자신들만이 아는 고유한 이야기를 여러분 앞에 펼쳐 줄 것입니다. 그 시대의 생생한 이야기들과 입에서 입으로 전해 내려오는 소문들, 그리고 자신들이 그 자리에 설 때까지 일어난 일들을 여러분이 느낄 수 있도록 실감나게 말해 줄 것입니다. 건축물은 그 시대의 반영물이자 그 시대의 역사 자체이기 때문이지요.

이 책의 첫 장을 넘기면 각국의 세계문화유산 건축물들이 여러분을 맞이합니다. 여러분은 비행기를 타지 않고서도 동양과 서양을 넘나들고, 고대 이집트 피라미드에서부터 수원 화성, 독일의 바우하우스까지 시공을 초월한 여행을 하게 됩니다.

유네스코 세계문화유산이라고 하면 보통 경외심을 가지기 마련입니다. 그리고 세계문화유산에 대한 객관적이고 정확한 설명은 오히려 지루하고 무미건조하여 건축에 대한 흥미를 잃게 할 수도 있습니다. 이런 점을 감안하여 귀가 솔깃할 이야기와 약간의 흥미 위주의 주관적 견해를 보태 건축 알기의 즐거움을 시도해 본다면 이것 또한 색다른 가치가 있을 것으로 판단됩니다.

　　건축 전공자의 눈으로 바라보는 건축은 일정한 틀에 갇힐 수밖에 없습니다. 건축물의 아름다움을 논하기 전에 비례를 계산하고 양식을 구분하며 연대기를 측정하기 마련이기 때문입니다. 이 책은 비전공자의 눈으로 건축을 바라보면서 이러한 틀을 깨고 건축에 대해 설명하고 있습니다. 건축가의 입장에서 보면 건축의 유구한 역사와 과학적인 기법, 건축가의 철학을 깊이 담지 못한 점은 아쉬움으로 남습니다만, 이를 상쇄하는 큰 반가움이 이 책에는 있습니다. 이 책을 읽는 동안 건축에 대한 단순한 호기심은 건축에 대한 편안함으로 바뀌고, 건축을 보는 눈길이 익숙한 옷차림을 대하는 것처럼 바뀔 것이기 때문이지요. 이렇게 건축과 소통하는 모습을 지켜보는 것은 건축을 전공하는 저에게는 뿌듯한 순간입니다. 같은 시선으로 같은 목적을 바라본다면 그것만큼 재미있는 것이 또 있을까요?

　　나는 일반인들이 좀 더 쉽게 건축에 접할 수 있기를 바랍니다. 이 책은 이런 나의 마음을 읽어 내기라도 한 듯 쉽게 세계 건축물들을 풀어냈습니다. 편한 글과 구성으로 건축물에 대해 설명하고 있으며, 어려운 전공 용어는 가급적 사용하고 있지 않습니다. 그럼에도 불구하고 꼭 사용해

야 할 경우는 각주와 사진으로 그 이해를 돕고 있습니다. 건축을 전공하지 않은 분들도 이해하기 쉽도록 설명한 내용과 사진, 친절한 삽화들은 마치 가이드의 안내를 받는 것과 같은 기분을 느끼게 해 줄 것입니다.

 이 책을 덮고 난 후에도 여러분들이 책을 펼치기 전과 같은 느낌과 생각을 가지고 있다면 그것은 매우 안타까울 것 같습니다. 아마 이 책을 읽는 여러분들은 어느 한순간만이라도 호기심을 느끼고, 아름다움에 매료되며 기록 속에 묻힌 옛 사람들의 이야기에 귀 기울이는 자신의 모습을 볼 수 있을 것입니다.

2010년 김동훈

차 례 CONTENTS

추천의 글

서문 _ 서양의 두 가지 건축양식 • 10

PART 01 서양의 고대 건축

Chapter 01 고대 서아시아, 이집트 건축의 이해

이집트 기자의 피라미드 • 26 **예루살렘** 예루살렘 성전 • 32
요르단 페트라 • 40

Chapter 02 고대 그리스 · 로마의 건축 – 고전 건축의 시작

그리스 아테네의 아크로폴리스 • 58 **이탈리아** 로마 역사 지구 • 66
터키 히에라폴리스와 파무칼레 • 76

건축, 그 천년의 이야기

PART 02 중세 기독교 건축

Chapter 03 초기 및 중세 교회의 건축

터키 아야소피아 • 96 **아르메니아** 아흐파트 수도원 • 100
불가리아 릴라 수도원 • 104 **포르투갈** 하이에로니미테스 수도원과 벨렘 탑 • 108

Chapter 04 로마네스크와 고딕 시대의 건축들
스위스 세인트 갤 수도원 • 122 **헝가리** 파논할마의 베네딕트회 수도원 • 128
노르웨이 우르네스의 목조 성당 • 132 **프랑스** 샤르트르 대성당 • 136

PART 03 서양의 근세·근대 건축

Chapter 05 르네상스와 바로크, 로코코 건축

러시아 크렘린 궁과 붉은 광장 • 156 **바티칸 시국** 성 베드로 대성당 • 166
프랑스 베르사유 궁전 • 174 **오스트리아** 쇤부른 궁전과 정원 • 184
체코 젤레나 호라의 성 요한 순례 성당 • 188

차 례 CONTENTS

Chapter 06 근대·현대 서양 건축
네덜란드 암스테르담 방어선 • 204   **스페인** 가우디의 건축물 • 208
독일 바우하우스 • 216

PART 04 동양의 건축 문화 유산

Chapter 07 중국의 영향을 받은 동아시아의 건축
중국 만리장성 • 234   **중국** 자금성 • 240   **일본** 호류사의 불교 기념물군 • 246
일본 히메지 성 • 252   **대한민국** 석굴암과 불국사 • 258   **대한민국** 수원 화성 • 266

Chapter 08 불교의 영향을 받은 인도 및 동남아시아의 건축
스리랑카 담불라의 황금 사원 • 278   **인도** 아잔타 석굴 • 286
인도네시아 보로부두르 불교 사원 • 292   **네팔** 카트만두 계곡 • 300
캄보디아 앙코르 • 308   **태국** 아유타야 역사 도시 • 318

건축, 그 천년의 이야기

Chapter 09 이슬람의 영향을 받은 서아시아 건축

이란 에스파한의 이맘 광장 • 336 　**우즈베키스탄** 부하라 역사 지구 • 342
스페인 알람브라 궁전 • 346 　**인도** 타지마할과 아그라 요새 • 354
예루살렘 예루살렘 구 시가지-바위 돔 • 362

PART 05 기타 지역의 건축 문화 유산

Chapter 10 아메리카 지역의 건축

멕시코 욱스말 선(先) 스페인 도시 • 378 　**페루** 마추픽추 역사 보호 지구 • 386

Chapter 11 아프리카의 건축

리비아 사브라타 • 398 　**에티오피아** 라리벨라 암굴 교회 • 404
말리 젠네의 구 시가지 • 412

부록 _ 세계문화유산 국가별 목록

서문　　　　　　　　　　Architecture of The World

서양의 두 가지 건축양식
– 그리스 건축과 기독교 건축

건축, 그 천년의 이야기　10

서양 건축에는 두 가지 큰 흐름이 있다

　　모든 문화가 그러하듯이 건축 문화 또한 일정한 흐름이 있게 마련이다. 하지만 고대로부터 흘러온 건축양식 속에서 공통점을 찾는다는 것은 쉽지 않은 일이다. 서양의 경우 기독교가 역사적으로 커다란 영향을 준 것이 사실이며, 이는 건축 분야에서도 마찬가지다. 이 때문에 서양의 건축양식을 시대별로도 구분할 수 있지만 더 크게 구분하고자 했을 때는 두 가지 양식으로 나눌 수 있다는 점을 말해 두고자 한다.

　　그 두 가지는 무엇일까? 하나는 그리스 건축양식이고, 다른 하나는 기독교 건축양식이다. 무엇을 근거로 이렇게 나눌 수 있는지는 다음 두 건축물의 모양을 비교해 보면 금방 알 수 있을 것이다.

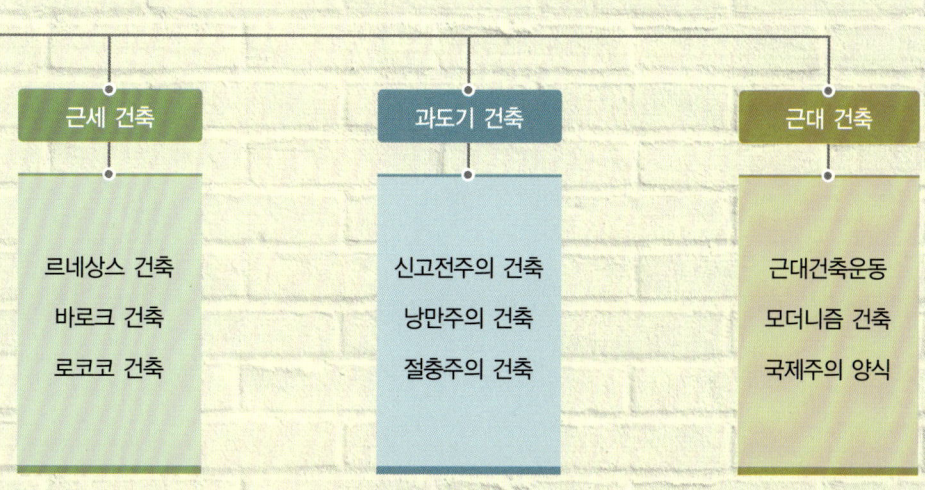

파르테논 신전

　아테네의 파르테논 신전은 그리스 건축을 대표하는 건물이고, 쾰른 대성당은 기독교 건축양식을 대표하는 건물 중의 하나이다. 이 두 건물의 차이점은 무엇일까? 육안으로 보기에는 파르테논 신전은 기둥으로 건물의 외관을 이루고 있다는 것이고, 쾰른 대성당은 건물의 외관이 벽으로 이루어져 있다는 점이다.
　그리스 건축양식은 후에 로마-르네상스-바로크, 로코코, 근대 건축으로 이어지는 서양의 건축 문화에 영향을 주었고, 기독교 건축양식은 초기 기독교-비잔틴-로마네스크-고딕으로 이어지는 건축 문화에 영향을 주었다. 두 건축양식이 서양 건축의 역사에 등장하는 시대들을 모두 포함하고 있고, 따라서 이 두 건축양식은 서양 건축을 이루는 커다란 두 줄기로 해석할 수 있다고 생각할 수 있다.

자연 친화적인 그리스 건축

건물을 지을 때 어떻게 짓느냐에 따라 다양한 방식이 있으나 그중 대표적인 것이 가구식과 조적식이다. 가구식(架構式)이란 기둥을 세우고 대들보를 얹어 건물을 짓는 방식이고, 조적식(組積式)이란 벽을 쌓아 올려 건물을 짓는 방식이다. 서양 건축의 경우 이 두 가지 건축방식이 지역에 따라 확연히 다르게 나타난다.

그리스는 지중해성 기후 지역에 속하는 곳으로 태양의 빛을 풍부하게 받는

조적식 구조, 쾰른 대성당

가구식 구조, 포세이돈 신전

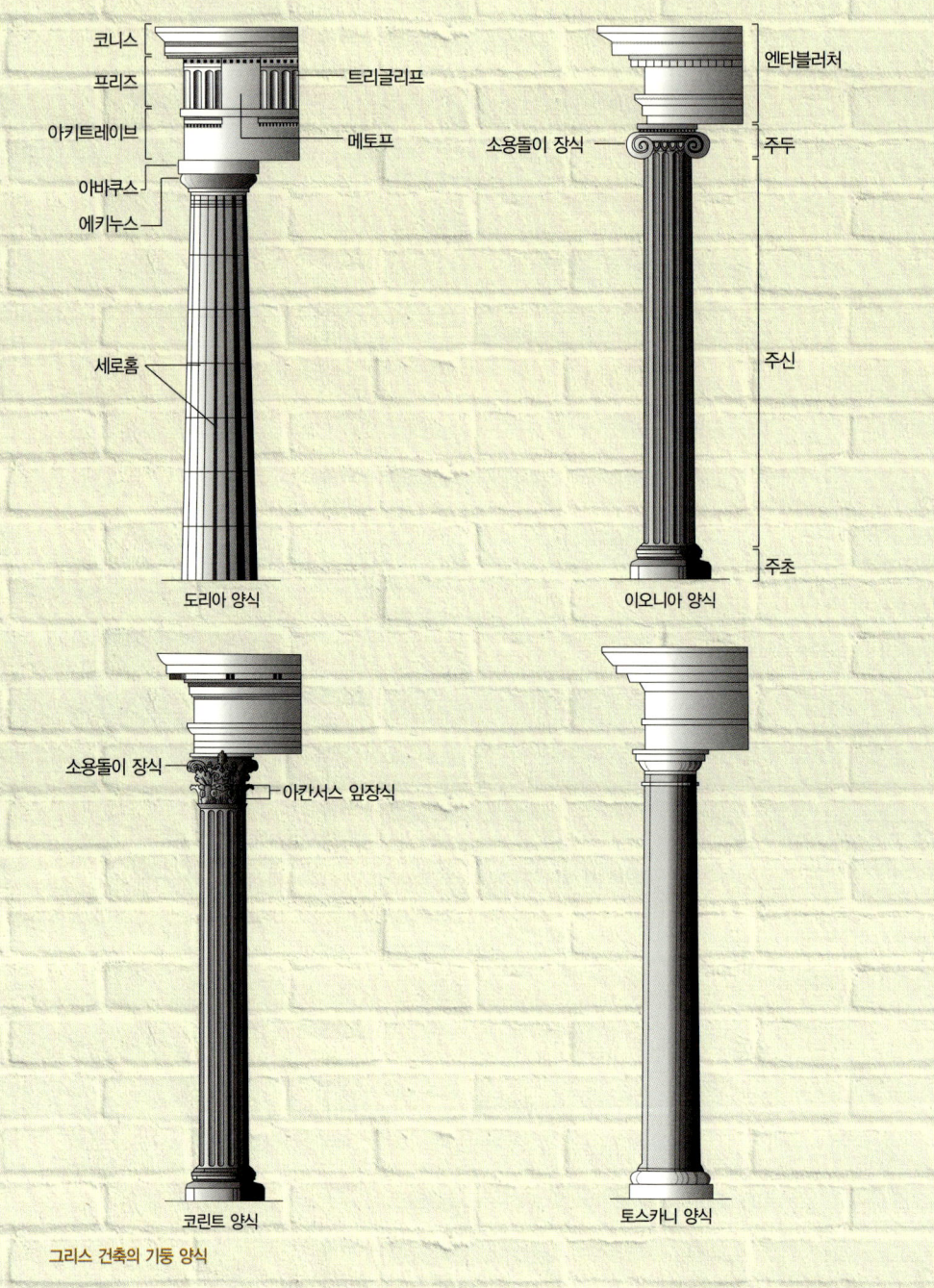

그리스 건축의 기둥 양식

온난한 기후이며 습도가 낮은 날씨이다. 그리스인들에게 있어 자연은 친밀한 대상이었다. 그들은 자연 속에 자신을 가리거나 감출 필요가 없었으며 자연환경을 있는 그대로 표현하고 싶어 했다.

우선 그리스 건축의 특징이라 할 수 있는 기둥 양식에 대해 살펴보자. 기둥은 크게 주두(柱頭, 기둥머리)와 주신(柱身, 기둥), 그리고 주초(柱礎, 기둥받침)로 구분할 수 있으며, 주두 부분의 양식(Order, 오더)에 따라 도리아식, 이오니아식, 코린트식으로 구분된다.

헤파이토스 신전

도리아 양식은 기둥이 굵고, 윗부분으로 갈수록 차차 가늘어지면서 엔타시스(Entasis)라는 불룩한 부분이 있다. 또한 주신 위의 장식대에 주로 부조로 된 메토프와 세로줄 홈무늬의 트리글리프가 교대로 배치되어 있는 것이다.

에렉티온 신전

이오니아 양식은 주두에 원형(달팽이 모양)의 소용돌이 문양이 있으며, 날씬한 기둥은 주초에 앉히고, 대들보를 트리글리프가 없는 부조로 장식하는 등 도리아 양식과는 대조를 이룬다. 이 양식은 여성 신을 모시는 신전에 많이 채택되었다.

파리의 판테온

코린트 양식은 주두가 왕관 모양처럼 되어 있는데, 아칸사스 잎과 넝쿨이 얽힌 모양을 하고 있다.

기독교 건축의 특징

　　기독교 건축은 벽으로 사방을 쌓아올린 조적식 건축을 바탕으로 하고 있다. 이렇게 만들어진 벽면은 그리스 건축의 기둥들이 주는 외향적인 느낌과는 달리 장막과도 같은 내면적인 느낌을 준다. 사실 이는 외부 세계와 단절된 신의 세계라는 공간적인 특징을 주기 위한 것인지도 모른다.

　　이런 건축양식이 만들어진 것은 기후나 풍토 등의 자연환경에 커다란 영향을 받았을 것이다. 그리스의 기후에 비해 알프스 북쪽 지역의 유럽은 여름은 짧고, 어둡고 긴 겨울이 계속된다. 그리고 맑은 날보다는 흐리고 축축한 날이 더 많다. 게다가 주변은 울창한 숲으로 덮여 있었다. 이런 자연환경은 그 지역에 거주하는 사람들에게 밝고 외향적인 느낌보다는 내면적인 그리고 초월적인 느낌을 강하게

아야소피아 성당

생 사벵 쉬르 가르탕페 교회

주었을 것이다. 게르만의 피를 이어받은 민족들로 집을 짓기 위해 주로 돌이나 벽돌과 같은 재료를 사용했던 사람들이기 때문에 그리스처럼 기둥을 세우는 가구식 건축양식보다는 벽돌로 건물의 외형을 덮는 조적식 건축양식이 발달하였고, 결과적으로 외향적이기보다는 안정적인 내부를 만드는 벽으로 감싸는 기독교식 건축양식에 영향을 주게 된다.

세인트 사비나 성당 내부

■ 서양 건축양식의 흐름

	고전계 - 그리스식 건축 바탕	중세계 - 기독교식 건축 바탕
고대	그리스 건축(BC 7세기~BC 2세기) 로마 건축(BC 2세기~AD 4세기)	초기 기독교 건축(AD 3세기~6세기)
중세	↓	로마네스크 건축(8세기~12세기) 고딕 건축(13세기~15세기)
근대 18·19세기	르네상스 건축(15세기, 16세기, 마니에리즘 건축) 바로크 건축(17세기, 로코코 건축) 신고전주의 건축(네오클래식, Neo-Classicism)	↓ 고딕 리바이벌(Gothic Revival, 18세기 영국에서 일어난 고딕풍의 유행과 그에 따른 건축양식)
	역사주의 건축	

Part 01

서양의 고대 건축

Chapter 01

고대 서아시아, 이집트 건축의 이해

- 기자의 피라미드, 이집트
- 예루살렘 성전, 예루살렘
- 페트라, 요르단

고대 서아시아의 건축

고대 건축 문화의 시작은 서아시아의 메소포타미아 지역에서 시작되었다고 볼 수 있다. 이곳이 타 지역에 비하여 일찍 건축 문화가 생겨난 이유는 어느 지역보다 문명이 빨리 발달하여 도시들이 세워졌기 때문이다. 이곳에 건축 문화들이 생겨날 때 유럽에서는 아직 사냥이나 채집 등의 석기 문화가 지배적이었기에 건축 문화가 나타날 정도의 문화 수준이 아니었다.

BC 4000년경, 티그리스 강과 유프라테스 강 사이에 위치한 메소포타미아 지역에서 세계 4대 문명 중 하나가 시작되었다. 이 문명을 바탕으로 곳곳에 대규모 도시가 발달하였으며, 최초의 대규모 기능성 건축과 독특한 양식의 건축들이 나타나기 시작했다. 이러한 건축 문화는 구바빌로니아, 이스라엘, 아시리아, 신바빌로니아, 페르시아 등과 같이 이 지역을 지배했던 주요 나라들의 건축 문화로 이어졌다.

두 개의 강 사이에 있는 이 지역은 주변의 사막 지역과는 달리 점토가 풍부했다. 이는 훌륭한 건축 자재였다. 점토를 햇빛에 말려 만든 벽돌을 이용하여 각종 건축물을 지을 수 있었다.

당시 메소포타미아 지역 건축물의 특징 중 하나는 성곽이 발달해 있다는 점이다. 이는 사방이 뻥 뚫린 사막 지역이었기 때문에 적으로부터의 침략에 대비하기 위한 방편이었다. 도시들은 2중, 3중의 성곽을 건설하고 주요 지점에 성문을 설치하였다. 도성 내의 건물들은 주로 중정형(中庭形, 사방을 건물이 감싸고 중앙이 비어 있는 형태의 건축물)으로 건설하여 외부 침략에 대비할 수 있도록 하였다.

우르의 지구라트

지구라트는 고대 메소포타미아 지역의 신전물이다. 피라미드보다 앞서 지어진 지구라트는 지금까지 32기가 발견되었다. 지구라트는 옛 건축물을 토대로 위에 다시 새로운 건축물이나 신전을 짓는 메소포타미아 문명의 특징을 보여준 건축물이라는 평을 받고 있다. 우르의 지구라트는 달의 신을 경배하던 신전이었다고 한다.

페르세폴리스 왕궁

BC 460~BC 520년, 다리우스 왕과 크세르크세스 왕에 의해 지어진 궁으로 이집트와 그리스 건축의 영향을 받은 고대 메소포타미아의 건축양식이 돋보인다. 현관 통로를 많은 기둥으로 채운 다주실이 특징이다.

현재 남아 있는 대표 유적으로는 신에게 제사를 드리는 신전의 기능을 했을 것으로 추정되는 지구라트(Ziggurat)가 있다. 또한 도시의 중심부에 뛰어난 기교로 만들어진 아치형 건물들을 발견할 수 있다. 고대 유럽에서 볼 수 있는 아치형 건물들은 대부분 이곳의 건축 문화가 전해져 만들어진 것이라 여겨진다.

히타이트-아시리아-신바빌로니아를 거친 고대 서아시아의 건축 문화는 페르시아(Persia, BC 538~BC 330년) 시대를 맞이하여 획기적인 건축양식의 변화가 일어난다. 메소포타미아 문명의 건축과 구별되는 페르시아 문명의 건축이 생겨난 것이다. 당시 페르시아의 중심지는 다른 서아시아 지역보다 동쪽으로 치우친 곳으로, 석재와 목재가 풍부한 곳이었기 때문에 가구식(架構式, Post-and-Lintel Construction, 마치 가구를 만들 듯 기둥과 보 등을 접합하여 건물 구조를 만드는 양식)과 조적식 구조(組積式構造, Masonry Structure, 돌·벽돌 등을 쌓아 올려서 벽을 만드는 건축 구조)를 함께 사용하여 건물을 지을 수 있었다. 또한 고지대가 많았기 때문에 고지에 건축하는 문화가 형성되었다. 메소포타미아 지역 동쪽의 고지대 평원에 웅장하게 세워진 페르세폴리스 왕궁(Persepolis)은 고지대에 세워진 대표적인 건축물이라 할 수 있다.

한편 다른 지역과 달리 유일신 여호와를 믿었던 이스라엘의 경우 성전이라는 독특한 건축양식을 이루었다. 서아시아 최고의 문화를 자랑하는 이스라엘은 최전성기를 이룬 솔로몬 시대에 오로지 여호와를 모시기 위한 목적으로 건축물을 지었는데, 이 지역 건축의 특징이라 할 수 있다.

고대 이집트의 건축

서아시아보다 늦었지만 BC 3200년경부터 나일 강 유역의 이집트에도 4대 문명 중 하나의 문명이 태동한다.

이집트는 나일 강 유역의 풍부한 점토와 상류 산악 지대의 풍부한 돌을 하류까지 운송하여 건축물을 짓는 데 사용하였다. 이집트 건축양식은 조적식 구조에 사용한 벽돌의 크기와 중량이 매우 큰 것이 특징이며 아래는 넓고 위로 갈수록 좁아지는 구조를 택해 안정성을 확보했다.

반면 이집트의 가구식 구조는 돌과 나무를 이용한 가공 기술이 매우 발달하였음을 보여준다.

이집트는 강우량이 적었기 때문에 지붕 모양은 평지붕이며, 외벽 역시 평탄한 벽면으로 지었다. 이러한 건물의 외형은 비록 단순해 보이지만, 한편으로는 더 강인한 인상을 주는 측면도 있다. 하지만 건물 내부에 세워진 기둥에서는 다양한 형식의 장식을 발견할 수 있다. 4각, 8각, 16각 형태의 기둥 몸체에 줄을 그어 장식을 새겼으며, 주두는 연꽃 모양, 파피루스 모양, 종려나무 모양, 신의 모양 등 각종 형태를 새기거나 깎아 만들었다.

이집트 건축은 크게 신전과 피라미드로 나눌 수 있는데,

이집트 건축 내부

피라미드 변천 과정

초기 무덤의 형태(상부가 평평하고 옆면이 경사진 직사각형의 모양)인 마스터바 (Mastaba)

마스터바가 다수 겹쳐진 형태의 계단형 피라미드

사면이 완만한 곡면으로 이루어진 사각뿔 형태의 굴절형 피라미드

우리가 보는 일반적인 사각뿔 형태의 일반형 피라미드

백미는 역시 피라미드(Pyramid)라 할 수 있다. 물론 이것은 왕의 거대한 무덤으로 만들어진 것이다. 당시 이집트에서는 왕을 살아 있는 신인 파라오(Pharaoh, 고대 이집트의 왕을 일컬음)라 하여 신적인 존재로 추앙하였기 때문에 이런 피라미드 건축이 가능했던 것으로 여겨진다.

가장 유명한 피라미드는 카이로 근처에 있는 기자의 피라미드이다. 여기에는 세 개의 거대한 피라미드가 나란히 서 있는데 그중 하나는 가장 큰 피라미드라 불리는 쿠푸 왕의 피라미드로, 밑변 232m, 높이 146m이다. 높이 1m, 폭 2m, 무게 2.5톤의 돌 250만 개로 지어진 이 피라미드가 세워진 시기는 BC 2500년경이다. 당시의 건축 기술로 어떻게 이런 거대한 피라미드를 지을 수 있었는지 첨단 문명을 자랑하는 현대까지도 미스터리로 남아 있을 정도이다.

이집트 건축의 또 하나의 신비는 신전에서도 발견된다. 고대 이집트는 독특한 종교관을 가지고 있었다. 살아 있는 신인 파라오를 모실 뿐 아니라 태양신 라(Ra)와 이집트 신화에 등장하는 암몬(Amon) 신 등 여러 신을 숭배하였다. 그리하여 곳곳에 이들을 모시기 위한 신전을 건설하였는데, 이러한 신전은 다음과 같이 구분된다.

- **장제 신전 또는 분묘 신전** : 파라오를 모시기 위한 신전
- **예배 신전** : 태양신인 라와 암몬을 비롯한 신들을 모시기 위한 신전

이 중 예배 신전의 경우는 입구에 스핑크스를 배치하고 탑문의 전면에는 오벨리스크(Obelisk, 기념비)를 세웠다. 신전 곳곳에는 거대한 신

들의 모습을 나타내는 석상을 세우고, 부조로 벽면을 장식했다.

　　대표적인 건축물이 룩소르에 있는 카르나크의 암몬 신전으로 현재까지 발굴된 신전 중 최고를 자랑한다. 이 신전은 BC 1971~BC 633년에 건설된 것으로 추정되는데, 특히 높이가 23m와 15m인 기둥들이 134개나 늘어서 있는 대열주실은 보는 이를 압도하기에 충분하다. 이외에도 BC 1411~BC 1225년에 건설된 테베의 람세스 2세 신전이 유명하다.

카르나크 암몬 신전
암몬 신에게 바친 신전으로 룩소르에 있는 카르나크 신전군에서 가장 큰 신전이다. 람세스 2세의 석상과 대열주실, 하트셉수트의 오벨리스크, 세티 2세의 제실 등이 함께 구성되어 있다.

아부심벨 신전
벼랑에 구멍을 뚫어 만든 암굴 신전인 아부심벨 신전은 람세스 2세의 위력을 느낄 수 있는 건축물이다. 왕비 네페르타리를 위한 소신전도 있다.

Pyramids of Giza

기자의 피라미드

이집트(BC 26세기)

● 이집트의 피라미드는 온갖 종류의 책과 매체에서 많이 다뤄지고 있는 터라 이제 모르는 사람이 거의 없을 정도로 유명해졌다. 세계 7대 불가사의의 주인공이며 다른 곳에서 문명이 태동하기도 전에 만들어진 건축물이라는 사실을 알면 신비감마저 느끼게 된다. 그러나 대부분의 사람들이 착각하는 게 있다. 그것은 이집트에 가면 대부분의 피라미드가 온전하게 떡 버티고 서 있을 것이란 착각이다. 실제 이집트에 남아 있는 피라미드는 대부분이 세월의 풍파에 깎여 원형을 유지하고 있는 것은 90개 정도이다. 그나마 카이로 서쪽 13km 지점의 기자에 있는 3개의 피라미드, 즉 쿠푸 왕의 피라미드와 그의 후계자였던 카프레 왕, 멘카우레 왕의 피라미드만이 고시대의 모습을 아직 갖추고 있을 뿐이다.

이집트의 왕조는 크게 초기왕조, 고왕조, 중왕조, 신왕조, 말기왕조 등으로 나누는데, 특히 고왕조 시대 중 제3~4왕조 때를 피라미드 시대라고 한다. 기자의 피라미드군이 만들어진 것도 바로 이 시기인 제3왕조와 제4왕조(BC 2600년경) 시대이다.

기자의 피라미드(1979년 세계문화유산 등록)
이집트의 3대 피라미드와 스핑크스가 있어 유명한 기자는 이집트의 북동부에 위치한 옛 도시이다. 사카라의 조세르 왕 피라미드, 다슈르 왕 피라미드 등 피라미드의 역사를 한눈에 살펴볼 수 있다.

최고의 크기를 자랑하는 쿠푸 왕의 피라미드
쿠푸 왕의 지휘 아래 약 10만 명의 인부들이 3개월씩 교대하여 20년 이상 걸려 완성되었다. 그 엄청난 노동의 대가로 오늘날 우리는 세계 7대 불가사의의 하나로 감상할 수 있게 되었다.

우선 3개의 피라미드 중 가장 큰 쿠푸 왕의 피라미드를 살펴보자. 세계 7대 불가사의의 하나로 꼽히는 쿠푸 왕의 피라미드는 높이 146.5m, 바닥면 한 변의 길이가 230m에 달하는 것으로 현존하는 피라미드 중 최대를 자랑한다. 더 놀라운 것은 이런 대규모의 피라미드를 이루는 기본 단위이다. 평균 무게가 2.5t(최고 무거운 돌은 15t)에 달하는 바위

쿠푸(Khufu)
재위 기간이 BC 2589~BC 2566년경으로 추정되는 이집트 제4왕조의 2대 파라오. 기자에 처음으로 피라미드를 조성한 쿠푸 왕은 자신의 무덤으로 높이 146.6m(건설 당시)에 달하는 피라미드를 세웠다.

크기의 돌을 차곡차곡 쌓아 만들었다. 쿠푸 왕의 피라미드를 건설하는 데에는 이러한 돌이 대략 230만 개가 사용된 것으로 여겨진다. 도대체 이 수많은 무거운 돌을 어떻게 이동해서 쌓았을까를 생각하면 소름이 끼친다. 지금처럼 무슨 포크레인이나 사다리차가 있는 시대도 아니었기 때문이다. 전문가들은 쿠푸 왕의 지휘 아래 약 10만 명의 인부들이 20년 이상 걸려 완성했을 것으로 추측하고 있다.

그렇다면 쿠푸 왕의 피라미드 내부는 어떻게 생겼을까? 이를 이해하기 위해 내부 구조를 살펴보자.

좁고 가파른 입구를 따라 대회랑(중요 부분을 둘러싸는 지붕이 있는 복도)을 지나면 왕의 묘실로 들어가게 되어 있다. 왕의 묘실은 환기를 위해 공기통이 뚫려 있으며 아래쪽에는 여왕의 묘실이 있다. 이렇게 커다란 건축물의 내부치고는 단순하기 그지없다. 피라미드는 오로지

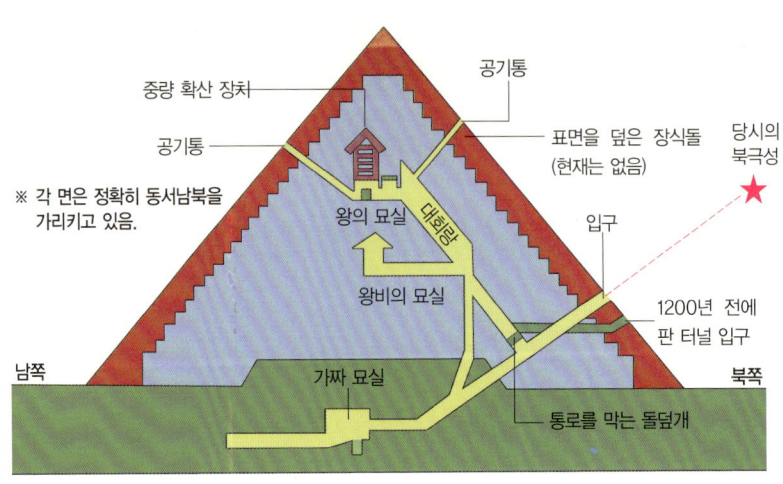

피라미드 내부 구조

카프레 왕 피라미드
아버지 쿠푸 왕의 피라미드 옆에 있는 카프레 왕의 피라미드는 경사각이 더 가파르며 더 높은 지대에 위치해 있어 쿠푸 왕의 피라미드보다 위용이 더 돋보인다. 피라미드 상부에는 최초의 마감재가 남아 있어 건설 당시의 모습을 잘 보여주고 있다.

왕의 무덤 용도로만 사용된 것이다. 이곳에 여러 귀중한 왕의 유품이 함께 묻히기 때문에 도굴꾼들을 유인하기 위해 함정을 파 놓았다. 입구를 따라 그냥 들어가다 보면 가짜 묘실인 함정에 빠져 난처함을 겪게 된다. 또한 정사면체 모양의 피라미드 각 면은 정확히 동서남북을 가리키고 있다는 점도 주목할 만하다.

    피라미드의 구조는 중심핵을 기준으로 경사진 겹겹의 벽들로 구성되며 표면은 다듬어진 하얀 석회석으로 마감된다. 건축 당시에는 깔끔한 평면의 벽면을 자랑했으나 세월의 풍파에 석회석이 깎여 나가 거친 벽면으로 남게 된 것이다. 카프레 왕의 피라미드에는 아직도 마감한 석회석의 흔적이 남아 있어 이를 증명하고 있다.

스핑크스
전체 길이가 약 70m, 높이 20m, 얼굴 너비는 4m에 이르는 스핑크스는 바위산을 통째로 조각한 것으로 카프레 왕의 얼굴을 새긴 것이라고 한다.

쿠푸 왕 피라미드 남서쪽에 위치한 카프레 왕의 피라미드는 높이 136m, 한 변의 길이 216m로 쿠푸 왕의 피라미드보다 약간 작다. 그리고 카프레 왕의 피라미드 앞에는 스핑크스가 떡 버티고 서 있어 경탄을 자아내게 한다.

이 2기의 피라미드보다 더 작은 제3의 피라미드가 있는데, 이는 멘카우레 왕의 피라미드로 그는 쿠푸 왕과 카프레 왕이 106년을 다스린 후 45년을 더 통치한 인물이다. 자신이 맨 마지막으로 피라미드를 만들었음에도 불구하고, 그는 겸손하게 선대의 피라미드보다 1/4의 크기로 자신의 피라미드를 만들었다.

기자 지구에는 이 3기의 피라미드 외에도 소(小) 피라미드 6기가 더 있는데, 이는 왕의 피라미드가 아니라 왕족들의 피라미드인 것으로 여겨진다. 또 1954년에는 이 지역에서 수천 년 세월을 견딘 나무로 된 온전한 배 한 척이 발견되기도 하였다.

놀라운 것은 이 기자의 피라미드들이 어떻게 3천여 년의 세월을 견디고 오늘날에도 고대의 모습을 그대로 간직하고 있느냐는 것이다. 그것은 피라미드의 과학적인 설계와 구조 체계에 있다고 말할 수 있다. 즉, 당시 이집트 고대인들이 힘의 작용과 구조 해석에 대한 과학적인 지식을 가지고 있었기 때문에 그들이 만든 피라미드가 3천 년의 세월을 견딜 수 있었다고 말할 수 있다.

나무배
일명 태양선(solar boat)이라고 하는데, 미라를 만든 후 이 나무배에 안치했다고 한다. 이 배는 레바논 산 백향목 1,200조각을 아교 없이 노끈으로만 이어 만들었다고 한다.

기자의 피라미드
제4왕조의 2대 파라오 쿠푸, 4대 파라오 카프라, 5대 파라오 멘카우라의 피라미드 주변에는 그들의 왕비 피라미드와 왕족과 귀족들의 마스터바들이 있다.

Old City of Jerusalem

예루살렘 성전

예루살렘(BC 10세기)

● 히브리어로 '평화의 도시' 라는 뜻의 예루살렘은 그 역사가 3000년 전으로 거슬러 올라간다. 해발 800m의 산악 지대에 위치한 예루살렘은 유대교와 그리스도교 그리고 이슬람교 등 세계 3대 종교의 성지로 알려져 있다. BC 1000년경 다윗 왕(재위 BC 997~BC 967년경)은 이곳에 처음으로 성채 시온(예루살렘)을 세우며 이스라엘 왕국을 열었다. 그 뒤 이곳은 수많은 침략을 받을 때마다 지배자가 바뀌면서 모든 주민들이 쫓겨나는 등 질곡의 세월을 보냈다.

다윗 왕은 원래 예루살렘에 살고 있던 에브스인을 몰아내며 예루살렘을 이스라엘 통일 왕국의 수도로 정했다. 그 뒤 다윗 왕의 아들인 솔로몬 왕(재위 BC 967~BC 928년경)은 모세에게 신이 내려준 율법의 석판이 든 '계약의 궤'를 예루살렘의 모리아 언덕에 모시면서 이곳에 성전을 세웠다.

고대 이스라엘의 성전 가운데 공인 받은 성전은 모두 예루살렘 언덕에 세워진 것뿐으로, 고대 이스라엘의 역사는 성전의 역사에 따라 둘

시온 산의 모습(위)

이 산의 정상은 악마가 온 세계의 모든 나라들을 예수에게 주겠다고 유혹한 최후의 시험 장소로 알려져 있다. 시온 산에는 다윗 왕의 묘, 마가의 다락방, 베드로 통곡교회, 가야바 법정, 시온 문 등이 있다.

성곽으로 둘러싸인 예루살렘의 모습(아래, 1981년 세계문화유산 등록)

유대교, 그리스도교, 이슬람교의 성지로 220여 개의 역사적 기념물이 산재해 있다.

로 나누어진다. 먼저 제1성전의 시대는 다윗 왕부터 솔로몬 왕 시대 그리고 히즈키야 왕(재위 BC 727~BC 698년) 시대를 거쳐 신바빌로니아의 왕 네부카드네자르군에 의해 성전이 파괴된 BC 586년까지를 일컫는다. 그리고 제2성전 시대는 BC 516년 또는 515년에서 건설되기 시작해 AD 70년에 로마군에 의해 파괴되기까지를 말한다.

1km 정도 되는 네 개의 석벽으로 둘러싸인 구 예루살렘은 네 개 지역으로 구분되어 각각의 지역에 유대인, 아르메니아인, 이슬람인, 기독교인들이 거주한다. 이들은 자신들의 지역으로 난 문으로만 통행하는 등 서로의 지역을 침범하지 않는 불침범의 법칙을 지키며 산다.

유대인 지역의 중심이 되는 곳은 유대교의 최대 성지인 '통곡의 벽' 주변으로, 다윗 왕의 후예인 유대인들은 이곳을 '세계의 중심으로 사람 몸에 비유하면 심장과 같은 곳'이라고 말한다. 왜냐하면 유대인

예루살렘 옛성 지역 지도
예루살렘 성벽에는 8개의 문이 있다. 스테판이 순교했다는 스테판 문, 예수가 나귀 등에 타고 예루살렘으로 들어올 때 사용되었고 베드로가 앉은뱅이를 일으켜 세웠다는 황금문, 시온 산으로 통하는 시온 문, 여덟 개의 성문 중 가장 아름답다는 다마스커스 문(시리아의 수도 다마스커스를 향해 있다고 해서 붙여진 이름) 등이 있다.

Part 01 _ 서양의 고대 건축 **34**

들에게 예루살렘은 그들의 통한의 역사가 고스란히 담긴 곳이기 때문이다.

예루살렘은 BC 63년, 폼페이우스의 점령으로 로마의 통치가 시작되었다. 로마 원로원이 임명한 헤롯 왕(재위 BC 37~BC 4년) 때는 이곳에 건설 사업이 잇달았다. 헤롯 왕은 오랫동안 방치된 제1성전과 제2성전을 확장하고 고쳐 나가면서 성역을 지키는 안토니아 요새를 새로 짓는 한편 북쪽 끝에는 감시탑 3기도 세웠다. 지금은 이 3기의 탑 가운데 히피코스 탑의 터전만이 야포 문 옆에 옛 모습을 간직한 채 서 있다. 헤롯 왕은 성전을 개축하면서 성전 기단의 면적을 2배로 확장했는데, 이때 지중해 섬들에서 가져온 거대한 대리석 기둥으로 돔을 지탱하고 기단을

다윗의 탑
다윗 성채는 헤롯 왕이 예루살렘을 방어할 목적으로 세운 것으로, 현재 예루살렘의 역사 박물관이다. 전설에 의하면 탑은 BC 10세기경 다윗 왕에 의해서 세워진 것이라 한다. 다윗의 탑은 유대인, 이슬람인, 십자군, 맘루크, 비잔틴 등의 흔적이 혼재하여 예루살렘 역사의 흔적을 그대로 보여준다.

확장했다고 한다. 돔 아래에는 '솔로몬의 마구간'이라고 부르는 지하 건축물이 있는데, 이는 사원이 십자군에 의해 정복되면서 기사단이 마구간으로 사용하여 붙여진 이름이다.

    로마의 통치가 시작된 이후에도 유대인들은 저항을 멈추지 않았다. 그리하여 AD 70년, 로마군은 유대인들의 기를 꺾기 위해 예루살렘을 모두 불태워 버린다. 이때 로마군은 후세에 자신들의 힘을 과시하려고 서쪽에 있던 벽 하나만을 남겨 두었는데, 이 벽이 바로 통곡의 벽이다. 그 뒤 로마 시대에는 유대인들이 예루살렘으로 올라오는 것이 금지되었다. 하지만 4세기 이후, 유대인들은 일 년에 한 번, 성전이

솔로몬의 마구간
엘악사 사원의 동남쪽 성벽 모퉁이 지하에 있는 길이 83m, 폭 60m인 곳으로 88개의 돌기둥이 들어서 있다.

파괴된 날에 이곳에 모였다. 그들이 헤롯 성전이 남아 있던 벽에 머리를 대고 통곡을 하며 성전 파괴를 슬퍼하고, 방랑하는 유대인들을 위해 기도를 올렸다고 해서 이런 이름이 붙었다.

　그리스도교도들에게 예루살렘이 최고의 성지로 꼽히는 까닭은 바로 구세주 예수 그리스도가 최후의 만찬을 베푼 곳이 시온 산의 마가의 다락방이었으며, 로마 군인들에게 붙들려 십자가에 못 박힌 곳이 골고다 언덕이었기 때문이다. 그래서 그리스도교를 공인한 로마 제국의 콘스탄티누스 대제(재위 306~337년)는 이곳에 성묘 교회를 세웠다.

통곡의 벽

길이 14m, 높이 16m, 전체 무게가 400t이나 된다는 통곡의 벽은 로마 군들이 유일하게 파괴하지 않은 헤롯 성전의 서쪽 벽이다. 로마 시대 이후 비잔틴 시대에 이르러 일 년에 단 한 번 성전 파괴 기념일에 출입이 허락되었다고 한다.

파사드(Facade)
주 출입구가 있는 건물의 정변부로 건물 전체의 인상을 단적으로 드러내는 요소로 화려하게 장식된다.

614년 사산 왕조 페르시아군에 의해 불태워진 성묘 교회는 그 뒤 어느 정도의 복원 공사가 이루어졌다. 이 교회 건물은 화려하게 장식된 파사드(Facade)가 인상적이다. 입구 근처에 있는 기둥의 주두는 유럽에

마가의 다락방(위)
로마네스크식 건축물인 다락방 내부는 천장이 아치식으로 되어 있으며, 방 가운데에 있는 3개의 기둥은 주위 벽에 서 있는 기둥들과 곡선으로 연결되어 아치를 이루며 천장을 받치고 있다.

산타마리아 델레 그라치에 성당의 벽화 '최후의 만찬' (아래)
레오나르도 다빈치의 명화 '최후의 만찬'은 마가의 다락방에서 예수님과 제자들이 마지막 만찬을 나누던 모습을 상상하여 그린 것이다.

골고다 언덕에 세워진 성묘교회
바위 돔 뒤편으로 푸른색이 도는 회색 돔 건물로, 성묘 교회는 예수가 십자가에 못 박혀 죽은 골고다(해골이라는 뜻) 언덕에 세워진 교회이다. 고대 예루살렘에서는 가장 거룩한 장소였다.

서는 거의 찾아볼 수 없는 형태이다. 파사드는 기하학적 모티프에 유럽 미술과 오리엔트 미술의 요소를 합한 형태로, 5~11세기 사이에 팔레스타인과 시리아 지방에서 세워진 성당에서만 찾아볼 수 있다고 한다.

페트라

요르단 무하파자(BC 6세기)

- 그리스어로 '바위'란 뜻을 가진 페트라는 나바테아 사람들의 대상(大商) 도시로, 요르단의 수도 암만에서 남쪽으로 250km쯤 떨어진 바위산 속에 바위를 깎아서 만든 고대 도시이다. 페트라는 BC 4세기경에 아라비아 반도에서 올라온 아랍계 유목 민족인 나바테아족의 근거지로, 후에 이들이 세운 왕국의 수도가 되었다. 아프리카의 탄자니아에서 시작되어 에티오피아, 홍해, 아카바 만, 아라바 광야, 사해, 요르단 강, 갈릴리 호수를 지나 레바논의 베카 계곡으로 이어지는 대협곡 지대에 위치한 페트라는 아름다운 경관을 자랑하는 천연의 바위 도시다.

1818년 최초의 페트라 탐험을 시작한 이후 2세기가 지난 지금까지도 페트라의 유적 발굴은 전체 유적의 1%도 되지 않으며 아직도 땅 밑에 묻혀 있는 유적이 수두룩하다.

해발 950m의 산악 도시인 페트라를 둘러싼 바위산 가운데 가장 높은 곳은 300m에 이른다. 와디(마른 하천)를 따라 만들어진 대상 도시 페트라는 남쪽 투그라, 북쪽의 투르크마니에라, 동쪽의 시크 등 세 개

오벨리스크 무덤과 트리클리니움 무덤(1985년 세계문화유산 등록)

상단은 오벨리스크 4개가 조각된 무덤이며, 하단은 로마의 식탁과 비슷한 내부 구조를 가지고 있어 트리클리니움 무덤이라는 이름이 붙여져 있다. 아래와 위의 관계는 밝혀지지 않았으며, 아래층의 무덤이 시기적으로 훨씬 오래된 것이다.

의 협곡으로 이루어져 있다. 요새 페트라에 들어가려면 통과해야 하는 좁은 바위틈인 시크(Siq, 협곡)는 페트라를 외부의 공격으로부터 지켜주는 방어벽 역할을 하였으며, 평소에는 사람들의 통로로 이용되지만 비가 오면 배수로 구실을 한다. 이 천연의 바위벽 덕분에 나바테아 사람들은 아시아, 아프리카, 유럽을 이어주는 위치적 특성을 교역에 최대한 활용하여 크게 번성을 누렸다.

　이 가운데 동쪽의 시크가 암벽 사이로 나 있는 가장 편한 길로, 모세가 지팡이로 바위를 치자 물이 용솟음쳤다는 모세의 샘이 있는 와디 무사 마을에서 약 1.5km 정도 떨어져 있다. 여기에서는 바위산에 있는 오벨리스크의 무덤도 보인다.

　시크는 페트라의 시내에 이르는 매혹적인 길로 높이가 70~100m

나 되는 수직 암벽으로 이루어진 협곡으로 암벽에는 깊이 깎은 바탕에 부조들이 새겨져 있다. 이 중 사각형의 부조는 나바테아 사람들의 주신인 '돌 속에 숨은 신'이라는 뜻의 남신(男神) 두 사랴를 뜻하고, 옆으로 긴 모양의 사각형은 여신(女神) 알 우짜를 의미한다. 오벨리스크 모양은 죽은 이들을 추도하는 기념비를 뜻한다.

시크의 바위틈을 통과해 앞쪽으로 30분쯤 걸어가면 페트라 유적에서 가장 널리 알려진 카즈네피라움이라는 장례 사원인 파사드의 일부가 그 모습을 드러낸다. 2층 구조로 된 카즈네피라움의 카즈네는 배두인 말로 '보물'이라는 뜻이므로 카즈네피라움은 '파라오의 보물 창고'라는 뜻이다. 카즈네피라움은 나바테아 왕의 무덤으로 여겨진다.

1812년 스위스 탐험가 요한 루트비히 부르크하르트에 의해 처음 발견된 카즈네피라움은 높이 약 30m, 너비 약 25m의 규모로 아침 해가

카즈네피라움
페트라 유적 가운데 가장 유명한 카즈네피라움은 장례 사원으로 추정되는 건축물로, 바위산 벽면을 깎아 만들었다.

비치는 방향으로 지어졌다. 앞쪽의 광장은 둘레에 있는 깎아지른 바위벽과 붉은 사암에 조각을 한 파사드가 절묘한 대조를 이룬다. 파사드는 2개의 박공벽(Pediment, 입구 위쪽과 지붕 사이에 있는 삼각형 모양의 마감 장식을 한 벽)과 프리즈, 기둥, 그리고 기둥 사이의 소각상 등으로 이루어져 있는데, 그 화려함이 바로크 양식의 구조를 연상시킨다. 네 기둥이 받치고 있는 박공벽 덕분에 파사드 위쪽은 날렵한 느낌을 주며, 원형당처럼 만들어진 위쪽의 중앙 부분은 꼭대기의 항아리와 함께 눈길을 끌기 충분하다. 그뿐만 아니라 6개의 코린트식 기둥과 여러 개의 인물상, 동물상 등이 세련미를 자랑한다.

카즈네피라움에 가장 큰 영향을 미친 문화가 무엇인지는 아직 밝혀지지 않았다. 마케도니아 왕국이 성립된 BC 4세기부터 이 일대를 지배한 알렉산드로스 대왕(재위 BC 336~BC 323년)의 그리스일 수도 있고, BC 1세기에 그리스를 대신했던 로마일 수도 있다. 또한 이집트나 페르시아의 영향도 받았을 수도 있다. 물론 이 모든 문화 양식이 서로 합해져서 독특한 나바테아 양식이라고 하는 건축양식이 탄생되었을 것이다.

대상로 국가의 중요한 거점 도시였던 페트라는 신성한 도시로 여겨지며 상업과 교역의 중심지였다. 그래서 사회적 지위가 높은 사람들은 죽어서 페트라에 묻히기를 희망했다. 이 때문에 암벽을 깎아 만든 파사드와 방 하나로 만들어진 묘소가 수없이 많은 것이다.

시크의 바위틈에서 바라본 카즈네피라움
아침 해를 받아 눈부시게 빛나고 있다.

카즈네피라움 앞의 광장에서 오른쪽으로 가면 로마식 반원형 극장 터까지 이어지는 계곡길이 나온다. 이 길을 아우타시크라고 하는데 암벽 양쪽으로 수많은 암굴 무덤이 있으며, 왼쪽 바위산 위에는 희생물을 바치는 제단이 있다. 이곳은 의식에 사용된 곳으로 보이는데, 바위산 정상을 평평하게 깎은 다음, 직사각형 모양으로 움푹하게 판 땅으로 그 위에 제단이나 계단, 도량 등을 만들어 놓았다.

아우타시크 길을 따라 페트라 시가지로 들어가면 한가운데 자리한 극장 터를 볼 수 있다. 바위산을 반쯤 깎아 움푹한 그릇 모양으로 만든 극장은 8,000석 규모의 반원형 극장으로 로마인들에 의해 축조되었다. 이 밖에 2층 구조의 아치형 납골묘와 신전, 주거지의 흔적 등도 발견할 수 있다.

로마식 반원형 극장이 있는 페트라 시가지의 동쪽, 구브타 산기슭에는 와디를 따라 우룬 무덤, 코린트식 무덤, 궁전 무덤을 비롯한 왕가 무덤군의 파사드를 볼 수 있다. 무덤 안에는 홀과 작은 방이 있으며 이곳에 뼈항아리가 보관되어 있다. 이 파사드는 대부분 1세기 무렵에 만들어진 것이다.

성역 안 왼쪽에는 페트라 시의 주신인 두 샤라를 모셨던 카스르 빈트피라움 신전이 있다. 바위산에서 생활하던 사람들의 신앙의 대상은 당연히 바위와 연관이 있다. 태양신인 두 샤라는 황금 토대 위에 놓인 검은색 돌덩어리가 신을 상징하는 존재라고 믿는 나바테아 사람들에게 주신으로 숭배 받았을 것이다. 나바테아 사람들에게 두 샤라는 고대 이집트에서 태양 숭배의 상징으로 세웠던 오벨리스크와 같은 역할을 했을 것으로 보인다.

로마식 반원형 극장(위)
로마 문화의 특징이 고스란히 드러나는 반원형 극장 유적. 아우타시크 길을 따라 페트라 시가지로 들어가면 한가운데 자리하는데, 바위산을 깎아 만들었다.

페트라 주민들의 주거지 (중간)
신성한 도시로 여겨졌던 페트라는 상업과 교역의 중심지였다. 페트라 사람들은 대부분 자연 동굴이나 바위에 굴을 파고 그 안에서 살았으며, 주거지는 대상들이 천막을 치고 야영하는 장소 근처에 모여 있었다.

왕가의 무덤(아래)
페트라 왕족, 귀족들의 무덤군으로 여겨지는 곳이다.

45 Chapter 01 _ 고대 서아시아, 이집트 건축의 이해

알데이르 장례 사원
암벽을 깎아서 만든 2층 건물로 파사드가 단순하다. 1세기 말 오보다스 왕에게 바친 신전이나 무덤으로 추정된다.

　카스르알빈트피라움은 페트라 유적에서 볼 수 있는 유일한 독립 건축물이다. 즉, 바위를 깎아 세운 건축물이 아니라는 말이다. 높이가 23m나 되는 본전은 열주랑, 전실, 지성소로 이루어져 있다. 카스르알빈트피라움 서쪽에는 암벽 엘하비스가 또렷한 색깔의 지층을 드러내며 솟아 있고, 무덤군의 파사드가 즐비하다.

　시가지 서쪽 끝 산 정상에는 바위를 깎아 만든 계단을 따라가면 알데이르 장례 사원이 나온다. 페트라에서 가장 깊숙한 곳에 자리 잡은 알데이르는 카즈네와 비교해도 결코 떨어지지 않는 규모로 세련미를 자랑한다. 알데이르는 수도원이라는 뜻으로 중세 시대 이곳을 차지했던 비잔틴 제국이 수도원으로 사용했기 때문이라고 한다. 2세기 중엽에 만들어진 알데이르의 헬레니즘 양식의 파사드는 높이가 42m, 너비가 47m 정도로 안쪽 벽에 십자가가 새겨져 있다.

　1세기 초 나바테아 왕국의 수도 페트라는 크게 번성을 하며 인구가 3만 명이나 되었다고 고대 사료는 전한다. 낙타와 말을 이끌며 무역의 중심지로 번영을 누리던 페트라였지만, 새로운 길을 만들어 쌍두마

Part 01 _ 서양의 고대 건축　46

차와 사두마차를 몰고 들어온 로마 군대를 이길 수는 없었다. 106년, 로마군이 페트라 내부로 흘러드는 수로를 끊어 버리자 나바테아인들은 로마에 무릎을 꿇고 말았다. 그 뒤로 페트라는 폐허로 변해 가면서 사람들의 기억에서 사라져 갔다.

열주대로(위)

극장에서 페트라 서쪽으로 향하는 길에는 페트라를 점령한 로마인들이 남긴 건축물이 남아 있는데, 이 열주대로도 그중 하나이다.

페트라의 로마 문(테메노스문)(아래)

페트라를 점령한 로마인들이 기념비로 세운 건축물이다.

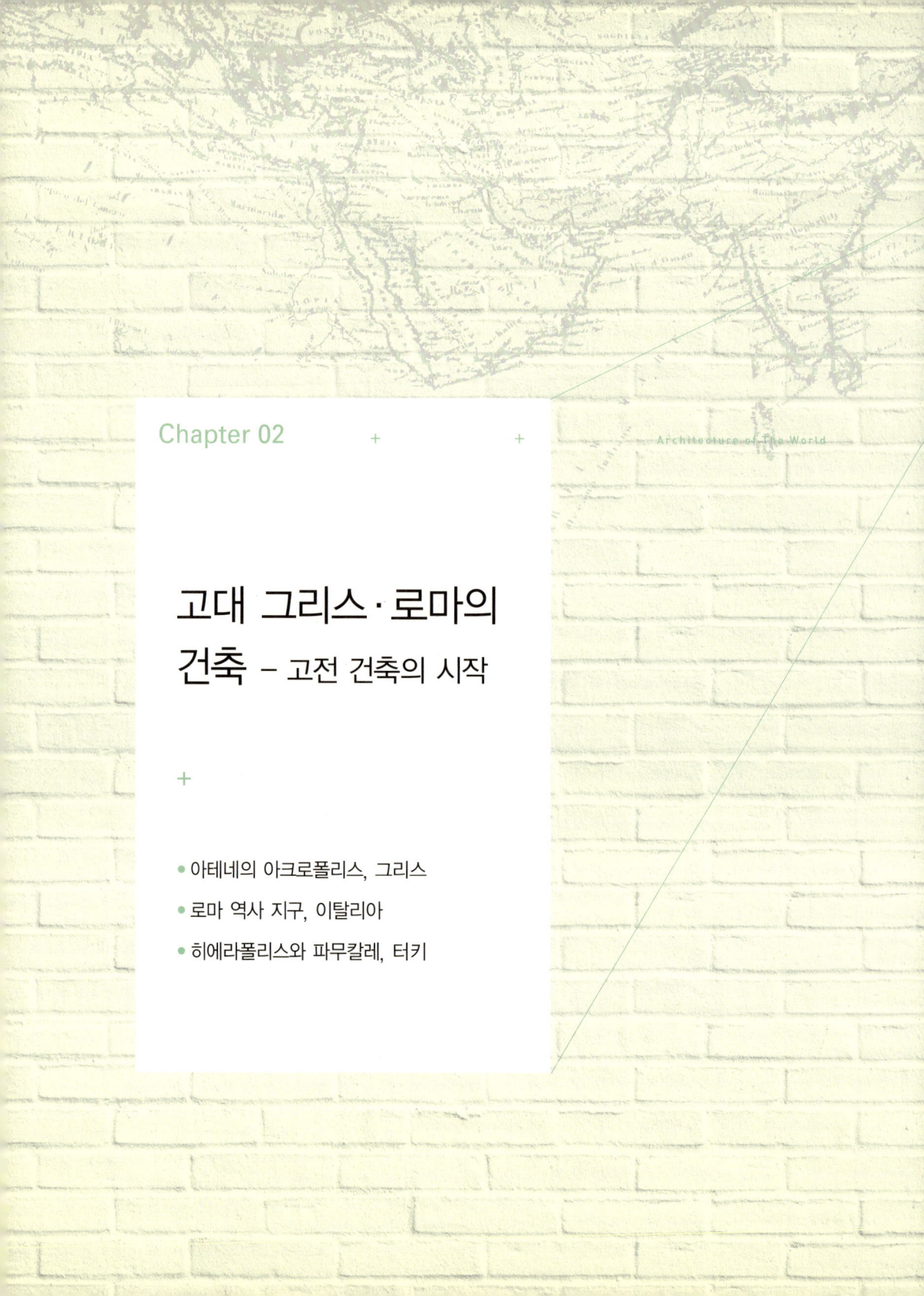

Chapter 02

고대 그리스·로마의 건축 – 고전 건축의 시작

- 아테네의 아크로폴리스, 그리스
- 로마 역사 지구, 이탈리아
- 히에라폴리스와 파무칼레, 터키

서양 건축 문화에 가장 큰 영향을 준 고대 그리스 건축

역사를 통틀어 서양의 건축에 가장 큰 영향을 준 건축 문화를 들라 하면 주저 없이 고대 그리스의 건축을 들 만큼 이 시기 건축 문화의 발달은 획기적이었다고 할 수 있다.

우선 이곳에서 건축 문화가 발달할 수밖에 없었던 역사적 배경과 지리적 배경을 살펴보자.

고대 그리스는 모두가 인정하는 바 최고의 정신 문화가 싹튼 곳이다. 고대 철학의 중심지며, 지리적으로도 온화한 기후를 띠는 지중해를 끼고 있어 목재와 석재 등 양질의 건축 재료가 풍부하였다. 이런 지역에서 문학, 철학, 미술 등에 뛰어난 예술가들까지 등장하므로 서양 건축의 뿌리를 이루는 그리스 건축을 발전시킬 수 있었던 것은 어쩌면 당연하다 할 수 있겠다.

그리스 건축은 이집트와 마찬가지로 신전을 짓는 건축이 주류를 이루었다. 그리스 신화에는 수많은 신들이 등장하는데, 이 신들은 인간처럼 변화무쌍한 감정을 가지고 있다. 당시의 건축가들은 그리스 특유의 신화 정신을 바탕으로 다양한 신들을 모시기 위한 신전을 지었다. 이러한 그리스 건축에 가장 큰 영향을 준 것은 이집트이다. 그리스인들은 이집트의 석조 건축을 보고 이전까지 주로 목조와 벽돌로 된 건축 구조에서 석조 건축으로 발전하는 계기를 만들었다. 이렇게 하여 탄생한 것이 그리스의 여러 신전에서 볼 수 있는 석조 기둥들과 그 기둥 위에 위치한 엔타블러처이다. 기둥과 엔타블러처를 합쳐 오더(Order)라고 하는데, 이 오더야말로 그리스 건축의 기본 양식이라 할 수 있다.

그리스 건축은 이 오더의 모양에 따라 도리아식, 이오니아식, 코린트식 양식으로 나뉜다. 이 세 가지 기본 양식은 후세에도 큰 영향을 주므로 이에 대해 간략히 이해하고 넘어가기로 하자.

1. 도리아 양식: 가장 오래된 양식으로, 주로 도리아인이 살던 펠로폰네소스 반도에서 시작되어 이런 이름이 붙었다. 이 양식의 특징은 기둥이 굵고 주초가 없으며, 주두는 사발 모양 위에 네모진 모양이 얹혀 있는 구조라는 점이다. 이런 도리아 양식은 장중하고 단정한 남성적인 느낌을 준다.

파르테논 신전(왼쪽)
도리아 양식으로 만들어진 아테네 아크로폴리스에 있는 파르테논 신전

헤파이토스 신전 기둥(오른쪽)
도리아 양식의 기둥이 가장 잘 남아 있는 신전

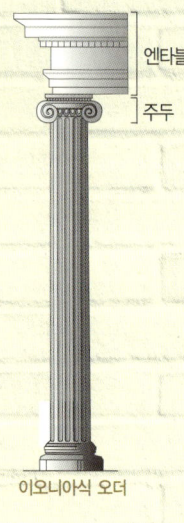

이오니아식 오더

2. 이오니아 양식: 소아시아의 에게 해 연안에 거주하던 이오니아인 사이에서 발달하여 BC 6세기 이후 그리스 전역에 전파된 양식으로, 기둥이 얇으며 주초에는 주춧돌이 앉혀져 있고 주두에는 소용돌이 문양이 얹혀져 있는 구조로 되어 있어 경쾌하고 우아하며 여성적인 느낌을 준다.

이오니아 양식으로 되어 있는 대영 박물관

3. 코린트 양식: 가장 늦게 발달한 양식으로, 주두 부분이 아칸서스 잎을 묶은 듯한 모양이 특징이라 할 수 있다. 이 양식은 우아하고 화려하며 철저한 장식성을 보여 화려한 것을 즐기던 로마에 계승되었다.

코린트 양식으로 되어 있는 올림피아의 제우스 신전

그리스의 건축양식이 역사적으로 중심이 될 수밖에 없었던 이유는 건축의 가장 근본이라 할 수 있는 중력을 지탱하는 기능성을 충분히 고려하였다는 점과 이를 풍부하고 뛰어난 상징성으로 매우 잘 표현하였다는 점 등을 들 수 있을 것이다.

이러한 그리스 건축양식은 알렉산드로스의 동방 정벌에 의해 형성된 헬레니즘(Hellenism, 고대 그리스 문화에 의해 나타난 문명)에 의해 동지중해에서 오리엔트까지 전해지게 된다.

그리스의 영향을 받은 로마 건축

그리스의 건축 문화를 이어받아 새롭게 전개해 나간 것이 바로 로마 건축이라 할 수 있다. 당시 로마는 지중해 전역의 패권을 차지하면서 그리스가 이룩한 헬레니즘 문화를 자신들의 예술적 본보기로 삼았고, 특히 건축 분야에 있어서 그리스 양식을 흡수하였다.

고대 로마가 얼마만큼 그리스의 영향을 많이 받았는지에 대해서는 그들의 시조로 그리스 신화에 등장하는 트로이인 아이네이아스(Aeneas)를 내세운 것만 봐도 짐작할 수 있다. 이는 곧 로마 문화가 그리스 문화의 영향을 많이 받았다는 뜻이며, 따라서 로마의 건축양식 역시 그리스 건축 문화의 영향 아래에 만들어질 수밖에 없었다.

초기 로마는 에트루리아인이 거의 지배하다시피 했다. 따라서 이 에트루리아인들이 발전시킨 건축양식이 로마 건축에 지대한 영향을 주었는데, 그 대표적인 것이 아치(Arch, 반원을 이루는 건축 구조 형태) 구조와

에트루리아 건축양식
주위 기둥을 빼고 앞 현관에만 기둥을 세우는 방식

볼트(Vault, 아치에서 발달한 반원형 천장) 구조이다.

　　로마 건축에 관한 자세한 기록은 비트루비우스가 BC 27년경에 쓴 〈건축십서〉(De Architectura)란 책에 잘 나타나 있다.

아치 구조

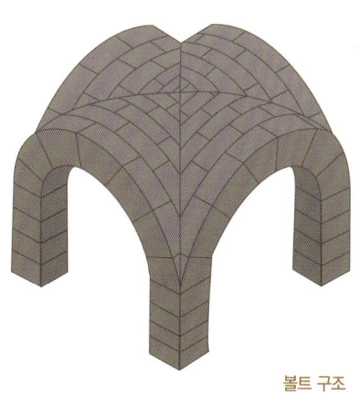

볼트 구조

아치형 구조의 콜로세움(위)
볼트 구조의 성 조반니 성당(아래)

　　로마의 역사는 크게 왕정, 공화정, 제정의 시기로 나눌 수 있다. 그중 공화정 시기의 개인 주거용 건축물과 제정 시기의 건축물에 쓰인

포룸 로마눔 전경

재료가 다르다는 점이 눈에 띈다. 즉, 공화정 시기의 주택은 굽지도 않은 막벽돌로 지어졌으나, 제정 시대에 들어 지어진 주택은 벽돌과 콘크리트가 사용되었다는 점에 주목해야 한다. 즉, 이는 이 시기를 기점으로 건축 기술의 지대한 발전이 있었음을 의미한다.

제정 시대에 사용된 콘크리트는 로마 전역으로 전파되어 거의 모든 로마 제국의 건물에 사용되었다. 또한 아치와 볼트의 건축 구조 발달을 더욱 가속화시켰을 뿐만 아니라 디자인 면에서도 이전의 다른 지중해 사람들과는 다른 뛰어난 감각을 보여주었다. 이는 로마인들이 처음에는 모방에서 시작하지만, 그것을 자기들의 취향에 맞게 발전시키는 능력이 있었기 때문에 가능했다고 본다.

그리스에서 전해진 3가지 양식의 오더는 로마에 전해지면서 거기에 2가지 오더가 더해져 5가지 오더로 계승, 발전하였다. 더해진 2가지 양식은 토스카나 양식과 복합식 양식이다. 토스카나 양식은 그리스의 이오니아 양식을 더욱 단순화시킨 것으로, 로마의 포룸(Forum, 도시의 상업 지역)에 세워진 기둥에서 찾아볼 수 있다. 복합식 양식은 코린트식 주두에 이오니아식 주두를 복합시킨 양식으로, 매우 장식적이고 화려한 느낌을 준다. 대표적인 복합식 양식을 볼 수 있는 건축물로는 개선문이 있다. 이러한 로마의 오더는 그리스 오더보다 더 가늘고 기둥의 몸체에 홈이 없으며, 세부 장식이 더욱 발달된 것이 특징이라 할 수 있다.

토스카나 양식의 성당(왼쪽)
복합식 양식의 티투스 개선문(오른쪽)

판테온 신전

카라칼라 욕장

콘스탄티누스 개선문

하드리아누스의 빌라

　　　　로마의 신전 건축은 그리스의 그것보다 더욱 웅장하고 다양하게 발달되었다고 할 수 있다. 로마의 신전 중에는 원형 신전이 있으며, 대표적인 것이 판테온 신전으로 이는 로마 건축을 대표할 만한 작품으로 꼽힌다.

　　　　또한 로마 건축으로 대표적인 것으로 목욕탕(공공 욕장 公共浴場,

Thermae)을 들 수 있을 것이다. 당시 로마에는 우리가 상상하는 것 이상의 목욕문화가 발달했던 것으로 보이며 아치형, 원통형 볼트, 돔형 등 다양한 형태의 화려한 목욕탕이 건설되었던 것으로 보인다. 대표적인 목욕탕으로 카라칼라 욕장(217년), 막센티우스 욕장(313년)을 들 수 있다.

그 외에도 투기장으로 지어진 로마의 콜로세움(70/72~82년)과 개선문(凱旋門, Triumphal Arch, 전쟁터에서 승리해 돌아오는 장군을 기리기 위하여 세운 문) 역시 로마의 대표적인 건축물로 꼽힌다.

로마의 건축을 이야기하기 위해 하나 더 언급해야 할 것은 귀족들의 저택이라 할 수 있는 빌라(Villa)이다. 빌라란 집·정원·부속 건물 등을 완벽하게 갖추고 있는 교외의 저택을 말하는데 주로 부유한 귀족이나 황제가 지었으며, 티볼리에 있는 하드리아누스의 빌라(120~130년)가 가장 유명하다.

이상에서 다룬 그리스-로마 건축은 기독교 건축과 함께 후세 서양 건축에 커다란 영향을 주었다. 그래서 그리스-로마 건축을 서양의 고전 건축이라 일컫는다.

Acropolis, Athens

아테네의 아크로폴리스

그리스 아테네(BC 5세기)

- 그리스는 서양 문명이 태어난 고향이라고 할 수 있다. 이곳의 수도 아테네는 고대 도시국가로 중심지에는 평평한 석회암 지대 위에 BC 5세기에 건설한 신전 건축물 유적이 우뚝 솟아 있다. 아크로폴리스는 방어를 목적으로 만든 중심 지역으로, 도시에서 가장 높은 곳에 지어진 이 건축물들을 아크로폴리스라 한다. 높은 언덕에 세워진 도시라는 뜻을 가진 아크로폴리스는 오늘날 서양 문명의 뿌리가 되는 곳으로 고대 그리스의 신화와 정치, 문화의 중심지였다.

아테네의 아크로폴리스 지역은 BC 1500년경 미케네 시대에는 견고한 성벽이 있는 왕궁의 소재지로, 군사적으로 중요한 곳으로 활용되었다. 면적이 약 4km²에 이르는 아크로폴리스는 BC 800년경이 되면서 도시가 형성되고, 아테나(전쟁의 여신) 신전을 비롯한 다양한 건물이 세워지면서 새로운 모습을 갖추기 시작했다.

그러나 BC 480년에 일어난 페르시아 전쟁으로 약 300년 동안 신성시되었던 아크로폴리스의 신역은 대부분 파괴되었다. 그러나 같은 해에

아크로폴리스 신전들 모습(1980년 세계문화유산 등록)
왼쪽이 에렉테움, 오른쪽 앞이 프로필라이온, 위쪽이 파르테논 신전이다.

아티카 해군을 조직하여 살라미스 해전에서 페르시아를 이긴 집정관 테미스토클레스가 아크로폴리스의 서쪽과 동쪽 기슭 성벽을 다시 세웠으며, 키몬 장군은 페르시아에서 가져온 전리품으로 아테나 신전을 꾸미면서 영역을 더욱 확장하였다. 이때 신전을 건설한 사람은 전 세계적으로 유명한 정치 지도자 페리클레스였다. 그는 이름난 건축자, 예술가, 박물학자, 철학자, 장인들을 아테네로 불러 모아 세계 중심 도시이며 문명화된 아테네를 만들기 위해 커다란 신전을 건설하기 시작했다. 그래서인지 페리클레스의 시대인 BC 461~BC 429년은 고대 그리스 시대 가운데 가장 빛을 발한 시대라고 한다. 페리클레스 시대에 프로필라이온(Propylaeon, 고대 그리스 성지 입구에 세운 문)과 아테나 니케 신전, 에렉테움 신전, 파르테논 신전 등이 40년이라는 세월 동안 건설되었다.

59 Chapter 02 _ 고대 그리스·로마의 건축

아크로폴리스의 입구에 해당하는 프로필라이온
현재도 저마다 높이나 굵기가 다른 대리석 원주가 남아 있다.

아크로폴리스는 3곳의 신전과 신전 입구에 해당하는 프로필라이온과 2개의 극장으로 이루어져 있다. 프로필라이온은 당시 최고의 규모와 아름다움을 자랑하는 건축물로 웅장함과 우아함이 조화를 이룬다. 아테네 근처 펜델리콘에서 생산되는 대리석과 엘레프시스에서 나는 푸른 대리석을 섞어 만든 프로필라이온은 정면이 18m가 넘고, 측면이 13m에 가까운, 당시로는 획기적인 높이와 크기를 자랑했다. 이는 아크로폴리스 지역이 얼마나 중요하고 신성한 장소였는지를 보여주는 하나의 상징이었다.

3곳의 신전 가운데 가장 유명한 신전은 바로 파르테논 신전이다. 아테네에 있는 신전 가운데 규모가 가장 크고, 형태적인 면에서도 특징이 많은 신전으로 도시의 수호신인 아테나를 모셨던 신전이다. 파르테논 신전에는 거대한 기둥이 높이 18.5m로 솟아 있는데, 동쪽과 서쪽에 8개, 남쪽과 북쪽에 15개씩 세워져 신전을 에워싸고 있다.

하지만 처음 파르테논 신전이 만들어졌을 때는 현재와 같은 모습이 아니었다. 지금은 바닥과 기둥, 기둥과 지붕 사이에 프리즈라는 공간만 볼 수 있는데, 건설 당시에는 지붕과 실내가 완벽하게 갖추어진 건축물이었다. 신전 가운데에는 금과 코끼리 뼈를 이용해 만든 12m 높이의 아테나 여신상을 세웠으며, 기둥과 지붕 사이에는 '여신 아테나의 탄생'을 기리기 위해 4년마다 열리는 축제에 관련된 부조를 새겨 넣었지만, 지금은 대부분 떨어져 나가고 일부만 남아 있다.

비잔틴 시대의 십자군 공격과 오스만 투르크 제국과 베네치아 사이에 벌어진 전쟁으로 인해 유적이 파괴된 것으로 추측하고 있다. 1687년 베네치아 군대는 당시 그리스를 지배하던 오스만 투르크 제국과의 전쟁에서 승리를 쟁취하기 위해 아크로폴리스 지역에 폭격을 퍼부었다. 이 때문에 파르테논 신전을 덮고 있던 지붕과 실내가 파괴되어 지금 우리가 볼 수 있는 바닥과 기둥, 지붕 일부만 남게 된 것이다. 현재 파르테논 신전의 복원 작업이 한창이지만, 한편으로는 전 세계 사람들이 이미 폐허가 된 모습에 익숙해져 있어 완벽한 복원보다는 일부만 복원할 예정이라고 한다.

파르테논 신전
도리아식에 이오니아식이 가미된 형태로 지어진 파르테논 신전. 신전 기둥의 토대 역할은 석회암 기단이 하며, 도시의 수호신인 아테나를 모셨던 신전이다.

파르테논 신전 북쪽 건너편에는 에렉테움 신전이 그 모습을 자랑하고 있다. 이오니아 양식으로 지어진 신전에는 아테나 폴리아스와 포세이돈, 에렉테우스 외에도 헤파이스토스와 같은 여러 신을 모셨다. 그리고 바로 서쪽에는 판드로소스, 케크롭스의 묘가 있었다. 본래 에렉테움 신전은 동쪽에 아테나 신을, 서쪽에 포세이돈과 헤파이스토스 신을 위한 것이었는데, 완성하고 보니 전체적으로 하나의 신전처럼 보여 세 개의 신전을 따로 분리하지 않았다고 한다.

에렉테움 신전의 특징은 건물을 떠받치고 있는 6개의 기둥이다. 건물 남서쪽으로 돌출된 주랑의 이 기둥은 특이하게도 여인상이 머리로 지붕을 떠받치고 있다. 이는 그리스의 다른 신전에서는 볼 수 없는 매우 흥미로운 형태로, 에렉테움에서 가장 아름다운 부분으로 평가받는다. 또 다른 특징으로는 서로 높이가 다른 부지에 암벽 지형을 그대로 활용한 구조를 들 수 있다. 인위적으로 높이를 맞추지 않고 기발하고 복잡한 형태로 평면 구조를 맞추고, 방향마다 공간과 분위기를 달리하였다.

에렉테움 신전의 주랑
남서쪽으로 돌출된 주랑에는 훗날 카리아티드라고 불렀던 6개의 여인상이 머리에 지붕을 떠받치고 있는 모습으로 조각되어 있다.

우아한 아테나 니케 신전
페르시아와의 전쟁에서 승리한 기념으로 만들었다.

아크로폴리스에 세워진 세 번째 신전은 서남쪽 끝에 위치한 니케 신전이다. 니케는 승리의 여신으로 이 신전은 페르시아와의 전쟁에서 승리한 것을 기념해 만들었다고 한다. 파르테논 신전이나 에렉테움 신전보다 규모는 작지만 에렉테움 신전과 더불어 이오니아 양식을 대표하는 신전으로 평가받는다. 신전 안에는 승리의 상징인 종려나무 가지를 손에 쥔 조각상이 안치되어 있으며, 여성적이고 우아한 양식이 특징인 이오니아식 기둥들이 신전을 받치고 있다. 신전에는 '날개 없는 승리의 여신'인 니케와 그리스의 역사가 새겨져 있다.

이 밖에도 아크로폴리스에는 디오니소스 극장과 헤롯 아티쿠스 극장의 유적지가 가파른 낭떠러지 아래에 자리 잡고 있다. 파르테논 신전 절벽 아래에 있는 것이 디오니소스 극장이고, 니케 신전 아래 자리한 것이 헤롯 아티쿠스 극장이다.

이 두 극장은 인위적으로 자연을 파괴하지 않고, 있는 그대로의 자연을 최대한 활용해 지었다는 공통점을 가지고 있다. 자연 지형이 높은 곳에는 관중석이나 시민들이 모이는 장소를 만들었으며, 낮은 곳에는 배우나 연설자들이 서는 장소를 만들었다. 마치 오늘날의 영화관이나 예술회관의 구조와 비슷한 형태를 갖춘 것이다.

디오니소스 극장은 모두 3,000여 명이 들어갈 수 있는 크기로 연극을 공연하는 장소로 쓰이거나 시민들이 모여 토론이나 회의를 하는 곳이었다. 그리고 헤롯 아티쿠스 극장은 오늘날까지 그 형태가 남아 있는 고대 극장 중에서도 가장 아름다운 극장으로 평가받는다. 지금도 여름이면 이 극장에서는 세계적인 예술가나 악단의 공연이 펼쳐진다.

디오니소스 극장
디오니소스 신에게 바친 반원형의 극장으로 그리스의 비극과 희극이 상연되던 곳이었다.

Historic Center of Rome

로마 역사 지구

이탈리아 로마(BC 1세기)

● 작은 도시 국가에서 시작한 로마는 차츰 세력을 넓혀가면서 거대한 제국의 수도로서 5세기 동안 지중해 전역을 지배했다. 팔라티누스 언덕을 중심지로 삼았던 고대 로마의 성벽 안에는 유명한 건축 유적인 콜로세움과 포룸 로마눔(라틴어 Forum Romanum, 이탈리아 발음으로는 포로 로마노 Foro Romao임), 개선문 등이 흩어져 있다. 이들은 모두 3세기에 마르쿠스 아우렐리우스 황제(재위 161~180년)의 명으로 건축된 것이다. 그 후 스스로를 신이라고 칭하며 태양 숭배를 받아들이고 광대한 제국을 건설한 아우렐리아누스 황제(재위 270~275년)가 성벽(272~274년)을 쌓았다.

현재 로마 역사 지구라고 말하는 곳은 이 성벽 안쪽에 해당하는 곳으로 보호 구역으로 지정되어 있다. 이곳에는 포룸 로마눔, 콜로세움, 하드리아누스 신전, 판테온과 몇 개의 공동 목욕탕 등이 있다.

포룸 로마눔의 포룸이란 '열린 공간'이라는 뜻으로 일종의 광장 같은 곳으로 팔라티누스 언덕 기슭에 위치한다. 이곳은 인위적으로 만든 곳이 아닌 자연적으로 생겨난 곳으로 로마에 있는 포룸 가운데 가장

포룸 로마눔(위, 1980년 세계문화유산 등록)
캄피돌리오 언덕에 위치해 있는 포룸 로마눔은 BC 5세기경 로마 제국이 이룩한 찬란한 역사와 그 문화의 흔적을 보여준다.

카피톨리누스 언덕에서 바라본 포룸 로마눔(아래)
로마 제국 전성기의 모습을 간직한 포룸 로마눔 뒤로 콜로세움이 보인다.

크고 오래되었다. 처음 이곳은 물물의 매매와 교역의 장소였지만 차츰 통치자가 선출되고 종교 의식과 재판이 이루어지는 역동적인 공간으로 바뀌었다. 하지만 이후 로마 제국이 쇠퇴하면서 이국인들의 파괴로 인해 지금은 마치 전쟁으로 폐허가 된 것처럼 보인다. 특히 1394년에 발생한 대지진으로 붕괴된 뒤 붕

개선문(위, 왼쪽)
대리석으로 만들어진 개선문은 유대인과의 전쟁에서 승리한 모습이 화려하게 조각되어 있다.

막센티우스 황제의 바실리카(위, 오른쪽)
로마 역사상 최대의 바실리카로 막센티우스가 황제로서의 위엄을 보이기 위해 지은 건축물이다. 그러나 막상 이 바실리카를 완공한 이는 경쟁 상대였던 콘스탄티누스였으며 그의 석상이 있었다고 한다.

베스타 신전(아래)
로마 제국의 영원함을 기원하면서 세운 베스타 신전은 포룸 로마눔에서 유일한 원형 신전으로 불의 여신 베스타를 모신다. 사진으로 보는 신전은 191년 셉티미우스 세베루스 황제 시대에 다시 지어진 것이다.

괴 현장에 있던 유적들을 건축 자재로 가져가는 바람에 대규모로 유적이 파괴되었다.

포룸 로마눔의 가운데로는 '신성한 길'이라는 뜻의 비아 사크라가 나 있는데, 이 길을 따라 웅변가들이 연설을 했던 연단인 로스트와 개선문, 종교 행사를 했던 곳 등이 자리 잡고 있다. 이곳에 있는 개선문 중 현재 남아 있는 가장 오래된 것은 티투스의 아치 즉, 티투스의 개선문이다. 81년 도미티아누스 황제(재위 51~91년)가 그의 형 티투스와 아버지가 유대 전투에서 승리하고 돌아오자, 이를 기념하기 위해 만든 것이다. 그 옆으로는 135년 하드리아누스 황제(재위 117~138년)의 설계로 지어졌다는 '비너스와 로마 신전'이 있다. 또 상인들이 모여 물건을 사고 팔았던 곳인 아실리카 아이밀리아도 있다. 아실리카 아이밀리아는 BC 179년에 건설된 곳으로 지금의 시장과 같은 곳이었다.

포룸 로마눔에서 가장 웅장한 건물은 바실리카(Basilica, 공공건물)이다. BC 4세기 막센티우스 황제(재위 306~312년) 시절에 콘스탄티누스에 의해 완성된 건축물로 가로 100m, 세로 65m, 높이 35m를 자랑하고 있으며 당시에는 재판소로 사용되었다. 이후 콘스탄티누스 대제(재위 312~337년)에 의해 그리스도교 보호령이 내려졌을 때 유럽 성당 건축의 모델이 되기도 했다. 바실리카 둘레는 돌 벽체로 둘러싸였으며, 나무로 짠 지붕을 얹은 직사각형의 건물로, 정면 입구와 마주보는 안쪽의 벽에 반 돔을 얹고, 가운데에는 제단을 설치했다.

이 밖에도 불의 여신을 모셨던 베스타 신전과 사투르누스, 카스토르, 폴룩스 신전도 있다. 특히 베스타 신전은 포룸 로마눔에서 가장 신성시하는 건물이었는데, 불의 여신을 찬양하는 베스타레스라는 6명

콜로세움 내부
많은 검투사들이 싸움을 하다 죽어간 콜로세움의 경기장 바닥은 이미 없어져 지하실 구조가 훤히 들여다보인다.

의 신녀들이 불이 꺼지지 않도록 성화를 관리했다고 한다. 당시에는 성화가 국가의 안전과 관계가 있다고 믿었기 때문이었다.

콜로세움의 정식 이름은 플라비우스 원형 극장으로, 고대 로마 유적 가운데 가장 웅장한 경기장이다. 72년 베스파시아누스 황제(재위 69년~79년) 때 짓기 시작해 8년 뒤인 80년에 완공되었다. 이곳에서는 당시 유행했던 맹수 싸움이나 검투사 싸움 등을 벌이기도 했으며, 이 외에도 중요한 기념일이나 행사 때는 일시적으로 투기장에 물을 채워 모의 해전을 벌이기도 했다고 한다. 바다 위에서 배를 타고 많은 싸움을 했던 로마 사람들은 콜로세움에서 실제 전투처럼 서로 죽이는 경기를

콜로세움 전경
콜로세움은 거대한 돌을 쌓아 올려 지은 건물로 바깥벽 아래에서부터 순서대로 도리아식, 이오니아식, 코린트식 등 모습이 서로 다른 양식으로 이루어져 있다.

펼쳤던 것이다. 경기장이 완공되었을 때는 100일 동안이나 이러한 축하 경기를 계속했는데, 죽어 나간 맹수가 5,000마리가 넘었고, 목숨을 잃은 사람도 많았다고 한다.

콜로세움은 약 5만 명 이상이 들어갈 수 있는 크기로, 둘레가 527m(긴 쪽의 지름은 188m, 짧은 쪽의 지름은 156m), 높이가 48.5m나 된다. 또한 투기장의 넓이는 긴 지름이 76m, 짧은 지름이 46m에 이른다. 4층으로 이루어진 콜로세움은 1층은 도리아식, 2층은 이오니아식, 3층은 코린트식 반원 기둥으로 꾸민 아케이드, 4층은 아케이드가 없는 코린트식 반각 기둥으로 꾸며졌는데, 이 때문에 각 층마다 각기 다른 양식으로 꾸민 건

71 Chapter 02 _ 고대 그리스·로마의 건축

축물로도 유명하다. 출입구와 계단은 많은 사람들이 쉽게 빠져나올 수 있도록 했으며, 귀족이나 황제를 위한 통로와 좌석도 따로 만들어 놓았다.

　이 고대 원형 극장을 언제부터 콜로세움이라고 불렸는지는 아직까지 밝혀지지 않았다. 다만 근처에 있던 네로 황제의 거대한 조각상인 콜로세우스와 혼동하여 생겼다는 설과 라틴어로 '거대하다' 라는 뜻을 가진 '콜로사레' 에서 유래했다는 설이 있다.

　콘스탄티누스 대제가 로마 제국의 국교를 그리스도교로 공인하기 전, 로마 사람들은 여러 신을 숭배했다. 이 모든 신들에게 봉헌하

판테온 전경
판테온 회랑에 있는 기둥은 모두 16개로 회색 화강암으로 만들어졌다. 하늘을 상징하는 커다란 둥근 천장은 훗날 성당 건축의 모델이 되었다.

기 위해 만든 신전이 바로 판테온이다. 정면에 16개의 돌기둥을 세우고 본당은 둥근 천장을 얹었는데, 이러한 구조는 다른 건축물에서는 쉽게 찾아볼 수 없다. 판테온이 이런 구조로 만들어진 까닭은 건설된 시기가 서로 다르기 때문이다. BC 27년 로마의 정치가 아그리파가 판테온을 세웠지만 AD 80년에 화재로 많은 부분이 파괴되고, 125년에 하드리아누스 황제가 다시 지으면서 현재와 같은 모습이 된 것이다.

판테온 본당의 커다란 둥근 천장은 하늘을 상징하며 훗날 성당 건축의 표본이 되었다. 지름이

판테온의 돔 지붕(위)
5단으로 배치된 28열의 격간(格間)과 지름 9m의 천창(오클루스, Oculus, 천장 개구부)은 장식으로 연출된 여느 건축물보다 경이로움을 느끼게 한다.

라파엘로가 그린 판테온 내부(아래)
'모두'를 뜻하는 판(Pan)과 '신'을 뜻하는 테온(Theon)을 합쳐 이름을 붙인 판테온은 하드리아누스 황제 때 재건축되었다. 라파엘로는 판테온에 묻혀 있다.

43.2m인 둥근 천장의 꼭대기에는 지름 9m의 둥근 구멍이 뚫려 있어 채광창 역할을 하는데, 이는 태양을 상징한다. 고대 건축물 가운데 가장 보존 상태가 좋은 까닭은 일찍 그리스도교 교회로 사용되면서 르네

상스 시대 권력자들이 궁전이나 저택을 짓기 위해 건축 자재로 채취해 가지 않았기 때문이다.

현재 판테온에는 이탈리아 국왕 비토리오 엠마누엘레 2세(재위 1849~1878년)와 움베르토 1세(재위 1878~1900년), 그리고 라파엘로와 페루치 같은 예술가들이 잠들어 있다.

로마 사람들은 목욕을 특별히 즐겼다. 그래서인지 로마 시내는 물론이고 로마인이 다스리던 곳에는 늘 공동 목욕탕을 지었다. 하지만 로마인들의 공동 목욕탕은 단순히 목욕만 하는 곳이 아니라 그들만의 문화생활을 즐길 수 있는 공간이었다.

로마에서 가장 크고 보존이 잘 된 목욕탕은 바로 콘크리트 건물로 지어진 카라칼라 목욕탕이다. 알렉산데르 세베루스가 216년에 완성시켰으며 가로 230m, 세로 115m의 면적에 볼트형 구조의 지붕을 올린 욕실들로 이루어져 있다. 카라칼라 목욕탕은 한 번에 1,500명이 목욕을 할 수 있을 정도로 규모가 컸으며, 미술관, 도서관, 회의실, 정원과 운동장, 그리고 식당과 상점까지 갖추고 있었다고 한다. 이 목욕탕도 로마의 다른 건물들과 마찬가지로 르네상스 시대에 약탈 당해 손상이 매우 심하다.

카라칼라 목욕탕(위)
입구에서 목욕탕 내부까지 들어가는 거리가 무려 100m에 이르는 카라칼라가 디오클레치아노 목욕탕이 만들어지기 전까지 로마에서 가장 큰 목욕탕이었으며, 남녀혼탕이었다.

카라칼라 목욕탕 내부(아래)
탈의실이었을 것으로 추정되는 이곳은 바닥을 대리석 타일로 만든 모자이크가 매우 아름답다.

히에라폴리스와 파무칼레

터키 아나톨리아(BC 188~BC 150년)

Hierapolis-Pamukkale

● 히에라폴리스는 해발 750m의 석회 언덕 위에 세워진 고대 도시로, 아나톨리아 북서쪽에 번영했던 고대 왕국 페르가몬의 왕인 에우메네스 2세(재위 BC 197~BC 159년)가 BC 2세기 후반에 건설하였다. 페르가몬 왕국은 아나톨리아 일대로 세력을 확장하면서 국경의 수비를 강화하기 위해 새로운 요새를 건설했는데, 그 가운데 하나가 바로 히에라폴리스다. '히에라의 도시'라는 뜻의 히에라폴리스는 페르가몬 왕국의 시조인 텔레포스 왕의 아내였던 히에라에게서 따온 이름이다. 히에라폴리스의 유적은 파무칼레의 석회봉 위쪽 산 언덕 넓은 지역에 퍼져 있다.

로마에 이어 비잔틴 제국의 지배를 받는 시기에도 여전히 번영했던 히에라폴리스는 11세기 후반, 투르크인 룸셀주크 왕조에 의해 멸망하였다.

룸셀주크 왕조의 침입으로 쇠퇴하기 시작, 파무칼레는 1354년 대지진이 일어나면서 두 번 다시 재기할 수 없을 정도로 폐허가 되었다. 현재는 1957년부터 이탈리아 고고학자들을 중심으로 조사와 발굴 및 복원 작업이 진행되고 있다.

파무칼레(위, 1988년 세계문화유산 등록)

파무칼레의 석회봉은 온천수에 다량 함유된 탄산칼슘이 결정을 이뤄 경사면을 뒤덮었다. 이 때문에 '목화의 성'이라는 뜻의 이름인 파무칼레라고 한다.

히에라폴리스의 대리석 길과 유적들(아래)

파무칼레 언덕 정상의 평지에 있는 도시 유적지 히에라폴리스는 BC 2세기 페르가몬 왕국이 세운 도시로 '신전의 전시관'으로 불릴 정도로 많은 신전이 있었다고 한다.

네크로폴리스(위)
히에라폴리스의 북쪽에 위치한 거대한 무덤군은 지리적으로 동서양 문화가 혼재돼 있는 터키 문화의 특색을 엿볼 수 있다. 1만 5,000기가 넘는 무덤들이 있었다고 하나 지진으로 90% 이상이 사라졌다.

히에라폴리스의 아폴론 신전의 기단부(아래)
에우메네스 2세가 만든 건물 가운데 현재 유일하게 남아 있는 건축물이다. 발굴 작업으로 신전이 가로 55m, 세로 35m인 직사각형의 건물이었다는 사실이 밝혀졌다.

예로부터 뛰어난 자연경관과 온천으로 이름이 널리 알려져 있던 히에라폴리스는 사람들이 모여들면서 상업과 공업도 발전하기 시작했다. 또 목화와 곡물 재배도 활발했다. 이때부터 이곳이 파무칼레라고 불리게 되었는데, 파무칼레는 '목화의 성'이라는 뜻이다. 이는 이곳에서 목화가 많이 재배되었기 때문이기도 하지만 내지 경사면에 펼쳐진 흰색 석회봉의 모습이 마치 목화로 만든 성처럼 보이기 때문에 붙여진 이름이기도 하다.

현재 남아 있는 유물 중 가장 유명한 것은 성문 밖 광범위한 언덕에 세워진 거대한 무덤 네크로폴리스이다. 이는 고대 아나톨리아에서 가장 큰 규모의 묘지 유적 가운데 하나로, 특히 대로 북쪽의 길가에 있는 공동묘지에는 약 1,200기의 무덤이 남아 있다. 이들 대리석 석관(石棺)의 무더기는 가히 장관이다. 이곳에는 비교적 보존 상태가 좋은 동굴 묘지 4곳이 있다.

에우메네스 2세가 만든 건물 가운데 현재까지 남아 있는 건물은 아폴론 신전의 토대뿐이다. 기단부만 남아 있는 아폴론 신전은 발굴 작업을 통해 평면이 가로 55m, 세로 35m인 직사각형이라는 사실이 밝혀졌다. 높이 2m의 기단 위에는 6개의 코린트식 기둥이 세워진 전실이 있으며, 신전 옆에는 플루토니온이라는 동굴이 있는데 출입이 금지되어 있다. 이 동굴이 바로 스트라보가 내뿜는 유독 가스 때문에 새가 죽었다고 전해지는 곳이다.

신전 근처에 있는 님파이움은 휴양 시설을 갖춘 건물로 고대 로마인들이 이곳에서 온천을 즐기거나 산책을 하며 피로를 풀었다고 전해진다.

고대 아나톨리아 무덤
히에라폴리스의 성벽 바깥쪽에는 공동묘지 4곳이 남아 있는데, 사진은 대로 북쪽의 길가에 있는 공동묘지로 고대 아나톨리아 무덤 유적 가운데 규모가 가장 크다.

로마식 석관묘(아래)
헬레니즘식 고분, 초대형 로마식 석관묘, 기독교식 무덤, 작은 비석을 세워 놓은 아랍식 무덤, 동양식 봉분 등 히에라폴리스에는 1,200여 기의 석관 무덤이 흩어져 있다.

히에라폴리스에서는 로마 시대의 도시 계획에 따라 만들어진 듯한 질서 정연한 건설 흔적도 찾아볼 수 있다. 로마 시대 당시에는 도시를 남북으로 가로지르는 1km의 대로가 있었으며, 이 대로와 직각으로 교차하는 도로도 있었다. 길 양쪽에는 길을 따라 늘어선 건물들이 흩어져 있었다고 한다. 또한 대로를 따라 네르메라고 하는 수많은 목욕탕이 건설되었는데, 목욕탕은 보통 온욕실과 냉욕실로 나뉘었다.

이 밖에도 당시 유행하던 고대 로마 형식의 큰 운동 시설이나 황제 일행을 위한 호화로운 시설과 특별 행사를 위한 설비를 갖춘 욕장도 있었다. 셉티미우스 세베루스 황제와 후계자였던 카라칼라 황제(재위 211~217년)가 이곳을 가장 즐겨 찾았다고 한다. 그 후 몇 세기 동안 히에라폴리스는 번영을 누리며 호화로운 건축물이 많이 세워졌다.

고대 로마의 기록에 따르면 이곳에 최소한 4차례의 지진이 있었다고 한다. 이 때문에 여러 건축물이 붕괴되었는데, 특히 네로 황제(재

히에라폴리스 온천 목욕탕
클레오파트라를 비롯한 로마 황제와 귀족들이 즐겨 찾은 곳으로 유명했다. 예로부터 이 지역에서 나오는 온천수의 치료 효과 때문에 수천 명의 환자들이 병 치료를 위해 이곳 히에라폴리스에 왔다. 섭씨 35℃의 탄산수는 여러 질병에 효험이 있어 로마 황제들도 치료를 위해 이곳을 찾았다고 한다.

황제의 개선문
2000년 전에 대리석을 두부 자르듯 잘라 쐐기 모양으로 깎아서 끼워 맞춘 건축물로, 당시 상당한 건축술을 지녔음을 알 수 있다.

위 54~68년)의 재위 시기인 60년에 일어난 지진은 히에라폴리스 전체를 재건해야 할 만큼 그 피해가 컸다. 그 뒤 도미티아누스 황제(재위 81~96년) 때에 이르러서야 새로운 건축물이 많이 건설되었다. 이때 건설된 건축물 가운데 눈길을 끄는 것이 대로 북쪽 끝에 있는 도미티아누스 황제의 개선문이다. 이 유적의 양 옆에는 탑이 서 있는데, 그 사이가 3개의 아치로 연결되어 있다. 로마 제국의 정치가였던 율리우스 프론티누스(30~104년 경)가 당시의 황제인 도미티아누스를 기리기 위해 세운 문으로 지금도 당시의 웅장함과 화려함을 느낄 수 있다.

중심가를 벗어난 동쪽 경사면에는 반원형의 로마 극장을 볼 수 있다. 로마 극장은 예전의 모습을 그대로 간직하고 있는 귀중한 유적으로 무대를 둘러싼 계단 모양의 관객석 한가운데에는 로마 황제를 위한 귀빈석도 있었다. 로마의 역대 황제들은 히에라폴리스에서 온천욕을 즐기고, 로마 극장의 귀빈석에 앉아 무대에서 펼쳐지는 공연을 즐겼을 것이다. 로마 극장의 건물은 셉티미우스 세베루스 황제(재위 193년~211년) 때 만들어졌으며, 제2차 세계대전 후에 일부가 복원되었다. 아나톨리아 지방에 남아 있는 로마 극장 가운데 이곳이 가장 보존 상태가 좋다. 관객석은 모두 50단으로 통로에 의해 몇 개의 부분으로 나뉘며, 무대는 열주와 수많은 창을 배치해 장식했다.

히에라폴리스의 극장
히에라폴리스 동남쪽에 있는 이 극장은 1만 2,000여 명을 수용할 수 있는 규모로, 로마의 속주로 있던 무렵에 건설되었다. 정교하면서 웅장한 로마 시대 건축의 아름다움을 느낄 수 있다.

성 빌립 순교자 기념 성당
당시로서는 파격적인 팔각 구조로 지어졌으며, 팔각형을 이루고 있는 돌출한 문 위에는 십자가가 새겨져 있다.

히에라폴리스는 후에 유대교도의 공동체가 뿌리를 내리면서 그리스도교의 공동체가 성장했다. 80년, 사도 빌립이 이곳에서 순교하자 5세기 초에 그를 기리기 위해 지은 성당의 유적이 남아 있다. 중심부가 팔각형으로 되어 있어 옥타곤(팔각당)이라고도 불리는 이 성당은 지름이 약 20m인 팔각형 각 변에 직사각형의 작은 성당이 방사형으로 놓여 있다. 그 주변을 회랑이 둘러싸면서 한 변이 60m나 되는 거대한 건축물을 이룬다.

히에라폴리스 온천의 물 온도는 35℃로 수량이 풍부해 1초에 25L나 솟아난다고 한다. 이 온천물에는 석회질을 다량 섞여 있다. 그런데 석회질은 탄산염 광물을 많이 함유하고 있어 오랜 세월 물이 아래로 흐르면서 침전되어 바위 표면에 탄산염의 광물인 탄산칼슘 결정체를 하얗게 침전시켰다. 이 때문에 절벽 같은 대지의 경사면을 따라 마치 온천

Part 01_ 서양의 고대 건축 **84**

파무칼레 대지의 종유석 모양의 결정

마치 얼어붙은 폭포를 연상시키는 파무칼레 대지의 바위를 뒤덮은 종유석 모양의 결정. 히에라폴리스 유적지 아래로 석회봉이 연출한 순백의 비경이 펼쳐진다.

수 풀장 같아 보이는 흰색 석회봉이 100개 넘게 형성되었다. 석회봉 가운데는 높이가 6m나 되는 것도 있는데, 언뜻 보면 얼어붙은 폭포처럼 보이기도 하고 종유석으로 보이기도 한다. 그래서인지 이곳을 찾는 사람들은 여름이면 얼음이 녹아 흐르는 물을 떠올리며 더위를 잊고, 겨울이면 눈의 성을 떠올린다고 한다.

Part 02

중세 기독교 건축

Chapter 03

Architecture of The World

초기 및 중세 교회의 건축

- 아야소피아, 터키
- 아흐파트 수도원, 아르메니아
- 릴라 수도원, 불가리아
- 하이에로니미테스 수도원과 벨렘 탑, 포르투갈

기독교 세계의 형성

로마 제국의 콘스탄티누스 대제(Roman Emperor Constantinus the Great)가 312년 기독교를 공인하면서 유럽 사회는 새로운 국면을 맞이하게 되었다. 기독교가 광범위하게 퍼지게 되었고, 392년 테오도시우스(Theodosius) 황제가 기독교를 국교로 선언함에 따라 이전의 모든 신상을 파괴하기에 이른다. 그리고 기독교는 전 유럽으로 확산되어 로마인뿐만 아니라 다른 유럽의 민족들까지 믿게 되었다. 이런 변화 가운데 게르만족이 로마 제국의 영토 안으로 대거 이주해 들어오는 사건이 일어난다. 이후 게르만족의 세력이 커지면서 로마는 급격히 쇠퇴해 395년, 로마 제국이 동로마 제국과 서로마 제국으로 분열되고 결국 476년에 서로마 제국이 멸망, 로마 제국이 역사 속으로 사라진다.

이후 유럽은 프랑크 왕국을 세운 프랑크족, 이베리아 반도와 북아프리카의 반달족과 고트족, 그리고 브리타니아(Britania, 오늘날 영국의 그레이트 브리튼 섬의 로마 시대 이름으로 켈트족의 일부인 브리튼족에서 따왔다고 함)의 앵글로·색슨족 등 여러 민족이 세운 나라들이 생겨났다. 그러나 이들은 이미 모두 기독교를 믿고 있었기에 비록 나라는 여러 개로 분리되어 있었지만 종교로는 오직 하나인 체제를 유지했다. 따라서 최고의 권위는 언제나 로마 교황청이 가지고 있었다. 이 시기의 유럽 문화는 기독교가 모든 것을 지배하고 있었다고 해도 과언이 아니다.

초기 기독교 건축의 발전

로마 제국이 기독교를 받아들이면서 서양 문화는 모든 분야에서 획기적인 전환점을 맞이한다. 왜냐하면 경건한 삶을 강조하는 기독교 문화는 이전까지 다신교를 섬기며 자유롭게 생활하던 가운데 형성된 문화와는 어긋날 수밖에 없었기 때문이다. 이제 로마는 이전까지의 화려하고 다소 퇴폐적이기까지 했던 문화들을 모조리 바꿔야 하는 상황에 놓였다.

이는 건축 분야에서도 마찬가지였다. 적어도 사방이 막혀 있어 안정된 종교 의식을 행할 수 있는 새로운 예배를 드리기 위한 건축물이 필요한 상황이 온 것이다.

초기 기독교 건축(거의 교회당이 주류를 이룸)은 이런 역사적 배경 가운데 탄생했다. 즉, 기독교가 탄생한 초대 교회 시절의 기독교 건축이란 기독교인들의 예배 장소로 사용되었던 카타콤(Catacomb, 초기 기독교인들의 지하 묘지, 기독교 박해로 예배 장소와 피난처로 사용됨) 정도밖에 알려져 있지 않으나, 로마의 국교가 되고 난 후인 4세기경부터 생겨난 기독교 건축은 서양건축 역사에서도 그리스·로마의 고전 건축과 함께 또 하나의 축을 이룰 만큼 크게 발전하게 된다.

카타콤

초기 교회가 지어지기 시작한 것은 기독교를 공인한 콘스탄티누스 황제 시절이다. 그러나 아무리 시대가 바뀌었어도 처음부터 새로운 기독교 건축물을 창조할 수는 없는 노릇이었다. 기독교인들은 당시의 건축물 중에 기독교식 예배를

콘스탄티누스 1세가 처음으로 세운 바실리카 양식의 교회

드리기에 적합한 용도의 건물을 찾았을 것이다. 그렇다고 기독교에서 절대적으로 거부하는 우상 신을 섬기던 신전을 모방할 수도 없는 노릇이었다.

　이러한 질문에 당시의 건축가들이 생각해 냈던 것이 바로 바실리카(basilica)이다. 바실리카란 무엇인가? 이것은 로마의 법정이나 상업거래소 및 집회장으로 사용되던 건물을 말한다. 당시의 건축가들은 바로 이 바실리카에서 힌트를 얻어 교회를 짓기 시작했다. 이렇게 하여 초기에 지은 교회 건물이 로마의 구(舊)성 베드로 대성당(330년)과 산파올로 성당(380년)이다. 바실리카 교회의 기본 구조는 다음과 같다.

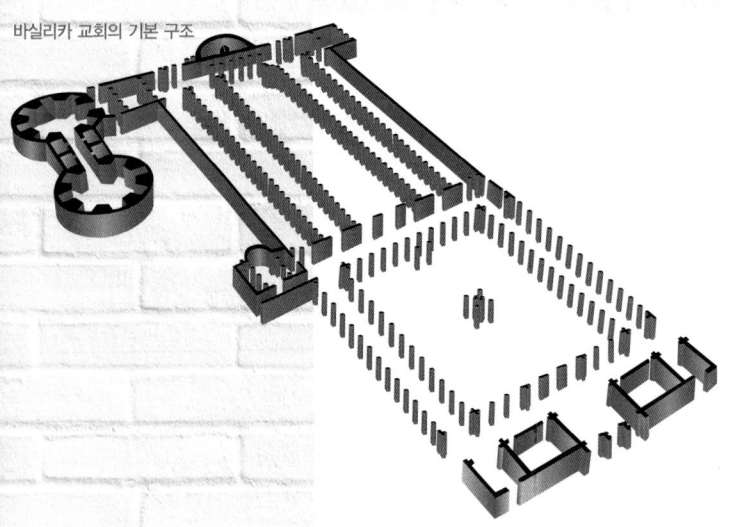

바실리카 교회의 기본 구조

동서를 주축으로 한 긴 직사각형 모양이며, 서쪽 정면에 입구가 있다. 입구를 들어서면 현관, 앞뜰(아트리움, Atrium 열주를 갖는 개방된 마당)이 나타나고 곧이어 본당으로 들어가기 전의 홀이 나타난다. 이곳을 지나면 중앙의 폭이 넓은 본당이 나타나고 곧이어 측면에 3~5개의 줄지어 늘어선 기둥을 낀 복도가 있는 회랑이 나타나는 구조로 되어 있다.

이러한 건축양식을 기본으로 예루살렘이나 베들레헴에서는 기념과 예배의 기능을 합친 교회가 세워졌고, 팔레스타인 지방에서는 예수의 탄생과 부활을 기념하는 교회가 지어졌다. 또한 라틴 지방에서는 예수의 죽음을 기리는 교회가 건축되었다.

그리스 지역에서는 직사각형 모양이 아닌 십자형 모양의 교회가 생겨났고, 유럽에서는 중앙집중형, 원형, 다각형, 십자형 등 다양한 모양의 교회가 생겨났다. 이 중 길쭉한 모양의 바실리카형과 달리 네모반듯한 중앙집중형 교회 건물은 교회 건축물의 발달 과정에서 놀라운 변형을 가져온 것이라 할 수 있다.

이렇게 발전을 거듭하던 교회 건축은 395년 테오도시우스 1세 때 로마 제국이 동서로 분열되면서 서로 다른 형식의 건축 문화로 발전하기 시작한다.

교회 건축 용어

배랑(拜廊, Narthex): 건물의 입구 혹은 신랑과 바로 연결되는 단층의 현관이나 회랑을 의미한다.

신랑(身廊, Nave 또는 중랑): 중앙 회랑에 해당하는 중심부로서 교회 내부에서 가장 규모가 크고 넓은 부분이다. 보통 장의자가 설치되어 있는 예배자를 위한 공간이다.

익랑(翼廊, Transept 또는 수랑): 신랑과 직각으로 교차되어 있는 회랑을 의미한다. 보통 높이를 비롯한 폭, 규모는 신랑과 비슷하게 지어지나 길이는 신랑보다 짧거나 같다.

교차랑(交叉廊, Crossing): 신랑과 익랑이 교차하는 부분이다. 주로 동방정교회에서는 교차랑의 천장을 거대한 돔으로 만들고, 로마네스크나 고딕 양식에서는 교차랑 지붕 위에 탑을 짓는 경우도 있다.

측랑(側廊, Aisle): 신랑 양옆에 줄지어 늘어선 기둥의 밖 혹은 옆에 있는 복도를 의미한다. 소규모 교회(성당)는 신랑과 양옆 측랑, 3랑으로 구성되며 규모가 큰 성당은 5랑으로 건설되는 경우가 많다.

내진(內陣, Choir): 중심부로서 교차랑과 후진, 주보랑으로 둘러싸인 공간이다. 주로 내진에 성가대석과 제단이 놓인다. 후진을 포함한 의미를 가지기도 한다.

후진(後陣, Apse): 가장 안쪽에 위치해 있는 부분으로, 내진 뒤에 주보랑에 둘러싸인 반원형 공간이다. 예배자나 순례객, 관광객이 성당의 중앙 현관으로 들어와 신랑을 통해 바로 보는 정면이 후진이므로, 주로 이곳에 제단이나 유물이 놓여진다.

주보랑(周步廊, Ambulatory): 측랑이 내진부로 연장되어 생긴, 내진과 후진을 감싸는 회랑이다. 주로 프랑스 북부 고딕 양식 성당에서 발견된다.

제실(祭室, Apse chapel, Chapel): 주보랑이나 후진 외벽에 반원형으로 지은 작은 예배당을 의미한다. 주로 성당의 보물이나 석관, 소규모 제단이 놓여 있다.

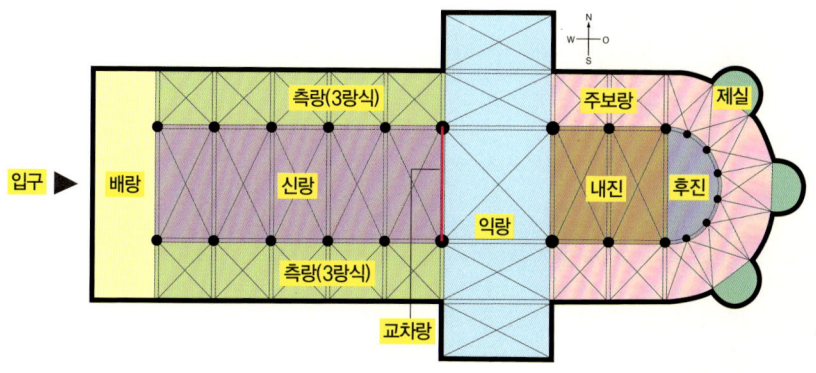

중세 기독교 건축의 백미 – 비잔틴 건축양식

동로마, 즉 비잔티움 제국에서 발달한 기독교 건축 문화를 비잔틴 건축이라 부른다. 왜 같은 기독교인데, 비잔틴 건축은 서로마 건축과 다른 독특한 양식을 이루었을까? 그것은 콘스탄티누스 황제가 콘스탄티노플(현재의 이스탄불)을 세울 때 그를 따라 로마의 수많은 예술가들이 함께 이곳으로 이주했고, 이 예술가들의 활발한 활동으로 비잔티움 제국만의 독특한 건축 문화가 생겨났기 때문이었다.

그렇다면 비잔틴 건축양식의 특징은 무엇일까?

비잔틴 건축도 초기에는 로마 건축에 바탕을 둔 바실리카 교회 양식을 이용했으나, 5~6세기를 지나면서 중앙집중형, 정사각형 모양 등 다양한 형식의 교회들이 생겨나기 시작한다.

비잔틴 교회 건축물의 가장 큰 특징은 중앙집중형 양식과 펜덴티브돔(Pendentive Dome) 형식을 들 수 있을 것이다. 펜덴티브돔은 페르시아 지방에서 사용한 스퀸치(Squinch) 기법을 발전시켜 개발한 지붕을 얹는 방식을 말한다.

비잔틴 건축양식의 펜덴티브돔 구조

스퀸치 기법이란 사각형 평면을 팔각형 평면으로 바꾼 뒤 그 위에 돔을 얹는 방식이다. 이에 반해 펜덴티브돔은 사각형 평면 위에 원형 평면의 돔을 얹는 방법으로 이는 비잔틴 양식의 독특한 기법이라 할 수 있다. 이러한 펜덴티브돔으로 만들어진 대표적 건축물이 아야소피아(Ayasofya, 532~537년) 성당이다. 이는 중앙집중형 모양으로 지어진 교회당으로 상부의

쿠폴라 양식의 러시아 정교회

돔이 하부의 펜덴티브에 의해 지지되어 있다.

　한편 추운 기후에 잘 적응한 러시아는 자신들만의 독특한 건축양식을 이루었다. 즉, 돔의 디자인과 이를 지지하는 방법에 대한 깊은 연구가 이루어졌고, 이에 맞는 끝이 불거져 나온 듯한 독특한 형태의 러시아만의 돔 교회 건축 문화가 탄생한 것이다. 특히 15세기 후반에 들어오면서 양파를 얹어놓은 듯한 독특한 모양의 돔인 쿠폴라(Cupola)가 등장, 러시아만의 교회 건축양식을 자랑하게 되었다.

Historic Areas of Istanbul, Ayasofya

아야소피아
터키 이스탄불(537년)

● 터키의 이스탄불은 역사적으로 매우 중요한 도시이다. 지금은 이슬람교의 대표적 도시로 불리고 있지만, 한때는 기독교의 총본산이라 할 수 있는 동로마의 수도 콘스탄티노플이기도 했기 때문이다. 이곳을 장식하고 있는 아야소피아 대성당은 보기만 해도 그 아름다움과 위엄에 압도당할 정도이다. 아야소피아 대성당은 아름다움과 그 규모에 있어 현존하는 비잔틴 건축물 중 최고로 꼽힌다.

기독교를 로마의 종교로 공인한 콘스탄티누스 황제는 로마의 수도를 콘스탄티노플로 옮기면서 새 수도의 상징으로 아야소피아를 건설하였다. 당시의 이름은 하기아소피아였다. 이후

유스티니아누스 1세
(Justinianus I, 재위 527 ~565년)
유스티니아누스 1세는 리더십이 뛰어나고 종교에 있어서 중용 정책을 택하였다. 특히 원형 경기장의 무희 출신이었던 황후 테오도라는 황제의 정책에 많은 영향을 끼쳤다.

Part 02 _ 중세 기독교 건축 96

아야소피아 대성당(1985년 세계문화유산 등록)
마치 한 편의 아름다운 그림을 연상시키는 아야소피아 대성당의 수려한 모습. 현재 남아 있는 비잔틴 건축의 최고봉으로 손꼽힌다. 4개의 첨탑은 오스만 제국 시대에 세워졌다.

537년 유스티니아누스 황제 시대에 아야소피아는 지금의 모습으로 다시 태어났다.

　유스티니아누스 황제는 트랄레스의 안테미오스와 밀레토스의 이시도로스라는 건축가에게 대성당의 설계를 맡겼다. 두 사람은 본당(Nave) 중앙에 4개의 대지주를 세우고, 그 위에 펜덴티브 구법을 이용한 대형 돔을 얹는 성당을 구상하였다. 아야소피아의 꽃이라 할 수 있는 중앙의 돔은 지름 33m에 높이 55m를 자랑하는 대형 돔으로 설계되었다. 문제는 건설할 때 이러한 대형 돔의 하중을 어떻게 견디느냐였다. 이에 남북 방향의 하중은 네 개의 거대한 지주로 떠받침으로써 해결하였고, 동서 방향의 하중은 반원형의 돔으로 지지함으로써 해결하였다.

이제 이렇게 외부를 장식한 아야소피아의 내부로 들어가 보자.

세 개의 문으로 된 정문을 지나면 바깥 회랑이 나오며 여기를 지나면 안쪽 회랑으로 들어서게 된다. 그리고 안쪽 회랑으로 더 들어가다 보면 중앙의 드넓은 공간을 만나게 된다. 이때 너무나 넓은 공간에 또 한 번 놀라게 된다. 길이 81m, 너비 70m, 높이 55m의 가슴까지 뻥 뚫리게 하는 광대한 공간이다. 머리 위에 치솟은 중앙 돔의 안쪽을 올려다 보

하늘 지붕 같은 돔(위)
그리스 정교의 본산이자 황제 대관식 등의 주요 행사가 치러지는 장소에 걸맞게 내부는 웅장함과 화려함을 드러낸다. 8개의 원판에 쓰인 이슬람 지도자들의 이름은 이슬람 세계에서 가장 아름다운 필체로 손꼽힌다고 한다.

2층 갤러리(아래)
교회 내부 기둥은 로마 제국 곳곳에서 가지고 온 것으로 만들어졌다고 한다. 이곳은 여성들이 예배를 보는 장소였다.

면 마치 하늘 지붕을 보고 있는 듯한 착각을 불러일으킬 정도다. 마음껏 빛을 받아들이는 구조로 설계된 돔 하단부에는 40개의 창문이 나 있어 돔과 창문을 통해 들어오는 빛은 환상적인 분위기를 자아낸다.

아야소피아의 내부는 온갖 그림과 조각의 비잔틴 예술로 장식되어

화려함의 극치를 이룬다 할 수 있다. 비잔틴 예술의 세련된 장식 조각들은 화려한 모자이크로 수를 놓아 우아함과 웅장함을 더해 준다.

당시 아야소피아 대성당이 완성되었을 때 유스티니아누스 황제는 그 아름다움에 매료되어 놀라움을 금치 못했다고 전해진다. 그 후로 수많은 시련의 과정을 겪은 아야소피아의 모습은 지금 우리가 감상하는 것보다 훨씬 아름다웠을 것이라 예상된다.

성모와 아기 예수 모자이크 벽화
아기 예수를 안은 성모 마리아 좌우에는 콘스탄티노플 도시를 바치는 콘스탄티누스 황제와 아야소피아를 봉헌하는 유스티니아누스 1세 황제의 모습이 보인다.

8~9세기에는 기독교 내에서 성상 파괴 운동이 벌어져 아야소피아에 장식되었던 수많은 모자이크들이 파괴되었다. 그리고 콘스탄티노플이 이슬람 세력에 의해 지배되고 이스탄불로 바뀌자 아야소피아 대성당은 이슬람의 모스크로 사용되기도 했다. 이 때문에 지금의 아야소피아에는 곳곳에 이슬람 문화의 흔적이 남아 있다. 우상 숭배를 금하는 이슬람들은 이때 또다시 수많은 모자이크를 석회칠로 뒤덮어 버렸다고 한다. 물론 지금은 많은 부분이 복원되고 재발견되어 비잔틴 최고의 예술을 즐길 수 있게 되었지만 말이다.

현재 이스탄불에 있는 아야소피아는 대성당도 모스크도 아닌 박물관으로 이용되고 있다. 이는 1934년 터키 공화국의 초대 대통령이 되었던 무스타파 케말(Mustafa Kemal, 1881~1938년)의 결정에 의해 이루어졌다고 한다.

Monastery of Haghpat

아흐파트 수도원

아르메니아 투마냔(991년)

아흐파트 수도원은 아르메니아에 있는 수도원으로, 970년에 공사를 시작해 991년에 완성되었다. 하지만 처음부터 현재의 자리에 세워진 것은 아니다. 9세기 아쇼트 바그라투니 대왕 때 지어진 아흐파트 수도원은 알라베르디 지역의 사나힌(Sanahin) 수도원 근처에 있었다고 한다. 아르메니아 제후 가운데 가장 높은 자리에 있던 바그라투니 가문의 아쇼트 왕은 885년 비잔틴 제국과 아바스 왕조의 승인을 받아 바그라투니 왕조를 열었다.

10세기 후반, 아쇼트 왕은 현재의 위치로 아흐파트 수도원을 옮기며 새로운 수도원을 완성했다. 처음 수도원이 완성되었을 때는 '아흐파트의 성 십자가'라고 불렀다. 이렇게 이름 붙은 까닭은 이 수도원이 카트치카(Khatchkars), 즉 십자가석(Cross Stones)으로 유명하기 때문이다. 실제로 수도원 안 곳곳에 십자가 부조와 조각들이 많다. 수도원 건물은 요새를 구축하는 형식으로 벽을 축조한 아르메니아 건축의 전형적인 모습을 보여준다. 현재의 모습은 셀주크 왕조와 몽골군의 침입으로 파괴되

아흐파트 수도원의 주성당 성 니샨 교회(1996년 세계문화유산 등록)

10세기 후반에서 13세기 사이에 세워진 기독교 수도원으로, 비잔틴 양식과 지역 특유의 전통 양식이 혼합된 독특한 아름다움을 자랑하는 종교 건축물이다.

십자가석, 카트치카들(아래, 좌우)

일찍부터 청동 연금술과 가구나 무기 장식 기술이 발달했던 아르메니아 문화의 정수를 보여주는 카트치카들이다. 수도원 곳곳에서 발견되는 다양한 형태와 수려한 문양들은 과히 십자가석의 완성지라 일컬음 직하다.

었던 것을 13세기에 복구하면서 현관 등 새로운 건물을 증축하여 처음 만들어졌을 때보다는 규모가 커진 것이다.

주성당은 4개의 기둥이 천장을 지탱하고 위에 원형 돔을 얹은 비잔틴 건축양식의 원형(原形)을 보여주고 있고, 하나로 이어지는 지붕 아래의 내부 공간은 9개 부분으로 나누어져 있다. 물론 중앙의 가장 높은 곳은 지붕이 가장 크고 둥글며 지붕을 통해 빛이 들어온다. 후진에는 예수 그리스도의 프레스코화가 있으며, 앞에는 소박한 제단이 놓여 있다. 그리고 건물 바깥벽에는 삼각형의 벽감(장식을 위하여 벽면을 오목하게 파서 만든 공간. 등잔이나 조각품 등을 세워 둠)이 빽빽이 들어차 있으며, 수도원 내의

수도원의 주성당
펜덴티브로 구성하여 벽돌과 석재를 쌓아 올린 수도원의 천장 돔은 비잔틴 양식의 특색을 잘 보여준다.

니샨 교회 동쪽 파사드 정면에는 성당의 모형을 안고 있는 두 사람의 모습이 부조되어 있다. 이들은 아쇼트 3세 왕의 두 아들로 이 교회의 상징이기도 하다.

큰 홀로 된 집회실은 주성당과 통로로 이어져 있다. 현관랑과 같

은 양식으로 만들어졌기 때문에 13세기에 만들어진 것으로 보인다. 이때 함께 증축된 도서실은 사각형의 아담한 방으로 주성당에서 왕래가 곧바로 되도록 되어 있다.

수도원의 가장 높은 곳에는 1245년에 증축된 3층짜리 종루가 있는데, 독특한 무늬로 장식되어 있어 우아함을 자랑한다. 그리고 북동쪽에 있는 식당은 13세기에 지어진 것으로, 쌍으로 된 2개의 거실이 있으며, 거실과 거실의 사이는 활이나 무지개같이 한가운데가 높고 길게 굽은 모양으로 드러나는 천장이 있는 통로로 연결된다.

교회 동쪽 파사드(위)
아흐파트 수도원을 상징하는 아쇼트 3세 왕의 두 아들을 기념하는 부조 장식물이다.
1245년에 증축된 종루(아래)
수도원의 가장 높은 곳에 위치한 3층 종탑은 섬세한 부조와 절제된 석축 구조로 경건한 분위기를 자아낸다.

Rila Monastery

릴라 수도원

불가리아 릴라(10세기 말)

● 불가리아 최대의 수도원으로, 릴라 산 속의 릴스키마나스틸에 자리 잡고 있다. 10세기에 처음 지어진 릴라 수도원은 19세기에 현재의 모습으로 새롭게 정비되었다. 깊은 산 속에 붉게 빛나는 지붕을 얹은 릴라 수도원은 주변의 자연 경관과 아름답게 조화를 이룬다.

릴라 수도원의 기반은 이반 릴스키(876~946년)라는 수사에서 찾을 수 있다. 당시 사람들의 정신적 퇴폐에 환멸을 느낀 이반은 릴라 산의 한 동굴에 숨어 지내며 수사 생활을 시작했다. 하지만 조용히 살고자 했던 그의 바람과는 달리 그의 생활과 정신에 대한 존경심이 사람들 사이에 넓게 퍼져 나갔다. 시간이 지나자 점점 그를 따르는 많은 신자와 순례자들이 그의 은신처에 몰려들며, 지금의 수도원 위치에서 몇 km 떨어진 곳에 마을을 이루게 되었다.

이반은 죽은 뒤 성인으로 추대 받으며 발칸 제국 곳곳으로 시신이 옮겨 다녔다. 처음에는 지금의 소피아인 세르디카에 안치되었다가 헝가리의 에스테르곰으로 옮겨졌다. 하지만 다시 세르디카로 돌아왔다

릴라 수도원(1983년 세계 문화유산 등록)
마을에서 떨어진 깊은 계곡에 자리 잡고 있는 릴라 수도원. 불가리아 최대의 수도원으로 성자 이반 릴스키의 유물과 슬라브족의 문화적 정체성을 상징하는 건물이다.

가 타르노보로, 그리고 마지막으로 1469년 릴라 수도원에 안치되었다.

릴라 수도원은 제2차 불가리아 제국의 융성과 함께 그 권위와 세력도 강해졌지만, 14세기 초 대지진이 일어나면서 대부분의 건물이 파괴되었다. 그 뒤 이 지방의 귀족이었던 프레리요 드라고보라가 수도원을 다시 짓지만, 당시 지어진 건물 가운데 현재 그 모습을 볼 수 있는 것은 1335년에 세워진 프레리요 탑뿐이다.

프레리요 탑은 새로운 수도원을 산적 같은 외적의 공격이나 이교도의 습격 등에 대비해 높은 방벽으로 둘러싸인 요새처럼 만들어졌으며, 여러 자연재해에도 끄덕 없을 정도로 튼튼하게 건설되었다. 높이가

25m나 되는 프레리요 탑은 흉벽으로 둘러싸인 옥상 등 겉모습만으로도 그 위엄이 느껴질 정도다.

중세에 들어서면서 군주들은 릴라 수도원에 막대한 특권을 주었으며, 아낌없는 기부를 했다. 이러한 각별한 특권은 14세기 말 불가리아가 오스만 투르크 제국의 지배를 받는 시절에도 여전히 유지되었다. 그러나 17~18세기에 걸쳐 오스만 투르크에 내전이 일어나면서 그 여파로 여러 차례 약탈과 습격을 당하고 만다. 그러다 1833년 큰 화재로 수도원은 잿더미로 변하였다. 그러나 바로 1년 뒤 다시 재건되면서 수도원은 수사용 독방 300개, 프레스코화로 장식된 예배실 4개, 도서관, 손님방, 관리실 등을 갖춘 새로운 모습을 드러냈다.

손님방 10개는 목조각이나 프레스코화로 장식되어 있지만, 불가리아 각지에서 온 장인들의 작품으로 저마다 다른 느낌으로 마무리되어 있다.

수도원 가운데 있는 성당은 성모 마리아에게 봉헌된 곳으로 그리스 십자형 평면에 24개의 지붕을 얹고 있다. 이곳에서는 유럽과 아

수사들의 방
수사들의 방이 마치 외진 처럼 안뜰을 둘러싸고 있는 릴라 수도원

시아 문화를 동시에 수용한 다채로운 장식을 볼 수 있는데, 회랑의 벽면과 천장에 빽빽이 그려진 프레스코화는 19세기 불가리아 종교화 가운데 가장 뛰어난 작품들이다. 이곳을 장식한 프레스코화는 약 1,200여 개 정도이다.

성모 성당의 회랑에 그려진 프레스코화
이 프레스코화는 19세기 불가리아 종교화 가운데 가장 뛰어난 걸작으로 평가를 받고 있다.

프레스코화의 여러 장면에 그려진 무시무시한 악마의 모습은 보는 사람들로 하여금 공포를 느끼게 하는데, 악마의 발톱에서 벗어나는 방법은 오로지 신앙밖에 없음을 사람에게 알려주는 듯하다. 또한 안뜰을 바라보고 세워진 사각형 발코니에는 19세기 수도원 건축의 독특한 면을 느끼기에 충분하다.

19세기에 들어서면서 릴라 수도원은 오스만 투르크의 지배에서 벗어나려는 해방 운동의 정신적 성채가 되면서 문화·정치 부흥의 선구자 역할을 하였다. 그뿐만 아니라 비잔틴 회화의 틀에서 벗어난, 불가리아만의 종교 예술을 꽃피웠다. 물론 오스만 투르크의 지배를 받을 때도 릴라 수도원의 요새 안에 있었던 불가리아 문화재는 거의 완벽하게 보존되었다.

Monastery of Hieronymites and Tower of Belem

하이에로니미테스 수도원과 벨렘 탑

포르투갈 리스본(1502년)

● 리스본 서남부 벨렘 지역의 옛 항구에는 포르투갈 전성기의 영광을 자랑하는 웅장한 건축물인 하이에로니미테스 수도원과(제로니무스 수도원, Mosteiro dos Jeronimos 이라고도 부름) 벨렘 탑이 남아 있다. 포르투갈의 전성기였던 16세기는 대항해 시대의 절정기였다. 대항해 시대를 연 사람은 다름 아닌 포르투갈의 항해왕 엔리케(1394~1460년) 왕자다. 그 후 바스코 다가마가 개척한 인도 항로를 통해 포르투갈은 유럽 최초로 동양과 교역을 시작했고 이 덕분에 포르투갈은 막대한 이익을 얻게 되었다.

1502년 국왕 마누엘 1세(재위 1495~1521년)는 포르투갈을 해양 국가로 이끈 엔리케 왕자와 바스코 다가마 등을 기리기 위해 엔리케 왕자가 세운 예배당을 수도원으로 건립하도록 했다. 1511년에 완공된 하이에로니미테스 수도원은 석회암으로 된 건물로 길이가 약 300m에 이르는 장엄하고 화려한 건축물이다. 그리고 수도원 안의 산타 마리아 성당과 회랑, 수도 생활에 필요한 침실 등 1층은 건축가 5명이 1517년부터 수도원이 완공된 1551년까지 34년 동안 만들었다고 한다.

하이에로니미테스 수도원의 웅장한 모습(1983년 세계문화유산 등록)

포르투갈을 해양 국가로 이끈 엔리케 왕자와 바스코 다가마를 기리기 위해 건립된 수도원이다. 입구에는 대항해 시대의 영광이 화려한 조각으로 기록되어 있다.

하이에로니미테스 수도원은 이슬람 양식과 비잔틴 양식을 본보기로 하여 포르투갈만의 독특한 마누엘 양식으로 지었으며 창문이나 입구, 난간 등에는 식물의 줄기와 꽃 등 자연과 해양 생활을 모티프로

한 화려한 장식들과 동양적 요소들이 많이 새겨져 있다. 하이에로니미테스 수도원이 이렇게 화려하고 섬세한 건축 요소를 많이 갖고 있는 데는 대항해 시대에 외국의 식민지에서 벌어들인 엄청난 자금이 들어갔기 때문에 가능했다.

타호 강 쪽에 있는 하이에로니미테스 수도원의 남문 위쪽벽 에는 엔리케 왕자의 상이 조각되어 있고, 그 위에는 성 제로니무스(St Jeronimos, 5세기 이탈리아어의 성인으로 성서를 처음으로 그리스어에서 라틴어로 번역한 인물)의 생애가 조각되어 있다. 레이스 세공처럼 섬세한 이 조각들은 프랑스 건축가 보이타크의 작품이다. 이 문을 통해 들어가면 산타 마리아 성당과 마주한다.

수도원의 서쪽 문은 프랑스 조각가 니콜라스 데 샹들레느의 작품이다. 문 윗부분 왼쪽부터 수태고지, 그리스도의 탄생, 동방박사의 경배를 표현하는 조각이 새겨져 있으며, 문 양옆에는 국왕 마누엘과 왕비 마리아의 조각상이 서 있다.

하이에로니미테스 수도원에 있는 산타 마리아 성당의 가장 큰 특징은 25m의 높은 천장을 받치고 있는 웅장한 기둥들이다. 대항해 시대에 만들어진 건축물답

하이에로니미테스 수도원의 산타 마리아 성당 내부
25m 높이의 천장을 균형 있게 받치고 있는 기둥에는 마누엘 양식의 화려한 문양이 조각되어 있다. 기둥에서 천장으로 퍼져 오르는 부분은 야자수에서 모티프를 얻었다고 한다.

Part 02 _ 중세 기독교 건축 **110**

게 기둥에는 모두 해양과 관련된 작품들이 모티프로 장식되어 있다. 그리고 회랑에서 보는 우아하고 세련된 장식들은 포르투갈의 고딕 말기 또는 르네상스 초기 예술의 걸작으로 꼽힌다. 이곳은 제단을 제외하

하이에로니미테스 수도원에 안치된 마누엘 1세
하이에로니미테스 수도원은 왕실 묘지의 하나로, 국왕 마누엘 1세의 유해가 안치되어 있다.

고는 전체적으로 어두운 편이다. 이 때문에 정문 입구 위쪽에 있는 스테인드글라스로 된 '장미의 창'이 더 아름답게 돋보인다. 또한 남문 회랑에는 성인들의 조각상이 24개나 세워져 있다.

수도원의 왕실 묘지에는 마누엘 양식으로 장식한 마누엘 1세와 왕비 마리아의 돌널이 있다. 그리고 전설의 왕 세바스티앙의 돌널도 있지만, 그의 돌널은 비어 있다. 왜냐하면 세바스티앙 왕이 1578년 모로코 원정 중 돌아오지 못했기 때문이다. 또한 희망봉을 돌아 인도 항로를 발견한 바스코 다가마와 대항해 시대 포르투갈의 활약상을 서사시로 표현한 루이스 데 카몽이스 등 중요한 인물들도 안치되어 있다.

파리를 상징하는 건축물이 에펠 탑이라면, 리스본을 상징하는 건축물은 벨렘 탑이다. 프란시스코 데 알다가 1515~1521년에 세운 벨렘 탑은 바스코 다가마의 위업을 기리기 위해 만든 것으로, 원래 등대로 4층짜리 건물이었을 것이라고 추정하지만 현재는 3층으로 되어 있다. 타호 강 어귀를 지키는 요새이기도 한 이 탑은 높이가 35m로 석회암으로 만들어졌다.

하이에로니미테스 수도원과 마찬가지로 마누엘 양식으로 지어진

마누엘 양식

포르투갈이 해양 진출을 하는 역사적 황금기인 16세기에 꽃핀 건축 양식으로, 포르투갈 해양 진출 전성기 때의 왕인 마누엘 1세에서 유래된 이름이다. 마누엘 양식은 고딕 양식이 퇴조하고 르네상스 양식이 싹트기 전, 두 양식 사이에 나타났다. 이 양식의 특징은 열대의 동물, 배와 항해 용구를 장식 소재로 사용하고, 굵은 밧줄을 꼰 듯한 기둥 조각에 있다. 마누엘 양식의 대표적인 건축물은 하이에로니미테스 수도원, 벨렘 탑 등이 있다.

벨렘 탑에는 밧줄이나 그물, 해초, 조개 등 배와 바다를 연상시키는 문양들이 조각되어 있다.

현재 벨렘 탑은 바다와 강이 만나는 지점에 서 있는데, 처음 탑을 만들 때에는 물속에 아랫부분이 잠길 수 있게 만들었지만 타호 강의 흐름이 바뀌면서 지금은 물에 잠기지 않는다고 한다. 이렇게 탑을 물속에 잠기도록 만든 까닭은 탑 1층에 스페인의 지배에 저항하는 독립운동가, 진보주의자 등 정치범을 가두는 감옥으로 사용했기 때문이다. 만조 때는 1층에 물이 들어오고, 간조 때는 물이 빠지는 것을 이용하여 옥에 갇힌 정치범들에게 고문을 자행했던 것이다.

벨렘 탑
마누엘 양식으로 지어진 벨렘 탑은 건물 각 모퉁이에 감시탑을 세웠다.

2층은 포대(砲臺)로 사용했는데, 항해의 안전을 지켜주는 벨렘의 마리아 상이 있다. 3층은 옛날 왕족의 거실로 이용되었는데, 아름다운 테라스와 16~17세기의 가구를 볼 수 있다. 또한 감옥 윗부분에는 아직도 고딕 양식의 가구가 남아 있는 총독의 방이 있다.

탑의 흉벽에 있는 고딕식 창의 격자 장식은 이슬람 양식과 비슷하지만, 나선형의 작은 첨탑은 인도의 영향을 받았을 것으로 보인다.

1755년의 지진으로 리스본 대부분이 파괴되었지만, 다행히 벨렘 탑과 하이에로니미테스 수도원은 거의 피해를 입지 않았다. 그 후 벨렘 탑은 프랑스의 나폴레옹 군대가 쳐들어 왔을 때, 탑의 2층 부분이 많이 손상되었지만 1845년 복구되어 원래의 모습을 되찾았다.

벨렘 탑 2층(위)
벨렘 마리아 상과 고딕식의 트레이서리로 꾸며진 테라스, 꼬인 밧줄 문양이 섬세하게 조각된 난간과 기둥으로 이루어진 벨렘 탑이 푸른 하늘을 배경으로 순백의 화사함을 뽐낸다.

테주 강 변에 있는 발견기념비(아래)
엔리케 왕 사후 500주년을 기념해 세운 기념비로, 대항해 시대의 영웅들이 범선을 타고 영광의 항해를 시작하는 모습을 담고 있다.

Chapter 04

Architecture of The World

로마네스크와
고딕 시대의 건축들

+

- 세인트 갤 수도원, 스위스
- 파논할마의 베네딕트회 수도원, 헝가리
- 우르네스의 목조 성당, 노르웨이
- 샤르트르 대성당, 프랑스

로마네스크 건축

동유럽에서 비잔틴 건축 문화가 발달하고 있는 사이 서유럽에서는 또 다른 건축 문화가 생겨나고 있었다. 이는 앞에서도 이야기한 게르만 민족의 대이동에 의한 영향으로 이들이 유럽에 새로운 형태의 건축 문화를 전파한 까닭도 있었다. 이들 중 프랑크족이 세운 프랑크 왕국이 유럽을 지배한 8세기 말부터 12세기(고딕 문화가 나타나기 전)까지 서유럽에 나타난 건축 문화를 '로마네스크'라 부른다. 이 말은, 1818년 프랑스의 드 제르빌이 고대 로마의 건축양식을 계승하고 더욱 발전시켰다는 뜻의 'romanico'라는 말을 처음 쓰면서 등장한 것이다. 즉, 이는 '로마풍'이라는 뜻을 지니면서도 그보다 더 다양하고 풍부하게 발전하였다는 뜻을 담고 있다.

처음 이탈리아를 중심으로 생겨나기 시작한 로마네스크 건축양식은 프랑스, 독일, 영국 등의 교회 건축에 집중적으로 퍼져 나가 전 유럽으로 확산되었다.

로마네스크 건축양식의 발달은 수도원 건립 운동과 맥이 닿아 있다고 할 수 있다. 흔히 중세라 하면 서로마 제국이 멸망한 5세기부터 16세기까지를 일컫는데, 이 중 650~1200년 동안에는 수도원 건립 운동이 활발히 일어났다. 처음 수도원은 수도사나 수녀들이 공동체 생활을 하기 위해 지어진 곳이었으나, 점차 발달되어 한 수도원 내에 집회실·객실·응접실·성당 등이 있는 규모로 지어졌다. 그리고 좀 더 규모가 큰 수도원은 수련원·병실·채원(菜園)·축사(畜舍)에서 묘지까지 일체의 것을 갖추고 자급자족하는 곳으로 발전되었다.

> **게르만 민족의 대이동**
> 게르만 민족은 크게 동게르만·서게르만·북게르만 민족 등으로 나눌 수 있다. 동게르만 민족에는 반달족·부르군트족·고트족 등이 있으며, 훈족의 침입을 받아 이탈리아, 프랑스, 에스파냐, 아프리카 등의 여러 지방으로 이동하였다. 서게르만 민족에는 앵글로·색슨족과 롬바르드족·프랑크족 등이 있으며, 영국, 프랑스, 이탈리아 각지로 이동했다. 북게르만 민족은 노르만족을 칭하며 이들은 10세기 이후에 남하했다.

흔히 중세를 암흑의 시대라 일컫는데, 이는 그만큼 중세가 폐쇄된 사회였기 때문에 붙여진 말이다. 이러한 사회적 분위기 속에서 중세 중기에 접어들자 유럽 전체의 인구가 로마 시대의 절반으로 줄어드는 현상이 생겨났다. 그리고 나라 간의 교류도 더욱 어려워져 이웃 단위 중심의 사회가 만들어지기 시작했다. 이런 상황에서 수도원을 중심으로 하는 도시들이 생겨나기 시작한다. 즉, 대규모 수도원이 주변 마을을 지배(예배 뿐만 아니라 생활까지 관리)하는 도시 형태가 만들어진 것이다. 이때 만들어진 대표적인 수도원이 클뤼니 대수도원(L'Abbaye de Cluny, 910년)이다.

클뤼니 대수도원

그렇다면 이때 만들어진 건축물은 로마 시대의 그것과 어떤 차이가 있었을까? 로마 시대 건축물의 가장 치명적인 결함은 화재에 대한 대비가 전혀 없었다는 데 있다. 로마 시대 초기 교회의 건축물인 바실리카는 내화 구조(耐火構造, 화재에 안전한 구조)가 아니었는데, 이 시대의 건축 기술자들은 이러한 문제를 해결하기 위해 노력하였다. 구조적으로

클뤼니 대수도원의 구조

목조 지붕과 천장을 석조와 벽돌조로 교체하고, 이때 생기는 지붕의 하중을 기둥에 전달하는 리브(Rib, 교차 볼트의 교차선 아래에 가느다랗게 몰딩 처리한 아치) 구조를 창안했다.

또한 안정적인 구조를 위해 바실리카의 가운데에 위치한 마당을 없애고 건물의 규모를 더욱 확장하였으며, 정면에 높은 고탑이나 종탑을 세우고, 성직자용 기도소를 측랑 끝에 설치하였다. 그리고 창문이나 문, 아케이드(Arcade, 통로 공간) 등에는 반원형 아치 모양을 사용하여 단순하지만 온화하고 위엄 있는 느낌이 들도록 하였다. 거기에 건축에 조각을 본격적으로 도입한 새로운 로마네스크 양식으로 발전하기도 하였다.

이렇게 만들어진 성당(가톨릭교회를 성당이라 함)은 구조적으로 안정돼 보이기 때문에 외관이 중후하고 육중한 느낌을 주었다. 이런 양식으로 건축된 로마네스크 시대의 대표적인 건축물이 당시 가장 큰 로마네스크 교회였던 클뤼니 대수도원과 피사 대성당이다.

한편 로마네스크 건축양식이 영국에서는 노르만 양식으로 불리며 발달하였다.

중세 수도원 중에 1098년 프랑스 부르고뉴 지방의 시토에서 창립되어 급속하게 퍼진 시토 수도회라는 단체가 있었다. 시토파 수도회는 화려함을 추구하는 클뤼니파(派)나 베네딕투스(베네딕트)파 수도회에 반대하여 엄격하고 소박한 생활양식을 추구하였다. 이 수도회 소속의 건축가들은 이러한 정신을 바탕으로 시토파 건축 (Cistercian architecture, 반(半)고딕이라 불림)이라 불리는 새로운 건축양식을 개발했다. 이 양식은 전 유럽에 퍼져 700개 가까운 수도원과 성당이 세워질 정도로 영향을 주었으며, 후에 고딕 양식으로 발전하여 에스파냐와 이탈리아 고딕 건축의 기초가 되기도 하였다. 이에 반하여 베네딕투스파 수도원의 건축은 프랑스의 고딕 건축으로 발전하였다.

시토파 건축양식으로 지어진 교회 건물과 내부 모습
시토파 건축양식은 높은 탑을 쌓는 대신 아케이드식의 종추를 세웠으며, 내부 공간도 좁고 전체의 구조도 단순하다. 포름과 벽화나 조각을 배제한 소박하고 엄격한 실내와 특유한 돌 장식의 아치와 리브를 통해 부르고뉴 지방 특유의 형태미를 나타내었다. 대표적으로 퐁네프의 수도원이 있다.

고딕 건축(중세)

고딕(Gothic)이란 말을 처음 쓴 사람은 이탈리아의 건축가 조르조 바사리(1511~1574년)로, 그는 1300년경부터 전형적으로 발견되기 시작하는 큰 교회 건물을 비난하는 의미로 이 용어를 사용했다고 한다. 즉, 그는 당시 그러한 건축물을 지은 이들이 야만적인 고트족(Goth)이었다고 생각해 고딕이란 말을 사용했던 것이다.

어쨌든 오늘날의 고딕 건축은 13세기 초에 프랑스에서 발생하여 15세기까지 절정을 이루며 전 유럽에 전파된 것으로, 초기 기독교 시대부터 만들어진 중세 교회 건축 기술과 문화의 완성품이라 할 수 있는 건축양식을 말한다. 그렇다면 고딕 건축이 어떤 특징이 있기에 기독교 건축 문화의 완성품이라 표현하는 걸까? 이를 이해하기 위해서는 우선 고딕 건축이 발달했던 지역의 특성을 살펴볼 필요가 있다.

고딕 건축양식이 발달한 곳은 유럽의 중북부 지방과 파리 등 비교적 부유한 사람들이 많이 살고 있는 곳이었다. 이들은 경제력을 바탕으로 유명한 건축가를 데려와 비싼 재료로 건물을 지을 수 있었다. 이런 환경 속에서 고딕 건축이 발달했기 때문에 로마네스크 양식의 교회보다 훨씬 더 넓고 높으며 안정적인 건축물로 발전하게 되었다.

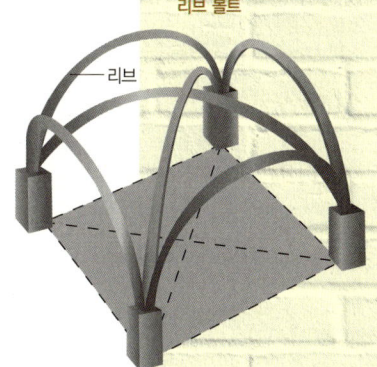

기술적인 측면에서 고딕 건축의 특징을 살펴보면 첨두 아치, 리브 볼트, 플라잉 버트레스 세 가지를 들 수 있다.

먼저 첨두 아치란 꼭대기가 뾰족한 아치를 말하는 것으로, 아치의 높이나 폭을 자유롭게 조절할 수 있다는 특

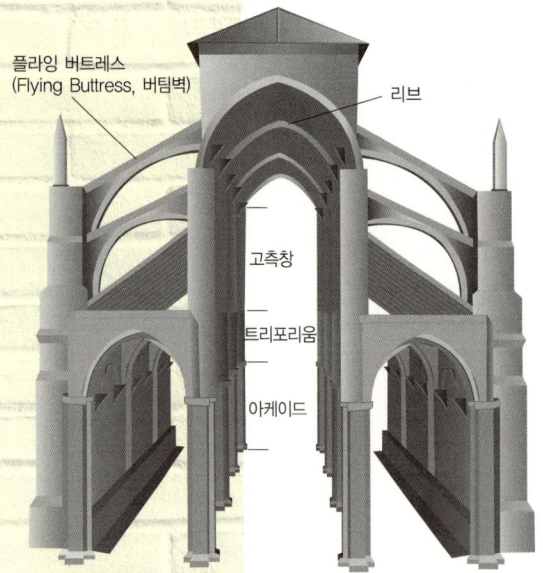

플라잉 버트레스와 첨두
아치, 리브 볼트로 건설된
건물의 구조

노트르담 대성당의 첨두
아치와 리브 볼트

밀라노 대성당의 플라잉 버트레스

징이 있다. 그리고 리브 볼트(Rib Vault)란 무거운 천장을 지탱하기 위해 고안한 것으로 볼트의 교차선(교차 볼트) 아래에 리브를 덧대어 아치를 붙인 구조이다.

마지막으로 플라잉 버트레스(Flying buttress, 버팀벽)란 지붕의 무게와 압력을 분산시키기 위해 설치한 것으로 주벽을 부축하는 벽이라고 보면 된다. 즉, 플라잉 버트레스는 주벽(土壁)과 떨어진 독립된 벽이 되어, 주벽의 횡압력을 아치 모양의 팔로 지탱하면서 중력으로 받는 힘을 분산시키는 역할을 할 뿐만 아니라 곡선으로 이루어져 있어 아름다운 건축양식을 이루는 데도 일조를 한다. 사실 이러한 구조들은 이미 로마네스크 시대에 활용된 것들임에도 불구하고 이 시대에는 더욱 완벽하게 상호 결합시킴으로써 보다 합리적인 건축양식을 완성하였다는 데 의의가 있다.

고딕 건축에는 이 외에도 스테인드글라스를 사용한 창문의 수가 훨씬 많아지고 공간이 넓어져 예술적이면서도 웅장한 분위기를 연출한다는 점이 특징이라 할 수 있다.

초기 고딕의 대표적인 건축물로는 파리의 노트르담 대성당(1163년 착공), 부르주 대성당(1195년 착공), 랭스 대성당(1210년 화재 이후 재건), 아미앵 대성당(1220년 착공), 샤르트르 대성당(지금의 모습은 1194년 이후의 것) 등이 있다.

　　한편 영국에서는 수직적으로 발달한 프랑스와는 달리 길고 좁은 평면 구조의 수평 형식의 고딕 건축이 발달하였다. 이러한 영국의 대표적인 고딕 건축은 링컨 대성당(1192년 착공), 솔즈베리 대성당(1220~1258년), 웨스트민스터 대수도원 등이 있다. 또한 이탈리아에서 고딕 양식으로 지어진 대표적인 건축물로는 밀라노 대성당(1385~1485년)을 들 수 있다.

• 프랑스에 있는 대표적인 고딕 양식 건축물

노트르담 대성당(왼쪽)
샤르트르 대성당(가운데)
랭스 대성당(오른쪽)

• 영국에 있는 대표적인 고딕 양식 건축물

 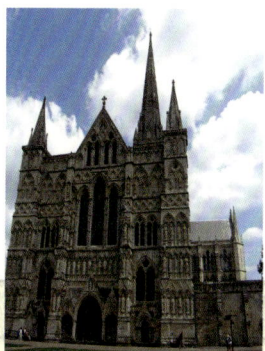 

링컨 대성당(왼쪽)
솔즈베리 대성당(가운데)
웨스트민스터 대수도원
(오른쪽)

Convent of st Gall

세인트 갤 수도원

스위스 세인트 갤(8세기)

● 7세기 초, 아일랜드의 수도자였던 갈루스가 알프스 숲 속에 지은 작은 암자에서 시작된 세인트 갤 수도원은 종교 개혁의 혼란기에도 온갖 어려움을 이겨내며 오늘날까지 그 명맥을 이어오고 있다. 세인트 갤 수도원의 최고 전성기는 중세인 9~10세기와 바로크, 로코코 시대였던 17~18세기였다.

612년 성 콜룸바누스를 따라 이탈리아로 향하던 갈루스는 병에 걸려 스위스의 보덴 호반에 머물기로 했다. 얼마 뒤 갈루스는 아르봉의 숲 슈타이나흐 계곡에 작은 예배당을 짓고는 젊은 제자 12명과 함께 신에게 기도를 올리며 지냈다. 650년 갈루스가 죽자, 제자들은 그를 소예배당에 안치하였다. 하지만 719년경 콘스탄츠의 주교가 세인트 갤 수도원으로 건설할 계획을 세우고 사제 오트마어를 파견할 때까지 소예배당은 황폐해질 대로 황폐해져 있었다.

그 뒤, 747년에는 베네딕투스회가 정식으로 로마 교황청으로부터 인정받게 되었으며, 9세기 초에는 근처에 있던 라이헤나우 수도원

세인트 갤 수도원(1983년 세계문화유산 등록)

초기 건축 설계도면과 소중하고 방대한 양의 장서를 소장한 도서관이 있는 카롤링거 왕조 시대의 전형적인 건축 형태를 갖춘 수도원이다.

원장이었던 하이토가 세인트 갤 수도원 원장인 고츠벨트에게 새로운 수도원 건축을 위한 평면도를 보내왔다. 이 평면도에 따라 세인트 갤 수도원은 전체적인 통일성을 기본으로 한 웅장한 건축물로 새롭게 탄생하게 되었다. 물론 하이토가 설계했던 모습으로 만들어지지는 않았지만, 현재 도서관에 남아 있는 하이토의 설계도는 당시 수도원의 기능과 일상생활 모습을 아는 데 소중한 사료로 평가받고 있다.

오늘날 남아 있는 세인트 갤 수도원의 건축물은 대부분 18세기에 세워진 것으로, 9세기의 건축물은 성당 동쪽에 있는 지하 제실이 유일하다.

목수 페터 툼의 지도로 1756년 초에 시작된 수도원 공사는 1766

년이 되어서야 높이 65m의 탑 2기가 있는 성당의 주요 부분이 완성되었다. 고해실을 비롯한 성당 내부의 장식은 요제프 안톤 포이히트마이어가 담당했는데, 그는 성당 성가대 자리에는 베네딕투스회의 창설자인 성 베네딕투스의 생애를 조각으로 표현했다. 또한 벽화 제작에는 화가 크리스티안 벤팅거와 요제프 바넨마허가 참여했다.

도서관도 이때 함께 건설되었는데, 페터 툼과 요한 바넨마허의 뛰어난 장인 정신을 엿볼 수 있다. 여러 가지 색깔의 목재로 쪽매붙임(여러 조각의 얇은 나무쪽을 바탕이 되는 널에 빈틈없이 붙이는 것) 세공과 머리가 황금빛인 기둥, 수많은 인물이 그려진 천장, 우아한 곡선의 회랑과 장식 문자 등으로 꾸며진 도서관의 화려한 방은 스위스 로코코 양식으로 만들어진 것으로, 현존하는 가장 아름다운 건축물 가운데 하나로 손꼽힌다.

세인트 갤 수도원의 중요한 건축물인 도서관은 중세 이후의 귀중한 장서를 자랑한다. 1000년 전후부터 가치 있는 문서를 소장해 온 도서관은 중세의 필사본도 2,000권 넘게 가지고 있다. 이들 가운데는 성서(시편과 복음서) 외에도 여러 가지 교의서와 교회력, 순교력, 라틴어 고전, 〈카롤루스 대제 전기〉까지 여러 분야의 서적과 함께 중세 이후의 수많은 필사본과 독일어로 쓴 최초의 필사본까지도 볼 수 있다. 전체 13만 권의 장서들 가운데는 겉면이 금이나 상아로 된 것도 있으며, 그 가운데 1,650권의 고판본도 있다.

그뿐만 아니라 도서관이 소장한 의례용 성가집 사본은 수도원이 의례의 확립과 발전에 얼마나 노력했는지를 잘 보여주고 있다. 10세기 수도자로 중요한 필사본을 만들었던 '말더듬이 노트커'는 의례용 기도를 음표로 옮기는 작곡가로서 활약했다. 그 뒤 11세기의 수도자 '아랫입

세인트 갤 수도원의 도서관
세인트 갤 수도원의 중요한 건축물인 도서관은 1000년 전후부터 가치 있는 문서를 소장해 왔다. 현재 중세의 필사본도 2,000권을 넘게 가지고 있으며 현존하는 로코코 양식의 건축물 가운데 가장 아름다운 것 중 하나로 손꼽히는 곳이다.

술이 두꺼운 노트커'는 8~9세기 이후부터 수도원에서 추진했던 라틴어를 옛 고지 독일어로 번역하는 일과 어휘집 편찬에 크게 공헌했다. 옛 고지 독일어란 문서에 기록된 가장 오래된 독일어로, 독일어 역사에서 매우 중요한 업적으로 평가받는다.

1517년 시작된 마틴 루터의 종교 개혁은 단숨에 불길처럼 번지면서 세인트 갤 수도원은 여러 가지 혼란과 어려움을 겪게 되었다. 가톨릭교였던 세인트 갤 수도원은 같은 주 안에 있던 프로테스탄트교의 세력이 컸던 토겐부르크 지방과 대립하게 된다.

수도원 대성당 내부
요제프 안톤 포이히트마이어가 제작한 수도원 대성당의 제단 의자는 걸작으로 평가받고 있다.

1524년 시장이 세인트 갤 시를 프로테스탄트교에 넘겨 주면서 수도원은 위기에 처한다. 이 때문에 1529년 수도원장은 주변의 다른 수도원이나 성으로 자리를 옮겼지만, 다행히도 도서관은 수많은 사람들의 도움으로 피해를 받지 않았다. 이때 수도원을 벗어날 수 있도록 8개의 독자적인 문을 만들기도 했다. 현재는 8개의 문 가운데 '카를 문'만 유일하게 남아 있다.

종교 전쟁이 끝난 1712년, 수도원은 위기에서 벗어나 제2의 전성기를 맞이하면서 여러 건물들이 세워졌다. 하늘을 가리키며 높게 솟은

2기의 높은 탑과 앞 광장에 세워진 제단실의 모습은 대성당의 위엄과 힘을 과시하기에 충분했다. 대제단은 내부에 사석과 목조부가 어우러져 무척이나 화려하며, 부조와 흉상, 입상, 그리고 호두나무를 깎아 만든 고해성사용 의자와 제단 의자들도 걸작이다.

하지만 수도원의 특권이 없어지면서 1798년 마침내 세인트 갤 수도원의 마지막 수도원장이었던 판크라츠 폴스터마저 수도원을 떠나게 된다. 7년 뒤, 1805년에 세인트 갤 수도원은 1000년이 넘는 역사를 뒤로 한 채 폐쇄되고 말았다.

대성당의 탑
성당의 주요 부분인 탑은 높이 68m로 1766년에 완공되었다.

파논할마의 베네딕트회 수도원

헝가리 기요르(1001년)

카르파티아 분지의 완만한 언덕 위에 자리 잡은 파논할마의 베네딕트회 수도원은 헝가리의 대표적인 수도원으로서 지금부터 1000년 전 헝가리 왕가에 의해 세워졌다. 10세기 말 로마네스크 양식으로 창건된 베네딕트회 수도원은 12세기 초 화재로 소실되었지만, 13세기에 다시 고딕 양식으로 재건하면서 주위의 자연과 조화를 이루는 새로운 수도원으로 자리 잡았다.

그 후 16세기에 들어서면서 오스만 투르크 제국이 헝가리에 침투하여 헝가리 영토의 대부분을 점령하자 수도원 둘레에 방위벽을 설치하여 요새화시켰다. 18세기 말에는 신성 로마 제국의 요셉 2세(재위 1765~1790년)가 가톨릭 세력을 약화시키기 위해 수도원 폐지와 수도원 영지를 몰수하였다. 이때 파논할마의 베네딕트회 수도원도 폐쇄되었지만 1802년에 다시 재건되었다.

이처럼 여러 번의 소실과 파괴, 그리고 재건이 되풀이되면서 파논할마의 베네딕트회 수도원은 터키, 로마네스크, 고딕 건축양식 등이

파논할마 베네딕트회 수도원 (위, 1996년 세계문화유산 등록)
카르파티아 분지의 언덕 위에 세워진 파논할마 베네딕트회 수도원은 15세기 오스만 투르크 제국이 침략하자 수도원 둘레에 방위벽을 설치하여 요새화시켰다.

고딕 양식의 교차 리브 볼트(아래)
천장에 있는 끝이 뾰족한 교차 리브 볼트는 고딕 양식의 특징으로 14세기 중반에 설치하였으며, 내진의 신랑 좌우에는 측랑이 보인다.

복잡하게 혼합되어 있다.

특히 초기 기독교 수도원의 건축 방식이나 구성 등과는 다른 예외적 양식으로 만들어져 그 가치를 인정받고 있다. 이와 더불어 파논할마의 베네딕트회 수도원 주변의 아름다운 자연환경도 그 가치를 인정받아 문화적 경관으로서 세계유산에 등록되었다. 훌륭한 숲이 펼쳐진 언덕의 동쪽 경사면의 아름다움이나 수도원 부속 식물원에 있는 이 지방의 고유한 자생종 식물들과 외래종 식물들이 즐거운 볼거리를 선사한다.

수도원 성당은 좌우에 측랑을 가지고 있으며, 수도원 정문의 입구 위에서는 채색된

성당의 남쪽 문
로마네스크 양식의 문에는 좌우 각각 5쌍씩 모두 20개의 붉은 기둥이 서 있다.

프레스코화를 볼 수 있다. 성당의 남쪽 부분에는 로마네스크 양식의 문이 있는데, 문 양쪽에는 좌우 각각 5쌍, 모두 20개의 붉은 대리석 원기둥이 서 있다. 성당의 파사드와 내부 장식, 그리고 종루는 신고전주의 양식으로 만들어진 19세기 작품으로 야노스 팩이 제작했다.

성당 밑에 있는 지하 제실의 천장은 끝이 뾰족한 교차 리브 볼트가 지탱하고 있는데, 로마네스크 양식으로 만들어진 성당은 이렇게 지하에 제실을 설치한다. 하지만 교차 리브 볼트를 설치한 것이나 제실의 주두는 고딕 양식이다. 리브가 엇갈리는 부분에는 사람의 얼굴 문양이 새겨진 것도 있다.

파논할마의 베네딕트회 수도원을 대표하는 건물 가운데 하나인

Part 02 _ 중세 기독교 건축 **130**

도서관은 11세기에 건립되었다가 1824~1835년에 다시 재건되었다. 이 도서관은 세계에서 가장 큰 베네딕트회 도서관 가운데 하나로 헝가리에서는 가장 큰 사설 도서관이다. 도서관의 내부 구조는 코린트식 오더가 회랑을 지탱하고 있으며, 주랑은 16~18세기의 독일, 이탈리아, 오스트리아 작가들의 작품으로 치장되어 있다. 붉은 대리석으로 난간과 아치형 입구에 프레임을 둘러 장식한 도서관을 만들었는데, 사본과 고문서 등 약 30만 권 정도를 소장하고 있다고 한다.

수도원 중앙에 있는 탑은 55m 높이의 종루로 둥근 지붕을 얹은 모습이 로마의 산피에트로 성당의 뜰에 세워져 있는 조그만 원형 예배당인 템피에토와 닮았다.

현재도 50여 명의 수도사들이 거주하며 여전히 수도원으로 사용되고 있는 파논할마의 베네딕트회 수도원은 헝가리 민족의 역사를 대표하는 건축물로 매우 중요한 역사적 가치를 두고 소중히 여겨지고 있다.

수도원 성당의 지하 제실(위)
수도원 성당의 지하 제실은 로마네스크 양식으로 만들어진 성당의 특징으로, 이곳의 천장도 교차 리브 볼트 장식을 사용하였다.

파논할마 수도원의 도서관 (아래)
헝가리어로 된 가장 오래된 문서를 포함해 36만 권의 장서를 보관하고 있다. 코린트식 오더와 붉은 대리석으로 장식된 회랑이 멋스럽다.

Urnes Stave Church

우르네스의 목조 성당

노르웨이 우르네스(11세기 중반)

● 노르웨이에서 가장 오래된 목조 건축물이 바로 우르네스 마을에 세워진 목조 성당이다. 우르네스 마을은 세계에서 가장 깊고 긴 송네 협만에서 갈라져서 북쪽으로 깊숙이 들어간 곳에 있다. 그래서 120m의 높이로 우뚝 서서 협만을 굽어보는 이 성당에 가기 위해서는 배를 타야 한다.

우르네스 목조 성당은 북유럽 특유의 목조 성당 중에서도 가장 오랜 역사를 지녔다. 100년 전까지만 해도 이곳에는 우르네스 목조 성당 외에 또 하나의 목조 성당이 있었다고 한다. 하지만 지금은 12세기 초에 세워진 우르네스 목조 성당만이 조용히 서 있다.

우르네스 목조 성당은 흔히 '스타브시르셰르의 여왕'이라고도 부른다. 노르웨이 말로 스타브시르셰르란 '목조 성당'을 말하는데, 중세 시대 북유럽에 세워진 성당 건축물의 대부분이 이 스타브시르셰르다. 여기서 스타브란 '수직으로 세운 기둥'을 일컬으며, 시르셰르는 '성당'을 가리키는 말이다. 우르네스 목조 성당을 '스타브시르셰르의 여왕'이라고 부르는 까닭은 성당의 북쪽 벽 때문이다. 이 벽은 북구 신화를 모티프

우르네스의 목조 성당(1979년 세계문화유산 등록)
북유럽 특유의 목조 성당 중에서도 가장 오랜 역사를 가진 성당으로, 켈트족과 바이킹 시대, 로마네스크 양식이 서로 융합되어 있는 유적이다.

로 한 특이한 목조 장식으로 꾸며져 있다. 용 혹은 뱀처럼 보이는 동물이 덩굴식물처럼 얽혀 있는 문양의 장식은 그 섬세함과 유려함이 보는 사람들로 하여금 감탄을 자아내게 한다. 또한 우르네스 목조 성당은 12세기 초에 세워졌지만, 북쪽 입구의 들보와 판자벽은 특이하게도 11세기에 지어진 성당의 것을 사용했다.

  우르네스 목조 성당은 전체적으로 각뿔 모양을 하고 있는데, 기본 구조는 바실리카 양식(예배당을 가로지르는 긴 신랑과 그 좌우에 측랑을 갖춘 구조의 건축양식으로 창문을 지붕 밑 가까이 높게 설치하는 특징을 지님)이다. 우르네스 목조 성당은 크기에 비해 겉모습은 소박해 보인다.

보통 목조 건물을 만들 때는 통나무를 수평으로 쌓는다. 하지만 스타브시르셰르는 수직으로 기둥을 세우고 판자로 벽을 만들어 건물을 받친다. 지붕은 얇은 널빤지를 이어붙여 솔방울처럼 보인다. 여기에 원반 모양의 보강재를 사용하여 단단히 고정시킨다. 서쪽에서 보면 지붕의 높이가 3단계로 낮아지면서 안쪽으로 쑥 들어간 모양을 하고 있는데 경사가 급하다. 서로 다른 높이의 지붕은 각각 신랑과 내진, 후진을 덮고 있다.

17세기 때 복원 공사를 하면서 서쪽 끝에 탑을 덧붙이고 내부 장식도 새롭게 꾸몄지만 중세 양식은 그대로 이어졌다. 또한 20세기 초에 진행된 복원 공사 때도 중세 양식을 그대로 유지하기 위해 애썼다.

소박하면서 멋스러운 우르네스의 목조 성당

나무 판자를 수직으로 세운 성당은 동유럽 건축물의 투박함을 보이지만 지붕을 덮은 목재 패널과 조각 장식, 로마네스크 양식의 전통미가 묻어나는 홈이 파인 둥근 아치는 이 지역 특유의 멋스러움을 자아낸다.

Part 02 _ 중세 기독교 건축   134

성당 기둥과 주두의 조각, 입구 주변이나 바깥벽에 있는 띠 모양의 부조 등에서는 이 지역 특유의 장식 특징이 도드라진다. 식물 덩굴처럼 뒤얽힌 모양으로 표현한 부조들은 바이킹 시대의 전통 장식을 따른 것이다. 이는 이 지방에 기독교가 전해진 9세기 이전의 전통으로, 이곳에 들어온 기독교 성직자들이 이 지방의 오랜 전통을 인정했음을 알 수 있는 증거다. 우르네스의 목조 성당은 기독교와 바이킹 문화가 서로 융합하였음을 보여주는 소중한 유산인 셈이다. 내진의 입구 위쪽에는 좌우로 성모 마리아와 요셉을 거느린 예수의 십자가상을 장식하였다. 그리고 바로 옆 기둥과 뒷면의 판자벽도 우르네스 양식으로 꾸몄다.

우르네스의 목조 성당의 가치는 오랜 세월 속에서도 자연환경과 어울리며 본디의 모습을 그대로 간직하고 있다는 사실만으로도 충분하다고 할 수 있다. 그뿐만 아니라 보존 상태도 좋아 역사적·예술적으로도 가치가 무척 높다.

우르네스 양식 특유의 전통미가 돋보이는 성당 장식
입구와 목재로 된 외벽에 문양을 섬세하게 새겨 넣는 이 지역의 전통적인 기법(우르네스 양식이라 일컬음)이 돋보인다. 이 부조는 스칸디나비아반도 신화 속의 위그드라실이라는 거대한 나무와 뱀을 형상화한 것이라는 해석과 기독교적 종교관에서 비롯된 예수와 사탄의 싸움이라는 해석이 내려지기도 한다. 또 덩굴식물처럼 뒤얽혀 있는 문양의 배치는 켈트족의 전통 장식 예술과 닿아 있는 것이라는 해석도 있다.

Chartres Cathedral

샤르트르 대성당

프랑스 샤르트르(1220년)

● 프랑스 파리에서 남서쪽으로 85km 지점에 위치한 샤르트르는 역사적으로 유명한 도시이다. 고대에는 아우틀쿰이라 불리던 카르누트족의 수도였고, 중세에는 프랑스 상업의 중심지로 상인과 장인들로 활발히 붐비던 곳이었다. 무엇보다 12세기 들어 스콜라 철학의 샤르트르 학파의 중심지가 되었으며, 제2차 '십자군(十字軍)'을 창설한 곳이기도 하다. 이러한 샤르트르에 고딕 건축을 대표하는 샤르트르 대성당이 있다. 샤르트르 대성당은 고딕 건축 최고의 백미로 꼽히는 작품으로 평가받고 있다.

그렇다면 왜 샤르트르 대성당이 고딕 건축의 최고봉으로 평가받는 것일까? 우선 규모 면에서 성당 건물의 전체 길이가 약 130m, 건물 내 중앙부의 너비가 16.4m, 높이가 36.5m로 최고를 자랑하며, 하늘을 찌를 듯이 높이 솟은 2개의 첨탑과 좁고 긴 스테인드글라스 창문은 고딕 성당의 전형적인 모습을 보여주기에 충분하다. 거기에 내부를 장식하는 화려한 스테인드글라스와 수많은 부조는 가히 고딕 예술의 극치라 이를 만하다.

샤르트르 대성당(1979년 세계문화유산 등록)
프랑스 고딕 양식의 대성당으로 높은 건물과 첨탑, 좁고 긴 창문의 스테인드글라스를 특징으로 한다. 뾰족이 솟은 첨탑들과 수려한 장식들을 통하여 샤르트르 대성당이 고딕 건축을 대표하는 성당이란 사실을 알 수 있다.

우선 샤르트르 대성당을 상징하는 2개의 첨탑을 살펴보자. 언뜻 보기에도 두 첨탑은 서로 다른 모양을 하고 있다. 정면에서 보기에 왼쪽의 것이 더 높이 솟아 있고, 약간 더 낮아 보이는 오른쪽의 탑은 왼쪽에 비해 매끈한 모습을 하고 있다. 이왕이면 서로 같은 모양으로 만들어 대칭적인 구조를 하였다면 더 안정적으로 보였을 텐데, 왜 이렇게 다른 모양으로 만든 것일까?

대성당의 정문(위)
성당 외벽과 내부 벽을 장식하고 있는 부조물은 4,000여 점에 이른다. 이 조각들은 마치 구약성경을 그림으로 펼쳐놓은 듯하다. 기둥에 새겨진 인물 조각상들의 길이가 3m가 넘는다.

서쪽 현관의 장미창(아래, 왼쪽)
대성당 재단 위로 빛을 내려 보내는 스테인드글라스는 동정녀 마리아를 상징하는 장미 문양을 이루고 있어 '장미창'이라 불린다. 성모 신앙이 발달한 지역에서 많이 볼 수 있다.

북쪽 문의 조각 장식(아래, 오른쪽)
이전 시대에 비해 인물 표현이 좀 더 사실적이며 인물들의 배열이 질서 정연해진 수많은 부조는 고딕 양식의 또 하나의 특징을 만들어냈다.

대성당의 조각을 대표하는 왕의 문

예수를 둘러싸고 있는 천사와 독수리, 날개 달린 황소와 사자는 4대 복음서를 쓴 이를 상징한다. 생동감 있는 조각은 벽에서 곧 튀어나올 듯하다.

    그 이유는 2개의 첨탑이 서로 다른 시기에 서로 다른 건축양식으로 만들었기 때문에 이런 결과가 나온 것이다. 즉, 높이 106m의 옛 탑은 로마네스크 양식으로, 높이 115m의 새 탑은 고딕 양식으로 만들어 서로 다른 모양을 갖게 되었다.

    다음으로 주목할 것은 외벽을 장식하고 있는 각종 조각들과 스테인드글라스이다. '왕의 문'이라고 불리는 서쪽 출입구에는 각종 조각들이 새겨져 있다. 가운데 문 위에는 천사, 날개 달린 황소, 날개 달린 사자, 독수리에 둘러싸인 '영광의 그리스도'가 새겨져 있고, 그 외에도 국왕상 등 각종 조각물이 새겨져 있다. 그런데 이 조각 작품 하나하나의 동작과 표정들이 매우 정교하게 새겨져 있어 마치 살아 움직이는 듯

유리의 성모(오른쪽)
파란색 옷을 입은 성모를 담은 스테인드글라스는 샤르트르 대성당에서 가장 성스러운 푸른 빛을 발한다 해서 '샤르트르 블루'라고도 불린다.

최초로 플라잉 버트레스를 이용한 샤르트르 대성당(왼쪽)
첨탑 밑으로 아치를 이루며 벽에서 돌출된 부분이 보인다. 양쪽 벽을 붙잡고 있는 듯한 이것이 플라잉 버트레스로 30m가 넘는 높은 천장 설계를 가능하도록 한 주요 구조물이다. 플라잉 버트레스를 고안해 냈기 때문에 벽을 얇게 지을 수 있었고, 벽에 길고 큰 창문을 낼 수 있게 되었다. 정면에 보이는 건물은 성모 마리아의 유품이 보관되어 있는 곳이다.

한 생동감을 보여주어 고딕 조각 가운데 최고 걸작으로 평가받는다.

스테인드글라스는 또한 어떤가. 전체적으로 높다란 창에 짜 넣은 스테인드글라스는 176개에 달하며 그중 백미는 거대한 장미창(薔薇窓)이다. 동정녀 마리아를 상징하는 장미를 스테인드글라스로 형상화한 그 아름다움과 세련미는 이루 말로 표현할 수 없을 정도이다.

　주로 빨강, 파랑, 보라색으로 구성된 스테인드글라스를 통하여 외부의 빛이 들어오게 되는데, 이때 스테인드글라스의 아름다움은 절정을 이룬다. 이러한 스테인드글라스에는 예수 그리스도 등 성서에 등장하는 수많은 성인들이 그려져 있는데, 그중 가장 많이 등장하는 것이 성모 마리아이다. 여기에 성모 마리아가 많이 등장하는 데에는 이유가

있다. 즉, 샤르트르 대성당 자체가 바로 성모 마리아에게 봉헌된 성당이기 때문이다. 이중에 가장 아름다운 것은 파란색 옷을 입은 성모가 예수를 무릎에 앉힌 모습의 '유리의 성모'이다.

샤르트르 대성당이 유명한 것 또한 성모와 관련이 있다. 즉, 이곳에는 성모 마리아가 예수를 낳을 때 입었다는 옷이 보관되어 있다. 이를 그리스도교에서는 성물(聖物)이라고 하는데, 이는 876년 당시 서프랑크 왕국의 대머리왕 샤를 2세(Karl II)가 기증한 것이다. 그런데 샤를 2세는 어떻게 하여 이 성물을 손에 넣게 되었을까?

그것은 그의 할아버지였던 샤를마뉴(Charlemagne) 대제가 십자군 원정 때 예루살렘에서 선물로 받은 것이라고 한다. 많은 순례자들이 이 성물을 보기 위해 프랑스로 몰려들어 한때 프랑스의 그리스도교는 성모 신앙이 절정을 이루기도 했다. 재미있는 것은 당시에는 이 성물을 봉인된 상태로만 순례자들에게 보여주었기 때문에 순례자들이 실제 성물을 볼 수 없었다는 사실이다. 이 성물은 훗날 프랑스 혁명 때나 되어 처음으로 개봉되었다고 한다. 이때 공개된 성물은 한 장의 베일과 커다란 천조각뿐이었다고 하는데, 과연 이게 진품인지는 알 수 없는 노릇이다. 신기한 것은, 샤르트르 대성당이 수차례 화재를 겪는 와중에도 이 성물만은 타지 않고 보존되었다는 사실이다. 그래서 오늘날도 이 성물의 효험을 보기 위해 수많은 참배객들과 순례자들이 몰려들고 있다고 한다.

마지막으로 성당 내부의 웅장한 공간을 소개하고자 한다. 양쪽으로 쭉 늘어선 고딕 양식의 아케이드(Acade, 죽 늘어선 기둥 위에 아치를 연속적으로 만든 것을 말함) 사이로 길게 뻗은 중앙 본당은 하늘 높이 첨단 아치형으로 솟은 천장과 어우러져 웅장한 느낌을 준다. 이때 스테인드글라스를 통해 빛이 들어오면 중앙 본당의 공간은 신비감 그 자체 속으로 빠져든다.

　이렇게 아름다운 샤르트르 대성당의 오늘이 있기까지 우여곡절이 참 많았다. 무엇보다 최초 9세기에 지어진 이후로 4번이나 화재 사건을 겪었다는 것만으로도 얼마나 수난이 많았는지 짐작할 수 있다. 샤르트르는 재건되기를 반복한 끝에 1220년에 이르러서야 오늘날의 외관을 갖추게 되었다고 한다. 샤르트르 대성당은 고딕 건축의 걸작으로 훗날 랭스 대성당과 아미앵 대성당을 지을 때 기본 모티프가 될 수 있었다.

대성당 내부
양쪽으로 늘어선 아케이드 사이로 길게 뻗은 중앙 본당은 높은 천장의 연속적으로 이어지는 아치와 어우러져 웅장함과 신비감을 자아낸다.

Architecture of The World

Part 03

서양의
근세·근대 건축

Chapter 05

르네상스와 바로크, 로코코 건축

- 크렘린 궁과 붉은 광장, 러시아
- 성 베드로 대성당, 바티칸 시국
- 베르사유 궁전, 프랑스
- 쇤부른 궁전과 정원, 오스트리아
- 젤레나 호라의 성 요한 순례 성당, 체코

르네상스 건축(14~16세기)

14세기 후반 이탈리아의 피렌체에서 시작된 르네상스 운동은 예술가들에게 있어서는 하나의 혁명이라 할 수 있는 대사건이었다. 그것은 그동안 기독교적인 엄격하고 경건한 생활에 억눌려 있어 마음껏 표출하지 못한 예술과 인간성을 회복하자는 외침과도 같은 것이었다.

이렇게 이탈리아 피렌체에서 시작된 르네상스는 이후 이탈리아 전역으로, 그리고 16세기 말까지는 유럽 전역으로 전파되어 영향을 주었다.

르네상스 운동의 핵심은 인간성의 재발견이라 할 수 있는데, 당시의 예술가들은 이를 고전주의, 즉 고대 그리스와 로마의 문화와 예술 속에서 그 해답을 찾고자 했다. 다행히 로마는 그러한 문화와 예술의 유품들과 유적지들이 넘쳐나는 곳이었다.

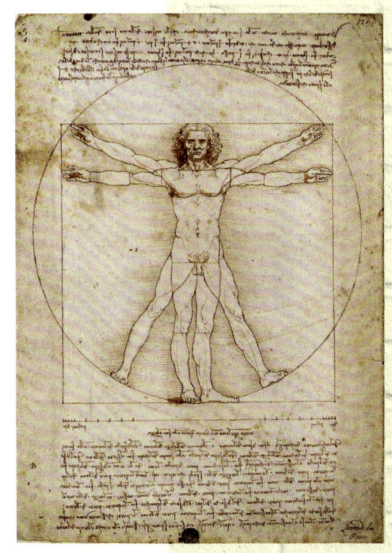

비트루비우스의 인체 비례도
비트루비우스의 〈건축십서〉를 읽고 그렸다는 레오나르도 다빈치의 〈비트루비우스의 인체 비례도〉

이러한 르네상스의 바람은 건축 분야에도 영향을 줄 수밖에 없었다. 특히 불을 지폈던 사건은 로마 시대 비트루비우스가 쓴 〈건축십서〉를 발견한 일이었다. 〈건축십서〉는 로마 시대 건축법에 관해 상세히 소개되어 있는 책인데, 이 책의 사본이 스위스의 세인트 갤 도서관에서 발견된 것이다. 이는 르네상스 시대의 건축가들에게 큰 관심과 인기를 끌었고 삽시간에 퍼져 나가 새로운 르네상스 건축양식을 만들어 내는 데 크게 일조하였다.

그렇다면 르네상스 건축양식의 특징은 무엇일

생 퇴스타슈 성당
골조는 고딕 양식, 장식은 르네상스 양식으로 된 파리에서 가장 우아한 성당으로 100년 동안 건축되었다.

까? 무엇보다 건축의 기본 요소로 고대 그리스·로마의 오더를 채택한 것을 들 수 있을 것이다. 고대 건축의 핵심이 바로 이 오더에 있기 때문에 르네상스 시대의 건축가들은 이 오더를 건축 표현의 수단으로 사용하고자 했다. 또한 이 시대 건축가들은 원이 가장 완전한 기하학적인 형태라고 여겨, 교회 형식을 라틴 십자형에서 중앙집중형으로 바꾸고 점대칭, 원형, 정사각형, 그리스 십자형 등으로 발전시켰다.

    암흑의 중세 시대에는 오직 신의 이름만 드높여야 했기에 예술가의 이름을 남기는 일이 쉽지 않았지만, 인간성을 중시하는 르네상스 시대에는 이와 달리 개인의 이름을 드높이는 이들이 속속 등장하였다. 이는 건축 분야에서도 마찬가지였는데, 르네상스를 대표하는 건축가로 알베르티와 팔라디오를 들 수 있다.

    알베르티는 건축 이론의 전문가로 비트루비우스의 〈건축십서〉의

라틴형 십자가
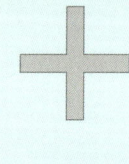

그리스형 십자가

영향을 받아 역작이라 할 수 있는 10권으로 된 〈건축론〉(1485년)을 남겼다. 특히 그는 교회당의 입구를 로마 시대의 개선문으로 디자인한다든지, 주요 부위에 오더를 장치한다든지 하는 감각을 선보이기도 했다.

팔라디오(1508~1580년)는 실제 건축가로 활동한 인물로, 수많은 르네상스 건축물을 설계하였으며 〈로마 도시〉(1554년), 〈건축사서〉(1570년) 등의 저술을 남겨 후세에 커다란 영향을 주었다.

이러한 르네상스 시대의 대표적인 건축양식으로 지어진 것이 팔라초이다. 팔라초는 비종교적인 건축물로 공공건물이나 귀족들의 주거지로 지은 건물을 말한다. 이러한 건물은 주로 3층으로 이루어지는데 고전 양식을 모방한 장대한 수평띠가 압권이며, 1층의 거친 다듬기에서 상층으로 갈수록 잔다듬기로 마무리한 건축 방법은 르네상스 건축에 나타난 주요 특징이라 할 수 있다. 팔라초 건축은 그 후 고전 건축에서 도입한 오더를 사용하여 더욱더 아름다운 건축미를 추구하는 쪽으로 발전해 갔으며, 대표적인 건축물로 팔라초 파르네세(1517~1589년)를 들 수 있다. 르네상스 시대에는 또한 로마 시대에 세워졌던 것과 비슷한 많은 빌라들이 교외에 세워졌다.

그렇다면 다른 유럽의 국가들에서 나타난 르네상스 건축물에는 어떠한 것이 있을까? 프랑스의 경우 1519년 프랑수아 1세의 명령으로 건립되어 1559년에 완성된 '샹보르 궁전'을 들 수 있다. 프랑스 건물들의 특징 중 하나는 고깔 모양의 지붕이 얹힌 둥근 탑 모양을 하고 있다는 점이다. 또한 영국의 경우 엘리자베스 여왕 시대에 건립된 윌트셔의 '롱릿 하우스'를 들 수 있다.

> **팔라초**
> 중세 이탈리아의 도시국가 시대에 세워진 정청(政廳, 정무를 보는 관청)이나 귀족의 저택을 이르는 말로 라틴어의 팔라티움(palatium)에서 파생되었다.

팔라초 파르네세(위)
샹보르 궁전(가운데)
롱릿 하우스(아래)

한편 르네상스 말기인 16세기 초(1520년대)부터 바로크 예술이 시작되기 전까지 이탈리아에서는 르네상스의 원칙에서 자유로워지고자 하는 예술가들이 나타났는데, 이들의 경향을 '마니에리스모(Manierisme)'라고 한다. 마니에리스모 경향에 동조하는 건축가들은 르네상스 건축의 원칙 대신 고도의 세련미와 고귀함을 추구하게 되었는데, 앞에서 소개한 팔라디오 역시 여기에 동참하여 마니에리스모 건축을 완숙하게 발전시켰다. 그리고 유명한 화가 미켈란젤로 또한 마니에리스모에 동참하였고, 성 베드로 대성당 건설에 참여하여 돔과 드럼을 설계하기도 했다.

바로크 건축(17~18세기)

16세기 말에 들어 고전주의와 인간성 회복을 필두로 성행한 르네상스 건축에 반하는 새로운 건축양식이 나타나게 된다. 바로 바로크 건축의 등장이었다. 바로크(Baroque, '일그러진 진주'라는 의미를 지닌 포르투갈어에서 비롯됨) 건축이란 17세기에서 18세기 중기까지 유럽에서 나타난 건축양식을 일컫는 말이다.

그렇다면 바로크 건축이 등장한 이유는 무엇일까? 이는 엄격함과 우아함, 단정함을 원칙으로 하는 고전주의적인 르네상스 건축에 대한 반발로 보다 더한 자유로움을 추구하기 위해 곡선을 많이 쓰고 장식을 많이 쓰는 건축이 발달하면서 시작되었다. 17세기의 로마의 건축가 카를로 마데르노(Carlo Maderno, 1556~1629년)가 산타 수산나 교회의 정면을 설계할 때 건물의 역동성을 나타내기 위해 르네상스 건축양식을 파괴하고 바로크 원리를 구사함으로써 비로소 시작되었다고 전해지기도 한다.

그러나 당시의 건축가들은 이러한 건축에 대해 '불균형적이고, 기묘하고 비뚤어진' 것이라 비아냥거렸다고 한다. 여기에서 보석공이 사용하던 '일그러진 모양의 기묘한 진주'라는 뜻의 바로크라는 말이 사용되면서 하나의 양식을 일컫게 된다. 이처럼 당시에는 퇴폐적인 건축 정도로 인식되었던 바로크 건축이 한 시대를 대표하는 건축양식으로 자리 잡을 수 있었던 것은, 19세기 말에 이르러 바로크 건축에 대한 재평가가 이루어지면서부터이다.

그렇다면 바로크 건축의 특징은 무엇일까? 바로크 건축의 특징을 이해하기 위해서는 당시의 시대적 상황을 잘 읽어야 한다. 바로크 건축이 등장하는 17세기는 경제적으로는 초기 자본주의 사회가 성장하고 있었고, 절대 왕권을 중심으로 근대 국가의 체계가 확립된 시기였다. 또한 로마 가톨릭교회도 종교 개혁에 반발하여 반종교 개혁을 실시하면서 부흥을 꾀하던 시기였다. 이러한 가운데 나타난 바로크 건축은 당연히 가톨릭교회의 부흥을 위해, 그리고 절대 왕권을 옹호하기 위해 발달해 간 것이다.

바로크 양식의 교회는 천장을 회화로 채색하여 하늘을 상징했고, 곳곳에 그림과 조각을 장식하여 전체적으로 환상적인 느낌을 주도록 설계하였다. 물론 이러한 환상적 화려함을 추구한 것은 교회의 신앙을 선전하기 위함이었다. 또한 절대주의 군주들을 위해 지어진 바로크 궁전 건축은 국가의 권력을 과시하기 위한 수단으로 지어졌다. 즉, 르네상스 시대보다 더욱 커다란 규모로 지어졌으며, 무엇보다 르네상스 시대의 2차원적인 건축 구성에서 벗어나 3차원적 건축 기법에 의해 극적 효과를 창출하였다. 또한 직선보다 곡선이나 타원형이 즐겨 사용되었으며, 화려한 장식으로 치장하여 더욱 감각적이고 역동적으로 보이게 하였다.

바로크 건축은 크게 두 가지 방향으로 나누어 발전하였다. 그 이유는 가톨릭 지역과 프로테스탄교 지역의 종교적 색채가 크게 달랐기 때문이다. 우선 로마 가톨릭 지역인 이탈리아, 프랑스, 스페인, 포르투갈, 독일(남부) 등에서는 자유롭고 역동적인 건축 형태와 벽면을 추구했으나, 프로테스탄트교 지역이라 할 수 있는 영국, 네덜란드 등에서는 비교적 절제되면서도 기하학적이고 세련된 건축양식을 추구했다.

성 베드로 대성당

피어젠 하일리겐 순례 성당

대표적인 바로크 건축으로는 로마에 있는 베르니니의 성 베드로 대성당 광장(1657경)과 B. 노이만이 설계한 피어젠 하일리겐 순례 성당(1743~1772년경)이 있다.

또한 프랑스의 국왕 루이 14세가 파리의 남서쪽에 있는 베르사유에 건립한 베르사유 궁전은 바로크 건축양식을 도입한 대표적인 건축물로 화려함의 극치를 달린 궁전으로 손꼽힌다.

베르사유 궁전

로코코 건축(18세기 초~18세기 중엽)

르네상스 건축과 바로크 건축양식의 진원지가 이탈리아였다면, 로코코 건축의 진원지는 프랑스였다. 프랑스의 루이 14세는 당시 유럽 전역에 막강한 영향력을 행사하던 인물이었다. 그는 절대 왕권을 휘둘렀는데, 그가 지은 베르사유 궁전은 바로크 건축의 백미를 이루기도 했었다. 그러나 루이 14세의 시대가 쇠퇴하고 귀족들의 밝고 유쾌한 향락 문화가 대두하면서 로코코라는 새로운 건축양식이 생겨나기 시작한다.

17세기 초 프랑스 건축가들은 무거운 느낌을 주는 바로크적인 부조(벽과 같은 평면을 장식하는 일)에서 벗어나 경쾌하고 세밀한 느낌을 주는 부조로 실내 공간을 꾸미려고 하였는데, 이것이 로코코 건축으로 발전한 것이다.

로코코(Rococo)
프랑스어의 로카이유(rocaille)에서 유래한 '조그만 돌'이라는 뜻의 이탈리아어. 조개껍데기나 돌 등으로 장식한 인공적인 정원석을 의미한다.

로코코는 바로크의 연장선 상에 있는 건축양식이라 할 수 있다. 원래 로코코는 당시 사치의 끝을 달리던 프랑스 귀족 사회의 생활을 미화하기 위한 장식 같은 것에 대하여 쓰인 말이었으나, 이것이 점점 발전하여 하나의 예술사조를 이루게 된 것이다. 따라서 로코코 건축의 특징은 바로크 시대의 웅장하고 공적인 느낌과는 달리, 개인의 사적 생활 위주의 소규모 공간을 창출하는 건축이 주류를 이루게 된다. 이러한 이유로 바로크 건축이 장중하고 위압적인 남성적 이미지를 준다면, 로코코 건축은 세련되고 화려한 여성적 이미지를 풍긴다.

여하튼 프랑스를 중심으로 발전한 로코코 건축은 이후 영국, 독일 등으로 퍼져 나갔으며, 덕분에 18세기 초 유럽 예술의 중심지는 로마에서 파리로 옮겨진 셈이 되었다.

베르사유 궁전의 '거울의 방'

베르사유 궁전 내부에 사용된 화려한 장식들이 바로 로코코 건축 기법을 이용한 예라 할 수 있으며, 베르사유 궁전 내부에 있는 '거울의 방'은 로코코 건축양식을 대표하는 작품이라 할 수 있다.

Kremlin and Red Square

크렘린 궁과 붉은 광장

러시아 모스크바(12세기)

● 크렘린 궁은 러시아의 수도인 모스크바의 상징으로, 1156년 키예프 공국의 유리 돌고루키가 나무를 쌓아 올려 만든 요새에서 시작되었다. 1237~1238년 몽골, 타타르군의 침입으로 파괴된 요새는 1217년 블라디미르 대공 알렉산드로 네프스키의 막내 아들인 다닐이 모스크바 대공국을 세우면서 그 명맥을 이어 나갔다. 다닐의 대공국은 모스크바 강을 중심으로 교역의 요충지가 되면서 지배력을 강화시켜 권위를 높이는 한편 영토를 넓혀 나갔다. 1326년, 블라디미르에 있던 최고 주교의 자리가 옮겨오면서 2년 뒤인 1328년에는 모스크바가 정식으로 대공국의 수도가 되었다. 이때부터 모스크바는 정치, 경제, 종교적 중심지로 자리를 굳혔다.

14세기 중엽, 당시 대공이었던 드미트리 돈스코이가 크렘린 성벽을 하얀 석조 건물로 개축했으며, 15세기에 들어서자 이반 3세는 더욱 튼튼한 성채로 만들기 위해 벽돌로 된 벽과 탑, 성문 등을 만들었다.

현재 크렘린 성벽의 전체 길이는 2,235m이며, 높이와 두께는 요

눈 덮인 크렘린 궁의 웅장한 모습(1990년 세계문화유산 등록)
러시아 정교회의 건축물들로 14세기부터 20세기에 이르기까지 러시아 건축의 발전 단계를 보여준다.

새의 지형과 목적에 따라 조금씩 다른데, 그 높이가 5~19m, 두께가 3.5~6m에 이른다. 크렘린 성벽에는 20개의 성문과 탑이 있는데, 이 가운데 가장 높은 탑이 트로이츠카야 탑이다. 알렉산더 로프스킨 공원에서 크렘린으로 들어가는 입구에 있는 트로이츠카야 탑은 그 높이가 80m나 된다. 공용 입구로 쓰이는 스파스카야 탑은 붉은 광장 쪽에 있으며, 17세기에 종루 밑에 설치한 시계가 인상적이다.

크렘린이 완성되자 몇 세기에 걸쳐 성벽 안쪽에 건축물이 계속해서 세워졌지만, 늘 철저한 계획 하에 이루어졌다. 크렘린의 중심부에는 가장 오래되고 넓은 사보르나야 광장이 있다. 주요 건물들은 이 사보르나야 광장을 중심으로 모여 있는데, 우스펜스키 대성당과 아르항겔스키

스파스카야 탑
스파스카야 탑은 크렘린 궁 주 현관문으로 이용되었다. 성벽에 있는 20개의 성문과 탑 가운데서 가장 튼튼하다.

성당, 그리고 블라고베시첸스키 성당 등이 세워져 있어 러시아 성당 건축의 참모습을 볼 수 있다.

우스펜스키 대성당은 1479년 이반 3세가 초빙한 이탈리아 건축가 아리스토텔레 피오라반티의 지휘 하에 건설되었다. 이곳은 국가적 의식을 집행하는 장소로 황제(차르)의 대관식이 이루어졌으며, 러시아 정교회를 이끄는 중추적 역할을 했다. 소박한 겉모습과 달리 대성당의 내부는 종교 화가로 널리 알려진 디오니시의 벽화로 꾸며져 있다. 벽화는 성모 마리아와 예수, 12사도 등 성경 내용을 담은 성화로 화려하지는 않지만 섬세한 아름다움을 자랑한다.

이반 3세는 역사상 처음으로 러시아의 지배자가 된 대공으로 모스크바를 정치, 문화, 예술의 중심지로 만들기 위해 끊임없이 노력했다. 그리스 정교회의 정통 계승자였던 이반 3세는 러시아를 '제3의 로마'로 만들기 위해 유럽 각지에서 사람들을 불러 모았다. 이런 까닭으

우스펜스키 대성당
푸른색의 지붕에 볼록 솟은 황금색 돔이 빛나는 이 성당은 러시아의 국교 사원으로 지정된 곳이다. 이탈리아 건축가 피오라반디가 지은 우스펜스키 대성당은 황제의 결혼식, 차르의 대관식, 총주교 임명식 등 국가의 주요 행사가 열리는 곳이었다.

159 Chapter 05 _ 르네상스와 바로크, 로코코 건축

로 이탈리아 건축가뿐만 아니라 그리스의 지식인 등 문화, 예술 분야에서 뛰어난 재주를 가진 많은 사람들이 모스크바로 몰려들었다. 러시아 백성들은 존경하는 의미로 이반 3세를 '이반 대제'라고 부른다. 러시아의 황제라는 칭호는 이반 3세의 뒤를 이은 이반 4세 때부터 사용되었다.

1489년에 건설된 블라고베시첸스키 성당은 모스크바 대공의 개인 성당으로 피오라반티의 지도를 받은 프스코프 출신의 러시아 건축가

블라고베시첸스키 성당
모스크바 대공의 개인 성당으로 지었으며 '황금 지붕의 성당'이라고도 부른다.

들에 의해 세워졌다. 처음에는 그리스 십자형 평면에 3개의 둥근 지붕을 앉힌 건물로 만들었지만, 나중에 다시 금박을 씌운 9개의 둥근 지붕을 만들었다. 그래서 블라고베시첸스키 성당을 '황금 지붕의 성당'이라고도 부른다. 성당 내부에는 디오니시의 벽화와 그리스에서 태어났지만 나중에 러시아에 정착한 화가 페오핀 그랙, 안드레이 루블툐프, 코로데츠의 브로홀이 만든 이콘화로 장식한 아이코노스타시스(Ionostasis, 제실을 분리하기 위해 설치한 정교회 성당 내의 공간)가 있다. 내부의 기둥에는 그리스 철학자와 비잔틴 제국의 황제, 러시아 제후들의 초상화가 그려져 있다.

리조폴로제니아 성당은 타타르의 공격으로부터 수도를 구한 기념으로 세워졌다. 하지만 곧 화재로 흔적도 없이 사라졌다. 그 뒤 1485년 프스코프의 건축가가 다시 세워 황제의 예배실로 사용하였다. 리조폴로제니아 성당은 크기 면에서는 둥근 지붕이 하나밖에 없는 작은 성당이지만, 러시아의 전통적인 양식과 북이탈리아의 르네상스 양식이 조화된 귀중한 유물로 평가받는다.

1491년에 완성된 그라노비타야 궁전은 크렘린 궁전의 대표적인 궁전으로 마르코 루포와 안토니오 솔라리라는 두 명의 이탈리아 건축가가 만들었는데, 이반 3세는 이들의 뛰어난 건축 기술에 무척 놀라며 칭찬을 아끼지 않았다고 한다. 진한 상아색과 흰색으로 이루어진 겉모습은 평범해 보이지만, 궁전 내부는 무척 화려하다. 주로 대공의 의식, 외국 사절의 접견이나 축하연 등을 열 때 많이 사용된 '알현의 방'은 벽화로 둘러싸여 있으며, 전체가 황금으로 덮인 바닥은 프레스코화로 장식되어 있다. 그뿐만 아니라 화려한 장식과 벽화가 그려진 거대한 기둥 하나가 방 전체를 떠받치고 있다.

이탈리아 밀라노의 건축가 알레베시오 노비를 초빙해 1509년에 건설된 아르항겔스키 성당은 대천사 미카엘을 모시고 있다. 신랑에는 이반 1세부터 표트르 대제까지 역대 모스크바 대공과 러시아 황제의 관도 안치되어 있다. 구조적으로는 전통적인 러시아 건축양식을 기본으로 했지만, 장식적인 면에서는 르네상스 양식이 가미되었다.

비슷한 시기에 건설된 '이반 대제의 종루'는 팔각형 건물로 높이가 80m나 된다. 나폴레옹 원정군의 공격도 견뎌낸 이 종루의 종은 무게가 70t이나 된다.

1613년, 미하일 로마노프가 러시아 황제로 선출되면서 300년 동안 전형적인 전제 국가로 러시아를 다스리는 로마노프 왕조가 탄생하였다. 로마노프 왕조는 17~18세기에 들어서면서 크렘린에 새로운 건축물을 짓기 시작했다. 1936년에는 황제와 그의 가족들의 저택으로 첼무노이 궁전이 세워졌다. 첼무노이 궁전은 당시에는 보기 드문 아름다운 석조 건물이었지만, 건축양식 자체는 러시아의 전통 목조 양식으로 만들어졌다. 첼무노이 궁전은 모두 3층으로 황금으로 도금한 방, 화려한 조각이 새겨진 천장 등 내부가 무척 호화롭고 사치스럽게 장식되었다.

그라노비타야 궁전과 첼무노이 궁전을 합해 대크렘린 궁전이라고 부르는데, 방이 700개나 되는 이 궁전은 황제가 모스크바를 방문할 때 머물던 곳이다.

이 밖에 1788년에 완성된 원로원은 마트페이 카자포프가 설계한 고전주의적 건축물로, 이때는 계몽 전제 군주였던 예카테리나 2세 시절이었다. 그 뒤 1918년 소비에트 정권 하에 레닌이 연방 내각을 이곳에 설치하였다.

그라노비타야 궁전의 '알현의 방'(위)

그라노비타야 궁전의 '알현의 방'은 온통 황금으로 도금된 방으로 유명하다. 중앙의 거대한 기둥 하나가 천장을 받치고 있다.

아르항겔스키 성당(아래)

역대 모스크바 대공과 러시아 황제의 관이 안치되어 있다.

대크렘린 궁전 내부
비잔틴 양식에 러시아의 전통 장식이 조화를 이룬 화려한 내부 장식이 특징이다.

크렘린 성벽의 동북쪽에 있는 붉은 광장은 15세기 말, 상인들이 물건을 팔기 위한 교역의 장소로 만들어졌다. 원래는 '아름다운 광장'이란 뜻인데, 이를 '붉은 광장'으로 부르기 시작한 것은 17세기 후반부터다. 러시아 말로 '붉다'는 '크라스나야'라고 하는데, 이 말은 '아름답다'라는 뜻도 가지고 있기 때문이다. 붉은 광장은 시장의 역할뿐만 아니라 전쟁을 치르기 위해 떠나는 군사들이 행진하는 곳이었으며, 죄인들의 처형 장소로도 사용되었다.

붉은 광장 남동쪽에는 9개의 둥근 지붕이 특징인 성 바실리 성당이 자리 잡고 있다. 양파 모양의 지붕은 대담한 조각 장식과 또렷하고 대담한 색깔로 동화처럼 환상적인 모습을 자랑한다. 1522년 카잔 왕국에게 승리한 것을 기념하기 위해 이반 4세가 세운 이 성당은 1560년에 완성되었다. 완성 당시의 이름은 포크로프스키 성당이었지만 1588년 당시 시민들로부터 열렬한 숭배를 받던 성인 바실리를 모시면서 성 바

실리 성당으로 부르게 되었다.

성당은 높이가 46m인 중앙탑과 이를 둘러싼 8기의 탑으로 이루어져 있다. 서로 다른 크기와 높이를 가진 탑의 둥근 지붕은 규칙적인 보통의 종교 건물의 모습과 달리 불규칙적인 아름다움을 가지며, 수많은 러시아 정교회 성당 가운데 가장 흥미로운 건축물로 평가받는다.

1917년 러시아 혁명 뒤, 수도가 모스크바로 옮겨오면서 크렘린은 다시 정치적 중심지가 되었지만, 1932년 소비에트 최고회의 간부회 건물을 짓기 위해 오래된 수도원과 궁전이 허물어졌다. 그 뒤 종교를 부정하는 사회주의 정권으로 인해 많은 성당이 파괴되었다. 1991년 소비에트 연방이 무너지면서 현재는 러시아 정교회의 전통이 이어지고 있다.

다갈색 포석이 깔려 있는 붉은 광장(위)
크렘린 궁 정면에 있는 광장으로 러시아 역사의 흥망성쇠가 펼쳐졌던 유서 깊은 곳이다.

전승 기념으로 봉헌한 성 바실리 성당(아래)
8각형의 첨탑과 4개의 다각탑, 4개의 둥근 탑과 9개의 탑이 다채로운 빛깔로 조화를 이룬, 붉은 광장에서 가장 아름다운 건물이다. 다시는 이와 같은 건축물을 짓지 못하도록 이반 대제가 설계자의 눈을 뽑아 버렸다는 일화가 전해져 오는 곳이다.

San Pietro Basilica

성 베드로 대성당

바티칸 시국(1506~1666년)

● 전 세계의 13억이 넘는 가톨릭 신자들의 정신적인 고향, 바티칸 시국은 아주 오래전부터 지금의 위치에 있었다. 로마가 기독교를 탄압하던 시절, 예수의 제자인 베드로가 64년에 로마 시민과 기독교 교도들이 지켜보는 가운데 순교했다. 이후 콘스탄티누스 대제(재위 306~337년)에 의해 기독교가 로마의 국교로 지정되면서 329년 베드로의 무덤 위에 성 베드로 대성당을 건설하게 된 것이 바티칸 시국의 뿌리가 되었다. 바티칸 시국의 영토는 바티칸 언덕과 그 앞의 성 베드로 대성당, 베드로 광장, 사도궁과 시스티나 경당, 그리고 바티칸 미술관 등의 건물이 자리 잡고 있는 평원으로 전체 면적은 약 $0.44km^2$ 정도이다.

현재 바티칸 시국은 인구 900명의 세계에서 가장 작은 독립국가로 1929년 라테란 조약에 의해 세워진 나라이다. 바티칸 시국은 교황이 통치하는 신권 국가이며 가톨릭의 중심이자 상징이다.

테베레 강 서쪽 기슭에 있는 바티칸 언덕은 고대부터 신탁이 내리는 장소로 알려져 왔었다. 고대 로마인들이 자연과 다산의 여신인

성 베드로 대성당과 광장
(1984년 세계문화유산 등록)
로마의 4대 바실리카 가운데 하나로, 브라만테와 미켈란젤로의 설계안을 바탕으로 만들어진 성당. 바로크 양식으로 지어진 세계에서 가장 큰 성당이며, 가톨릭 성지인 바티칸 시국에서 가장 성스러운 장소이다.

퀴벨레를 숭배하던 곳이었으며, 1세기 초 대아그리피나(BC 14~AD 33년)의 개인 정원이기도 했다. 이후 고대 로마의 제3대 황제인 칼리굴라(재위 37~41년)는 이곳에 거대한 원형경기장을 만들기 시작해 제5대 황제인 네로(재위 54~68년) 대에 완공하기도 했다. 이 경기장 담장 건너에는 공동 묘지가 들어섰고, 이곳에 십자가형을 받은 베드로가 묻혔다. 붉은 바윗돌만이 놓여 있었다는 베드로의 무덤은 흔적마저 지워졌으나 콘스탄티누스에 의해 베드로가 성자로 추앙되면서 성전으로 거듭나게 된다. 이후 역사의 소용돌이 속에서 폐허가 되었다가 천여 년의 시간이 지난 뒤에 지금의 성 베드로 대성당으로 태어나게 된다.

120년 동안 당대 최고의 건축가와 예술가들이 참가해 건설한 성 베드로 대성당은 이탈리아어로는 산 피에트로 대성당이라고 부른다.

이 대성당은 로마 교황이 의식을 집전하는 곳으로, 교의를 포고하고 성인을 공표하는 곳으로 사용되었으며, 성당 안쪽의 주 제단에서는 800년, 강탄절 날 카를(프랑스 이름은 샤를마뉴) 대제(재위 768~814년)의 대관식과 여러 즉위식이 거행되었다.

성 베드로 대성당 건축의 대역사는 교황청이 프랑스 아비뇽으로 강제로 이전되는 치욕스런 사건을 겪고 난 후 시작된다. 1452년 니콜라우스 5세(재위 1447~1455년)는 피렌체의 건축가를 데려와 성 베드로 대성당 재건을 시작했지만 3년 뒤, 교황이 서거하면서 공사가 중단되었다가 1506년 율리우스 2세(재위 1503~1513년)때 건축가 도나토 브라만테의 설계로 공사가 재개되면서 벨베데레궁도 함께 조성되기 시작하였다. 이후 대성당의 공사에는 라파엘로, 페루치, 상갈로 등이 합세하였으며, 1546년에는 미켈란젤로가 공사 감독으로 임명되기에 이른다.

브라만테는 한가운데 둥근 지붕을 올린 정사각형 건물로 성 베드로 성당을 설계하였다. 설계도는 큰 지붕을 중심으로 조그만 둥근 지붕이 사방에 있고, 동서남북으로 길이가 똑같은 회랑이 늘어선 그리스 십자가 형태의 중앙식 건축물이었다.

훗날 미켈란젤로는 이 브라만테의 것을 기본으로 한 수정 설계도를 내놓았다. 큰 지붕은 거대한 돔 천장으로 바꾸고, 이를 지지하는 거대한 4개의 기둥을 설계하였으며 동쪽 출입문에 파사드와 계단을 덧붙였다. 그리고 주 제단 구상은 브란만테의 설계를 따르지 않고 직사각형으로 기본 설계보다 훨씬 밝게 하면서 경비도 절감시켰다.

1590년에 건축가 자모코 델라 포르타와 도메니코 폰타나가 미켈란젤로의 설계에 따라 완성한 천장은 높이 132.5m, 지름 42m로, 돔의

성 베드로 대성당의 돔 천장(위)
미켈란젤로의 설계로 균형 잡힌 구조가 화려하고 아름답다. 돔의 총 높이는 136.57m로 세계에서 가장 높다.

성 베드로 대성당의 신랑(아래)
커다란 돔을 둘레가 71m 인 굵은 각기둥 네 개가 떠받치고 있다.

성 베드로 대성당과 오벨리스크

칼리굴라가 원형경기장의 장식으로 사용하기 위해 37년에 헬리오폴리스에서 가져온 오벨리스크는 현재 성 베드로 광장 중앙에 장식되어 있다.

아름다움을 더욱 두드러지게 보여주기 위해 돔을 이루는 벽체를 16개로 나누어 대들보를 만들고 채광창을 만들었다. 돔 안쪽 난간에는 '그대는 베드로. 이 바위 위에 내 교회를 짓겠노라. 그리고 그대에게 천국의 열쇠를 주겠노라.' 라는 글을 새겼다.

1606년 파울루스 5세(재위 1605~1621년)는 마데르노에게 성당 구조를 라틴 십자가 모양으로 바꾸라는 명령을 내린다. 이에 마데르노는 미켈란젤로가 고안했던 중랑과 외관을 받아들여 확장 공사를 시작, 1614년 현재와 같은 모습의 성 베드로 성당을 완성했다. 이해에 새로운 성 베드로 대성당의 헌당식이 거행되었다. 드디어 넓이 약 1만 5,000㎡,

길이 211m로 한꺼번에 6만 명이 함께 미사를 올릴 수 있는 세계에서 가장 큰 규모의 성 베드로 대성당이 완공된 것이다.

이렇게 성 베드로 대성당이 120년 동안, 브라만테에서 미켈란젤로, 베르니니, 마데르노까지 무려 12명의 대건축가들의 손을 거쳐 완성되는 사이 교황은 20명이 바뀌었다.

성당 전면 파사드는 카를로 마데르노의 작품이고, 성당 앞에 완만한 경사를 이루고 있는 계단은 베르니니가 설계한 것으로, 계단 양옆으로는 베드로와 바울의 조각이 서 있다.

현관에는 5개의 문이 있는데 가장 왼쪽에 있는 문이 죽음의 문이고, 중앙문은 1445년 안토니오 아베를리노가 만든 청동문인데 여기에는 6개의 프레임에 종교적, 신화적 일화들이 조각되어 있다. 가장 오른쪽 문은 성스러운 문으로 50년 주기로 찾아오는 성스러운 해인 성년에 오직 교황만이 이 문을 열고 닫는다. 성스러운 문은 16개의 청동 틀 속에 부조가 장식되어 있다. 청동문 안쪽의 성당 바닥에 표시된 원은 대관식 때 카를 대제가 무릎을 꿇었던 곳이다.

성당 현관에서 내부로 들어가기 전 왼쪽에는 800년에 대관식을 거행한 황제 카를 대제의 조각상이 있으며, 오른쪽에는 기독교를 공인한 로마 황제 콘스탄티누스의 조각상이 세워져 있다. 그리고 성당 바닥의 모자이크는 유명한 중세 화가 조토가 제작하였다.

성 베드로 성당의 내부는 성소이면서 하나의 미술관이자 박물관이기도 하다. 성당 내부에는 500개의 기둥, 50개의 제단, 1,300개에 달하는 모자이크화, 450개의 조각이 있다. 그 가운데 가장 눈여겨볼 조각상은 바로 미켈란젤로의 〈피에타〉이다. 역사상 최고의 걸작으로 꼽히

아베르리노의 청동문(왼쪽)
베드로가 십자가에 거꾸로 매달려 처형을 당하는 장면이 성인들 부조 아래에 놓여 있다.

카를 대제의 조각상(오른쪽)
영광의 순간을 역동적으로 표현해 낸 대리석 조각은 성당의 예술미를 자랑한다.

캄비오의 베드로 청동상(왼쪽)
수많은 순례자들의 손길에 오른쪽 발가락은 닳아 제 형태를 찾아볼 수 없다.

미켈란젤로의 〈피에타〉(오른쪽)
대리석 위로 마리아의 눈물이 흐르는 듯한 느낌에 지나가는 이들의 발걸음을 멈추게 하는 미켈란젤로의 〈피에타〉는 수많은 피에타 조각 중 으뜸이다.

는 〈피에타〉는 성모가 죽은 그리스도를 무릎 위에 안고 있는 조각으로, 전체적인 조화가 무척 훌륭한 작품이다.

그리고 성 베드로 동상은 아르놀포 디 캄비오가 만든 것으로 추측되며, 청동으로 만들어진 13세기 작품이다. 성 베드로 대성당에서 가장 경배 받는 조각 가운데 하나로, 성당을 찾는 수많은 순례자들이 동상의 발에 입을 맞추는 모습을 볼 수 있다. 전해지는 이야기에 따르면 카피톨리노 신전에 있던 주피터 신을 녹여 이 동상을 만들었다고 하지만 사실로 확인된 것은 없다.

성 베드로 대성당에서 가장 화려한 제단인 〈성 베드로 영광의 옥좌〉는 베르니니가 1658~1666년 사이에 만든 것으로, 제단 밑은 동방의 4명의 교부들이 조각되어 있다. 제단 상부에는 성령을 상징하는 비둘기가 하늘에서 내리는 빛을 타고 내려오고, 이 둘레를 천사들이 에워싸고 있는 모습이 묘사되어 있다. 전체적으로 조각가 베르니니의 바로크적 취향이 가장 잘 드러난 걸작으로 평가받는다.

〈성 베드로 영광의 옥좌〉와 콘페시오(Confessio)
성 베드로의 무덤 위에 주 제단이 있으며, 그 위로 하늘로 오를 듯한 베르니니의 발다키노가 있다. 앞에는 무덤으로 내려가는 성스러운 입구 즉, 콘페시오가 있다. 95개의 청동 램프가 난간을 두르고 있는 콘페시오의 계단은 옛 성당의 계단을 그대로 살려 놓은 것이다.

Palace and Park of Versailles

베르사유 궁전

프랑스 파리(1682년)

● 베르사유 궁전은 원래 루이 13세(재위 1610~1643년)가 1624년에 지은 전용 사냥터와 별장이 있던 곳이다.

이곳의 모습을 가장 크게 바꾼 사람은 당대 최고의 건축가였던 루이 르보이다. 그는 사냥 숙소의 바깥 부분을 증축해 U자형 궁전으로 바꾸어 놓았으며, 숙소의 안뜰이었던 '대리석의 안뜰' 앞에 '왕의 안뜰'이라는 새로운 공간을 만들었다. 그 후 아버지로부터 왕위를 이어받은 루이 14세(재위 1643~1715년)는 파리의 루브르 궁전을 대신할 새로운 궁전을 짓고 싶어 했다. 그에게는 태양왕이라는 자신의 강력한 권력에 걸맞은 웅장한 궁전이 필요했다.

그는 고심 끝에 아버지의 사냥용 별장이 있던 곳에 루브르 궁전보다 더 큰 궁전을 짓기로 결정했다. 자신의 막강한 힘을 과시하기 위해서이기도 하지만, 귀족이나 관리들을 궁전 안에 머물게 하여 자신에게 대항할 힘을 키우지 못하게 할 속셈도 있었다.

1677년 루이 14세는 궁정 건축가였던 쥘 아르두앵 망사르에게

정원 쪽에서 본 베르사유 궁전의 전경(1979년 세계 문화유산 등록)
바로크 건축의 대표 작품으로 세계에서 가장 화려하고 웅장한 궁전과 정원이다.

 왕과 왕족뿐만 아니라 귀족과 많은 관리, 그리고 그 가족들까지 모두 함께 살 수 있도록 궁전을 확장하라고 명령했다. 이에 망사르는 루이 르보가 개축해 놓았던 궁전을 다시 개축, 증축하며 현재의 모습과 같은 호화로우면서도 위엄 있는 베르사유 궁전을 완성시켰다.

 망사르는 가장 먼저 궁전의 방을 늘리기 위해 커다란 건물 2동을 새로 만들기 위해 루이 르보가 증축했던 U자형 궁전의 남쪽과 북쪽에 별관을 짓고 안뜰을 만들었다. 이로써 궁전의 전체 길이는 680m가 되었으며, 커다란 정원을 가진 균형 잡힌 건물의 모습을 갖추게 되었다.

 또한 망사르는 루이 르보가 정원 쪽에 만들어 놓았던 주랑을 '거울의 방'이라는 이름의 회랑으로 변모시켰다. 궁전의 북쪽 모퉁이에 자리 잡은 거울의 방은 베르사유 궁전에서 가장 큰 방으로 길이 73m, 너비 10.5m, 높이 13m의 커다란 회랑 형태로 만들어졌다. 이곳은 궁전

태양왕 장식
태양왕 루이 14세를 상징하는 조각이 궁 곳곳을 장식하고 있다.

을 찾은 다른 나라의 왕이나 특사를 만나는 등 국가의 공식 행사나 궁정 의식을 치를 때 사용했던 장소이다. 이곳을 '거울의 방'이라고 부르는 까닭은 17개의 아케이드를 가득 메운 거울 때문이다. 17개의 커다란 창문 반대편 벽에 천장까지 높이 치솟은 대형 거울을 설치해 들어온 빛이 반사되어 언제나 회랑을 밝게 비출 수 있게 하였다. 대형 거울의 높이는 약 10m에 이르며, 폭도 5m나 된다.

프랑스 사람들에게 거울의 방은 아픔의 역사를 갖고 있는 방이다. 1871년 당시 프랑스와 지금의 독일인 프로이센 전쟁에서 승리한 프로이센의 국왕 빌헬름 1세(재위 1861~1888년)가 독일 황제의 즉위식을 이 방에서 가졌다. 프랑스 국민들은 이 모습을 보면서 자신들의 자존심이 짓밟혔다고 생각했다. 이 사건을 간직하고 있던 프랑스 정부는 1919년 제

고대 로마식 아치형 창문에 거울을 설치한 '거울의 방'
회랑을 더욱 넓고 밝게 보이게 하는 거울, 화려한 샹들리에와 프레스코화로 뒤덮인 천장, 도금한 조각상으로 치장된 거울의 방은 바로크 양식의 화려함의 극치를 보여준다.

1차 세계 대전에 대한 조약을 체결하는 장소로 거울의 방을 선택하고는 독일에게 감당할 수 없는 배상을 강요했다. 이는 결국 독일이 제2차 세계 대전을 일으키는 원인이 되고 말았다.

거울의 방이 있는 궁전의 2층은 화려한 베르사유 궁전에서도 최고의 화려함을 자랑하는 곳이다. 2층에는 거울의 방 이외에도 오페라 극장, 비너스의 방, 전쟁의 방, 평화의 방, 왕비의 침실 등이 있다.

거울의 방 남쪽은 '평화의 방'으로, 북쪽은 '전쟁의 방'으로 이어진다. 전쟁의 방은 네이메헨 평화 조약을 이끈 루이 14세의 군사적 승리를 강조하기 위해 말을 타고 달리는 루이 14세의 모습을 벽에 타원형 돋을새김으로 새겨져 있다. 그뿐만 아니라 평화의 방에도 유럽의 평화를 확립한 루이 14세의 모습을 묘사한 그림을 그려 놓았다. 그리고 '비너스의 방'이라고 불리는 방에는 장 바랭의 작품인 루이 14세의 조각상을 세워 놓았다. '비너스의 방'이라는 이름을 붙여 놓았지만, 이곳에는 세 여신에 둘러싸여 있는 비너스가 그려진 천장 벽화가 있을 뿐 비너스의 조각상이나 그림은 찾아볼 수 없다. 자신이 세상의 중심이자 태양이라 자부했던 왕 루이 14세가 있을 따름이다.

비너스의 방에서 몇 개의 방을 지나면 오페라 극장이 나온다. 루

전쟁의 방
전쟁을 승리로 이끄는 루이 14세의 기마 부조상을 중심으로 프랑스의 승리를 상징하는 화려한 장식물로 꾸며져 있다.

이 15세(재위 1715~1774년) 때 완성된 오페라 극장은 건축가 가브리엘이 설계했는데, 무엇보다 소리가 잘 전달될 수 있도록 만들었다고 한다. 그래서 울림이 많은 대리석 대신 나무를 사용해 극장 내부를 꾸미고, 화려함을 극대화시키기 위해 바닥을 제외한

루이 14세의 조각상(위)
비너스의 방 정면에 있는 로마 복식을 한 루이 14세의 동상은 태양왕으로서의 위엄과 권력을 드러내기에 손색이 없다.

오페라 극장(아래)
루이 16세와 앙투아네트의 결혼을 축하하기 위해 만든 오페라 극장은 바닥을 제외한 내부 전체를 황금색으로 꾸몄다.

내부 전체를 황금색으로 장식했다. 물론 왕과 왕족, 그리고 귀족과 관리 등 신분에 따라 관람석이 다르게 되어 있다.

궁전의 1층에는 왕실 예배당이 자리 잡고 있다. 베르사유 궁전에 들어서면 가장 먼저 만나는 왕실 예배당은 단순히 예배를 보는 곳이라고 보기에는 너무나 화려하게 치장되어 있다. 코린트식 기둥에 흰 대리석으로 꾸민 예배당의 화려한 바로크 벽화를 중심으로, 모자이크 바닥이나 황금으로 도금된 다양한 조각상은 우리가 상상하는 소박한 예배당과는 거리가 먼 듯하다. 오페라 극장과 마찬가지로 예배당에서도 신분에 따라 서로 다른 장소에서 예배를 보았는데 왕과 왕비를 비롯한 왕족들은 2층에서, 귀족이나 관리들은 1층에서 예배를 보았다고 한다. 이 때문인지 같은 예배당이지만 1층보다 2층의 예배당이 훨씬 화려하다.

1710년에 완성된 왕실 예배당
화려한 천장 장식과 함께 내부 장식 모두가 단순히 예배를 보는 곳이라고 보기에는 너무나 화려하다.

베르사유 궁전을 말할 때 빼놓을 수 없는 것이 바로 베르사유 궁전의 정원이다. 프랑스식 정원의 걸작으로 손꼽히는 베르사유 궁전의 정원은 당시 최고의 정원 설계사였던 앙드레 르 노트르에 의해 만들어졌다. 주위의 자연 경관과 어우러지게 만든 이 정원은 무척 넓어서 모두 둘러보려면 하루 종일 걸어야 할 정도다. 궁전의 뒤편에 해당하는 서쪽에 조성된 정원은 독특한 모양을 자랑하는 크고 작은 꽃밭과 울타리, 루이 14세가 좋아하는 화려

하고 웅장한 조각상이 물줄기를 뿜어내는 분수, 루이 14세와 15세가 뱃놀이를 즐겼다는 십자형의 대운하, 아담한 저택 모습을 한 별궁, 프랑스 농촌 모습으로 꾸며진 농가 등 넓은 정원의 각 공간은 저마다 독특한 개성을 가지고 있다.

베르사유 궁전 정원의 라톤 분수와 아폴론 분수에는 여러 조각상이 있다. 태양의 신 아폴론이 4마리 말을 끄는 태양의 마차를 끄는 조각상부터 바다를 상징하는 조각상, 큰 강을 상징하는 조각상까지 모든 것

라톤 분수와 십자형의 대운하
궁전 테라스 앞으로 분수, 운하, 별궁들이 광활한 정원과 함께 그 모습을 드러낸다. 녹색 융단이라 불리는 잔디밭을 중심으로 신화 속의 여신 라톤과 그의 아들 아폴론을 마주보게 배치한 분수 뒤로 인공으로 조성한 십자형 운하가 펼쳐져 있다.

아폴론 분수
'태양의 신' 아폴론을 묘사한 청동 조각상은 1670년 조각가 튀비가 만든 것으로 아폴론은 '태양왕' 루이 14세를 상징한다.

이 웅장하고 화려하다. 베르사유 궁전 정원에는 크고 작은 분수가 1,000여 개가 있다. 운하에서 흐르는 물을 끌어와 수력학을 이용하여 만든 베르사유 정원의 분수는 훗날 프랑스 과학 발전에 크게 기여했다고 한다.

    이뿐만 아니라 베르사유 정원에 만든 십자형 대운하도 놀라운 것은 마찬가지다. 처음 이곳에 궁전을 지을 당시 주변은 모래 언덕과 늪지뿐이었다. 하지만 루이 14세는 나무를 옮겨 심고 늪지대를 파서 운하를 건설하도록 명령했다. 당시의 기술로는 늪지대를 파서 운하를 만드는 것이 결코 쉬운 일이 아니었지만 어려운 공사 끝에 운하는 완성되었고, 루이 14세와 15세는 해질 무렵이면 당시 베네치아 공화국을 다스리던 통치자들이 보내온 곤돌라를 타고 유람하고, 우아하게 산책을 즐겼다고 한다.

국왕들은 이 곤돌라를 타고 별궁 가운데 하나인 그랑 트리아농에 가는 것을 좋아했다고 한다. 대운하 북쪽 끝에 위치한 그랑 트리아농은 1687년 망사르와 그의 제자 로베르 드코트가 완성한 이탈리아 풍의 궁으로, 장밋빛 대리석과 화려한 실내 장식으로 우아함을 뽐낸다. 화려하고 거대한 궁전과 정원의 모습과는 달리 그랑 트리아농은 평화롭고 여유로운 느낌이 나는 장소로 루이 14세와 15세, 16세가 애인이나 어린 왕비와 달콤한 시간을 나누는 장소로 많이 이용되었다. 나폴레옹 1세(재위 1804~1814년/1815년)도 한때 이곳에 살았다.

그랑 트리아농의 북동쪽에는 또 하나의 별궁인 프티 트리아농이 있다. 루이 15세가 애인인 퐁파두르 후작 부인을 위해 1761년에 만들기 시작한 곳이지만 7년 뒤인 1768년 궁이 완성되기 전에 후작 부인은 죽고, 그 대신 루이 16세가 어린 왕비 마리 앙투아네트에게 주려고 궁을 완성시켰다.

프티 트리아농의 북쪽에는 목장이 있는 전원 풍의 농가들이 들어서 있다. 물레방아가 있는 농가와 농원 등은 노르망디 농촌을 본떠 만든 작은 마을로, 베르사유 궁전이나 정원과는 대조적인 분위기를 이룬다. 이렇게 작은 농촌 마을을 만든 이유는 자연적인 생활을 유별나게 좋아하던 마리 앙투아네트 때문으로 그녀는 이곳에서 자주 시간을 보냈다.

베르사유 궁전은 프랑스는 물론이고 전 세계적으로도 매우 화려한 건축물 가운데 하나로 손꼽힌다. 베르사유 궁전을 본 유럽의 여러 왕과 왕족들은 화려하고 웅장한 궁전과 정원의 모습에 매료되어 유럽 각지에 비슷한 궁전을 건설하였다.

마리 앙투아네트의 프티 트리아농
마리 앙투아네트가 좋아했던 노르망디 농촌을 본떠 만든 전원 풍의 농가는 오두막, 물레방앗간 등 12채의 집으로 이루어져 있다.

Palace and Gardens of Schonbrunn

쇤부른 궁전과 정원

오스트리아 빈(1696년)

● 쇤부른 궁전은 비엔나의 가장 대표적인 건축물로, 원래 함부르크 왕가의 여름 별궁으로 사용된 곳이다. 쇤이라는 말은 '아름답다'는 뜻이고, 부른은 '분수'를 뜻한다. 즉, 쇤부른 궁전은 아름다운 분수가 있는 궁전이라는 뜻이다.

쇤부른 궁전 터에 처음으로 공원과 건물을 지은 사람은 신성 로마 제국의 황제인 막시밀리안 2세(재위 1564~1576년)로, 크로스타노이부르크 수도원에 있던 소궁전인 카텐부르크를 사들였다. 처음에 그는 이곳에 동물원을 만들었다가 새로이 정원을 꾸며 식물원을 만들었다. 하지만 오스만 투르크 제국의 침략으로 성 전체가 파괴되어 초기의 궁전 모습은 남아 있지 않게 된다.

그러다 1696년부터 1700년 사이에 레오폴드 1세(재위 1655~1705년)의 명령으로 건축가 요한 베른하르트 피셔 폰 에를라흐의 설계로 황제의 수렵용 소궁전이 있던 자리에 지금의 쇤부른 궁전이 지어지기 시작했다.

쇤부른 궁전(1996년 세계 문화유산 등록)
오스트리아 빈의 대표적인 건축물로 함부르크 왕가의 품격과 취향을 보여준다.

흔히 많은 이들이 쇤부른 궁전을 프랑스의 베르사유 궁전과 비교하며 제2의 베르사유 궁전이라고 하지만, 최초의 설계는 황태자 요제프를 위한 아주 소박한 여름 궁전이었다.

피셔 폰 에를라흐의 쇤부른 궁전은 2층 건물로 의전용 정원과 큰 앞뜰을 가지고 있었으며 평지붕이 경사지붕으로 교체되었다. 특히 정원 쪽 파사드에 옥외 계단을 설치하면서 외관은 더욱 장대해졌다. 하지만 요제프 1세(재위 1705~1711년)는 궁전의 완성을 보지 못한 채 33세의 나이로 사망하고 만다. 이 때문에 쇤부른 궁전은 왕후이자 미망인의 거처가 되었다. 그 후 1740년 마리아 테레지아 여제(재위 1740~1780년) 대관식을 치르면서 쇤부른 궁전은 새로운 역할을 부여받았다. 바로 이 궁을 여제의 거처로 삼은 것이다. 마리아 테레지아는 1744년 당시 궁정 건축가였던 니콜라우스 파카시에게 건축의 지휘를 맡기면서 로코코 양식으로 궁전을 재건축할 것을 명하였다. 그의 설계에 따라 쇤부른 궁전은 대대적인 개축이 이루어지면서 애초의 모습은 거의 남아 있지 않게 되었다.

궁전은 바로크 양식의 건물 외양에 실내는 화려한 로코코 양식으로 꾸민 거대한 3층 건물에 방이 1,441개나 된다. 마리아 테레지아의 거실, 마리 앙투아네트가 15세까지 살았던 방, 남아메리카산 장미나무 뿌리로 꾸민 방 등 현재 일반 사람들의 출입이 허용된 45개의 방을 살펴보면 어느 하나 호사스럽지 않은 곳이 없다. 특히 온통 거울로 둘러싸인 '거울의 방'은 마리아 테레지아 앞에서 여섯 살 된 모차르트가 피아노를 연주했던 곳으로도 유명하다.

쇤부른 궁전의 내부(위)
1744년 마리아 테레지아 여제는 쇤부른 궁전을 로코코 양식으로 개축하면서 내부를 화려하게 꾸미도록 했다.

정원 끝에 있는 넵튠 분수(아래)
그리스 신화를 모티프로 조각한 넵튠 분수는 정원의 대미를 장식한다.

쇤부른 궁전의 끝 글로리에테
궁전에서 시작된 시선은 정원을 달리고, 넵튠 분수를 너머 언덕 위에 자리 잡은 글로리에테까지 닿는다.

      궁전 뒤로는 프랑스식 정원이 1.7km²의 면적에 광대하게 조성되어 있다. 1765년 파카시의 후계자로 건축 지휘를 맡은 요한 페르디난트 헤첸도로프 폰 호엔베르크는 정원 디자인에 심혈을 기울였다. 정원 중심에 화단을 만들고, 둘레에 분수를 곁들인 화려한 장식의 수반과 아케이드, 초목, 미로, 정교한 조각상 등을 설치했다. 여기에 로마의 유적과 오벨리스크 등을 세우면서 장대한 풍경의 정원을 당시의 예술 취향에 따라 아름답게 디자인하였다. 그리고 정원 끝 언덕에는 1775년에 세운 신전 풍의 개선문인 글로리에테가 있다. 신들의 조각상이 열을 지어 서 있는 글로리에테는 프러시아와의 전쟁에서의 승리를 기념하기 위해 세운 것으로, 이곳에서 바라보는 궁전과 정원의 전망이 무척 아름답다.

Pilgrimage Church of St. John of Nepomuk at Zelena Hora

젤레나 호라의 성 요한 순례 성당

체코 모라비아(1719년)

체코 모라비아주의 남부 젤레나 호라에는 18세기에 지어진 신기한 성당이 있다. 프라하의 건축가이자 화가이면서 단순히 조반니라는 이름으로 알려진 얀 블라제이 산티니가 만든 성당으로, 바로크 양식에 네오고딕 양식이 더해져 무척 독창적인 모습을 하고 있다. 이 성당은 '성인을 기리는 순례를 위한 성당'으로 젤레나 호라의 낮은 언덕 위에 세워졌다. 보헤미안 지방에서 가장 중요한 기념비 가운데 하나인 이 순례 성당은 설계의 독특함뿐만 아니라 그 완성도에서도 무척 뛰어나다.

순례 성당은 시토회 수도원의 의뢰로 1719~1722년, 약 3년에 걸쳐 세워졌다. 1393년에 순교한 성 요한 네포무키의 무덤 위에 세워진 순례 성당의 설계에는 3과 5라는 숫자에 관한 수수께끼가 숨겨져 있다. 네포무키가 죽을 때 그의 시신 위로 5개의 별이 나타났다는 전설이 전해지는데, 이 전설이 성당을 5각형의 별 모양으로 설계한 동기가 되었다고 한다.

성당은 요철 모양의 외벽으로 둘러싸여 있으며, 회랑에는 5각형의 작은 예배당이 5개 있다.

성 요한 순례 성당(위, 1994년 세계문화유산 등록)
뾰족한 모퉁이를 만들며 이어지는 회랑과 별 모양의 예배당은 성스러움과 성인의 찬란한 역사를 건축적으로 형상화하였다.

천사로 둘러싸인 주 제단(아래)
성 요한 네포무키를 하늘로 인도하는 천사들의 무리가 역동적으로 생생하게 표현되었다.

내부의 천장은 2단 첨두 아치 볼트 형태이며, 천장 가운데에는 성 요한 네포무키가 조각되어 있다. 그리고 주 제단에는 천구가 있으며, 천구 주위에 5명의 천사와 3명의 아기 천사가 있다. 천구 위에는 성스러운 모습의 네포무키 조각상이 세워져 있다. 주 제단과 천사는 얀 파벨 체흐파우에르의 작품이고, 네포무키 상은

곡선의 유려함이 눈에 띄는 예배당
첨탑과 뾰족한 아치형의 창문 사이를 완만한 리듬을 만들어 내는 곡선 처마가 지나면서 전체적으로 우아한 느낌의 건물로 되살려 냈다.

Part 03 _ 서양의 근세·근대 건축 190

그레고르 테니의 작품이다. 산티니는 천국으로 올라가는 네포무키의 그림과 제단 측면의 천사 그림을 그렸다. 안타깝게도 1784년의 화재로 교회의 많은 부분이 소실되었고, 건축 당시의 건물로 현재까지 남아 있는 것은 예배당과 회랑뿐이다.

산티니는 이탈리아 바로크 양식의 대가 프란체스코 보로미니와 과리노 과리니의 작품에서 영감을 얻어 여기에 네오고딕(Neo-Gothic, 19세기 전후로 유럽에서 유행한 건축양식으로 고딕 양식에 비해 화려한 조각이 더해 짐) 양식을 사용했는데, 산티니가 성당 설계를 할 때에는 네오고딕 양식이 널리 알려지기 전이었다. 화가로 건축가로 그가 지닌 예술적인 감각은 시대를 앞서는 것이었음을 짐작할 수 있다. 성당이 완성되기 전인 1720년 5월 16일, 성 요한 네포무키의 날에 순례 성당은 성소로 인정되었다.

작은 예배당
예배당 회랑에서 바라본 10각형의 벽. 벽 안에 위치한 성당은 성 요한 네포무키를 모시고 있으며, 5각형의 작은 예배당 5개가 배치된 특이한 구성으로 만들어졌다.

Chapter 06

근대 · 현대 서양 건축

- 암스테르담 방어선, 네덜란드
- 가우디의 건축물, 스페인
- 바우하우스, 독일

과도기 건축(18세기 말~19세기 말)

　18세기 말에 이르러 계몽사상과 자연과학이 발달하면서 귀족 위주였던 바로크와 로코코 건축양식이 쇠퇴하기 시작했다. 이는 시대가 요구하는 순수하고 본질적인 건축미에 맞지 않았기 때문에 일어난 일이었다. 결국 서양 건축은 이때부터 현대 건축이 생겨나는 19세기 말에 이르는 시기 동안 극심한 양식적 혼란기에 빠지게 된다. 이 시기를 '과도기 건축'이라 부르는데, 신고전주의 건축, 낭만주의 건축(고딕 복고), 절충주의 건축의 세 가지 경향으로 전개되었다.

신고전주의 건축(Neo-Classicism)

　18세기 말에 이르러 급변하는 시대에 맞는 새로운 건축양식이 요구되었다. 이 시기의 건축가들은 외형적으로 치장된 건축미가 아니라 절대적인 순수미를 추구하였는데, 그들은 이를 고대 그리스와 로마 건축에서 찾으려 했다. 그들은 고전주의를 응용하여 탄생시켰던 르네상스 건축과 달리, 고대 그리스와 로마의 건축을 정확히 그대로 모방하여 복원하는 데 주력하였다. 이런 분위기 속에 1740년대부터 많은 능력 있는 건축가들이 로마로 몰려들어 로마 건축을 연구한 후 자기 나라로 돌아가 그리스와 로마 건축의 특성을 살려 새로운 건축물을 설계했다. 이렇게 생겨난 건축양식을 '신고전주의 건축'이라 부른다. 신고전주의 건축은 1750~1830년 사이에 찬란한 꽃을 피웠다.

　이러한 신고전주의 건축 붐은 유럽 전역으로 퍼져 나갔는데, 프랑스의 경우 대표적인 신고전주의 건축가인 수플로에 의해 만들어진 파리에 있는 생트 즈느비에브(Saint Jenevieve, 1757~1790, 지금의 팡테옹)를 들 수 있다. 독일의 경우 싱켈이 지은 알테스 미술관이 신고전주의 건축양식으로 지은 대표적인 건축물이라 할 수 있다. 이러한 신고전주의는 멀리 바다 건너 미국에까지 전해져 그곳의 건축물에 영향을 주었다. 대표적인 건축물로는 토머스 제퍼슨이 설계한 버지니아 주의회 의사당을 들 수 있다.

프랑스의 생트 즈느비에브(왼쪽)
독일의 알테스 미술관(가운데)
버지니아 주의회 의사당(오른쪽)

낭만주의 건축(Romanticism, 고딕 복고)

신고전주의 건축이 고대 그리스와 로마의 건축을 모방한 반면, 19세기 중엽 영국에서는 중세의 고딕 건축을 모방하는 건축가들이 생겨 나기 시작하였다. 이들은 자신들의 국가와 민족의 기원이 고대 그리스·로마가 아니라 중세에 있다고 보았다. 그들 역시 건축의 순수미를 추구하기는 마찬가지였는데, 중세 고딕이야말로 구조와 재료의 표현이 가장 정직하고 진실성이 반영된 건축양식이라고 보아 이를 모방하려고 한 것이다. 이러한 건축양식을 '낭만주의 건축 또는 고딕 복고 건축'이라 부른다. 그러나 이 낭만주의 건축양식은 영국, 프랑스, 독일, 미국 등에서만 널리 유행하였고, 나머지 나라에서는 크게 빛을 보지 못했다.

영국의 대표적인 낭만주의 건축양식의 건축물은 1836년에 건립된 웨스트민스터 대수도원을 들 수 있다. 프랑스의 생트 즈느비에브 성당은 신고전주의 건축양식으로 만들어졌지만 그 구조 원리는 고딕양식에서 따온 것이다. 또한 미국에도 전해져 영향을 주었는데, 목조 고딕 건축이 성행했다는 점이 특이하다.

절충주의 건축

한편 이 시기에 절충주의 건축양식도 함께 유행하였다. 이 건축양식의 특징은 그리스, 로마 위주의 신고전주의 건축과 고딕 위주의 낭만주의 건축처럼 일정한 양식에 국한되지 않고 과거의 모든 양식을 절충하여 이용한다는 점에 있다. 즉, 절충주의는 모든 과거 양식에 대한 이해와 비판을 바탕으로 개인의 취향에 따라 주관적으로 선택하여 받아들이는 건축양식을 뜻한다.

이러한 절충주의는 활발하고 광범위한 역사의 연구를 통하여 과거

웨스트민스터 대수도원

파리의 오페라 하우스(위)
영국의 브라이톤 궁(아래)

건축양식 전반에 대한 지식이 커지면서 그 대상 범위가 그리스, 로마, 중세에 더하여 사라센, 비잔틴, 바로크 등으로 확대되면서 탄생하였다고 볼 수 있다.

절충주의 건축양식은 어떤 건축양식을 이용하느냐에 따라 각각 다르게 나타난다. 프랑스의 대표적인 절충주의 건축물의 경우 샤를르 가르니에(Charles Garnier, 1825~1898년)가 건축한 파리 오페라 하우스를 들 수 있다. 이는 바로크 양식과 르네상스 양식을 혼합한 절충주의 건축물이다.

또한 영국의 대표적인 절충주의 건축물인 존 나쉬(John Nash, 1752~1835년)가 지은 브라이톤 궁(1818~1821년)은 아랍의 사라센 양식과 고딕 양식을 절충하여 만든 작품이다.

19세기 말, 시카고파의 등장

영국의 산업혁명은 사회 전반에 커다란 영향을 준 대사건이었다. 철, 시멘트, 판유리 등과 같은 새로운 재료들이 대량 생산됨으로써 건축 분야에도 크게 영향을 끼쳤으며, 건축가들은 이러한 재료를 이용하여 새로운 건축양식을 만들어 내기 시작했다. 돌은 돌 그 자체, 철은 철 그 자체로서 본 재료의 특성을 살려 표현되어야 한다는 경향이 나타났는데, 이것은 곧 철골 구조를 이용한 건축 기술의 등장을 불러왔다. 즉, 건물의 골조에 철재를 사용하면서 새로운 유형의 건축 구조법을 탄생시킨 것이다. 특히 팩스턴 경(Sir Joseph Paxton)이 설계하여 1851년 완공한 수정궁(Crystal Palace)은 주철의 기둥이 건물을 지탱하고 벽과 지붕이 유리로 만들어져 이전과 달리 투명한 벽으로 공간을 형성함으로써 획기적인 건축 형태의 변화를 보여주었다. 이는 그동안 폐쇄된 공간에서 생활하던 사람들에게 외부와 소통되는 꿈 같은 공간을 실현시킨 획기적 사건이 아닐 수 없었다. 이런 철골 구조 기술은 더욱 발달하여 철재 구조로 만들어진 대표적인 건축물이라 할 수 있는 에펠 탑을 탄생시켰다. 에펠 탑은 프랑스 혁명 100주년을 기념하기 위해 1889년 국제 박람회장에 건설된 것으로, 이 탑을 설계한 에펠의 이름을 따 에펠 탑으로 명명하였다. 이러한 에펠 탑은 주철로 이루어진 아름다운 아치와 트러스(Truss, 직선으로 된 여러 개의 뼈대를 삼각형이나 오각형으로 얽어 짜서 만든 구조물) 형태로 되어 있다.

영국의 수정궁

철골 구조를 이용한 건축양식은 미국에서 획기적인 발달을 이루었는데, 그 중심에 이른바 시카고파(Chicago School)가 있다. 즉, 이들

개런티 빌딩(왼쪽)
릴라이언스 빌딩(가운데)
에펠 탑(오른쪽)

은 철골 구조와 유리 등의 재료를 이용하여 현대식 고층 건물의 효시라 할 수 있는 고층 빌딩들을 은행, 백화점, 증권거래소 등의 용도로 도심의 한복판에 짓기 시작한 것이다. 이때 시카고파에 의해 지어진 대표적 건축물로는 리처드슨의 마셜 필드 백화점(1885년), 설리번의 개런티 빌딩(1895년), 웨인라이트 빌딩(1890~1901년), 버넘의 릴라이언스 빌딩(1890~1895년) 등이 있다.

아르누보 건축(19세기 말)

19세기 말에 이르자 당시 건축양식을 지배하고 있던 신고전주의에 대한 반작용이 일어나기 시작했다. 그것은 세기 말이라는 시대적 상황과 밀접하게 맞물려 있었다. 사회는 점차 계급이라는 인식이 희미해져 갔고, 산업혁명으로 부상한 귀족 바로 아래의 부르주아 계급이 급부상하여 건축주로 등장하게 되었다. 이전까지의 건축 문화가 귀족 중심으로 형성된 것이라면 이제는 시대가 변한 만큼 새로운 건축 문화와 양식이 필요한 때가 온 것이다. 건축가들은 발빠르게 기존의 역사와 전통에 입각한 것이 아닌 완전히 새로운 건축양식을 만들어 내기 시작했다. 그것을 아르누보 건축이라 부른다.

아르누보 건축가들은 모든 역사적인 양식을 부정하고 자연 형태에서 새로운 표현을 얻고자 했으며, 재료로는 철과 유리를 건축 표현 수단으로 이용하려고 했다.

아르누보 건축의 특징은 형태나 구조의 측면에서 철을 사용한 선형 장식을 즐겨 썼다는 점과 동식물이나 자연 형태를 상징하는 특이한 장식을 사용하여 탐미적인 예술성을 추구했다는 데 있다. 그러나 이러한 경향은 기능적인 면을 소홀히 할 수밖에 없었고, 이 이유 때문에 아르누보 건축양식은 단명으로 끝나고 말았다. 아르누보 건축의 전성기는 1895년경부터 약 10년간에 불과했다.

대표적인 아르누보 건축물로는 설리번이 설계한 시카고 공회당(1888년), 오르타가 설계한 브뤼셀의 P. E. 얀손가(街)의 가옥(1892~1893년)을 들 수 있다.

P. E. 얀손가의 가옥(위)
아르누보 미술의 대표 화가 알폰스 뮤샤의 〈사라 베르나르〉(아래)

모더니즘(Modernism)

20세기를 맞이하면서 인류는 사회의 모든 분야에서 획기적인 발전을 거듭한다. 그렇다면 이러한 시기에 건축양식은 어떤 발전을 이루었을까?

이 문제 역시 당시의 역사적 상황과 연관지어 생각해야 할 것이다. 당시의 유럽은 파시스트 및 사회주의 국가들로 대변되는 소련, 독일, 이탈리아 등과 같은 극좌에 해당하는 나라들과 영국, 프랑스로 대변되는 극우에 해당하는 나머지 제국들로 분류할 수 있다. 이와 같은 국제 환경 속에 건축양식도 극좌와 극우로 양분되었다. 이러한 경향은 전 세계적으로도 영향을 줄 수밖에 없었는데, 왜냐하면 당시는 유럽 제국들이 전 세계를 지배하고 있었다고 해도 과언이 아니었기 때문이다.

먼저 극좌에 해당하는 나라들의 경우, 건축을 예술로 접근하기보다 자신들의 권력을 유지하기 위한 선전도구로 사용하려 했다. 반면, 극우에 해당하는 나라들은 그나마 정치보다는 예술 그 자체의 건축양식을 추구하며 모더니즘이라는 양식을 탄생시켰다.

그렇다면 모더니즘(Modernism, 과거를 탈피하고 현대적인 것을 추구하는 경향) 건축이란 어떤 것일까? 우선 당시의 모더니즘이란 말에는 '정치의 간섭을 받지 않고 행복을 추구하려는 자유'라는 의미를 내포하고 있었다. 따라서 이러한 사상을 건축물에 반영하고자 했던 것이다. 그러기 위해 먼저 건물의 외형을 밝고 가볍고 따뜻한 느낌이 나도록 했으며 자연친화적으로 자연을 향해 열린 집들로 지었다. 대표적인 모더니즘 건축물로는 핀란드의 알바 알토(Alvar Aalto)가 지은 파이미오 결핵 요양소(1929~1933년)를 들 수 있다.

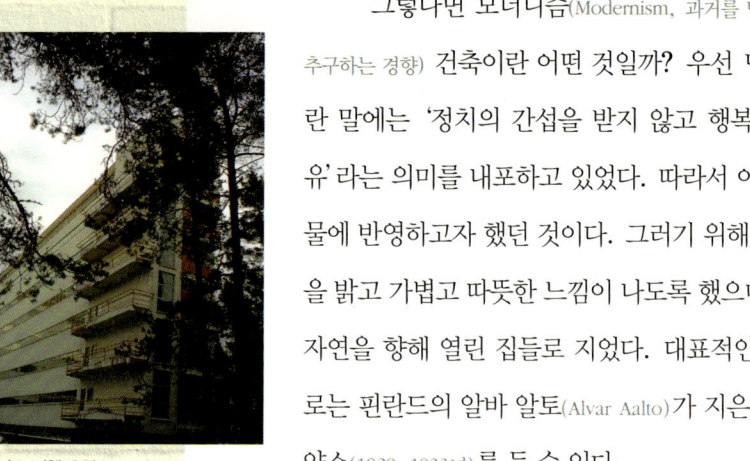

파이미오 결핵 요양소

한편 제2차 세계 대전의 승자로 승승장구한 미국의 건축에서는 국제주의(International Style) 양식이란 것이 탄생했다. 이는 1933년 이후 독일·이탈리아·소련을 탈출한 건축가들이 미국으로 유입하면서 만들어진 양식이라고 할 수 있다. 이러한 건축가들 중에는 독일의 대표적 건축학교인 바우하우스를 창립했던 발터 그로피우스와 독일의 건축가 루드비히 미스 반데어로에도 포함되어 있었다. 국제주의 건축은 이들이 서로 합작하여 만들어 낸 새로운 건축의 설계 방식이었다. 이는 장식을 거부하며, 철과 유리와 콘크리트를 사용한 건축의 기능과 기계미를 강조함으로써 자신감이 넘치는 매끈한 외형을 탄생시켰다. 이 덕분에 미국은 국제주의 건축의 중심지가 되었으며, 대표적인 국제주의 건축물로는 이에로 사리넨이 설계한 MIT 공대의 크레스지 오라토리엄을 들 수 있다.

MIT 공대의 크레스지 오라토리엄

포스트모더니즘 건축과 현대 건축(20세기 중반 이후)

1960년대에 들어서면서 근대 건축에 대한 불만과 비판이 본격적으로 나타나기 시작했다. 당연히 그 중심지는 미국이었다. 근대 건축의 영향을 받은 상업적인 건축물들이 대도시의 중심부를 장악하면서 이제 도시는 개성 없는 몰골로 변해가고 있다는 생각이 팽배하기 시작한 것이다. 이러한 건축양식을 타파하기 위해 선봉에 섰던 인물이 바로 로버트 벤튜리(Robert Venturi, 1925년~)였다. 그는 〈건축의 복합성과 대립성 Complexity and Contradiction in Architecture〉(1966)에서 근대 건축이 너무 단순하고 순수한 것만을 추구하다 보니 건축의 상징성과 의미의 중요성을 상실했다고 주장했다. 또한 건축에 역사적인 양식을 도입하여 인간성을 지닌 건축물을 만들 것을 역설하기도 했다. 이런 벤튜리의 주장은 엄청난 반향을 불러일으켰으며, 포스트모더니즘 건축이라는 새로운 개념을 만들어 냈다.

대표적인 포스트모더니즘 건축물로는 마이클 그레이브스가 설계한 정육면체에 가까운 15층 건물인 퍼블릭 서비스 빌딩(포틀랜드의 오레곤, 1980~1982년)을 들 수 있다.

하지만 대부분의 포스트모더니즘 건축가들은 실제로 근대 건축가들에게 영향을 받았기 때문에 그들이 아무리 포스트모더니즘을 외쳐도 그들의 작품 속에는 근대 건축의 내용이 많이 계승되어 있을 수밖에 없었다.

이 외에도 현대를 대표하는 여러 건축양식들이 있지만, 본서에서는 하이테크(High Tech) 건축을 마지막으로 언급하고자 한다.

하이테크 건축은 1960년대에 영국의 리처드 로저스(Richard Routers), 노먼 포스터(Norman Foster), 이탈리아의 렌초 피아노(Renzo Piano) 등에 의해 처음 시도된 건축양식으로, 로저스와

퍼블릭 서비스 빌딩(위)
파리 퐁 피두 센터(아래)

피아노가 함께 설계한 퐁 피두 센터(파리, 1917~1977년)가 하이테크 양식을 이용한 대표적 건축물이라 할 수 있다. 내부에 미술품을 전시하도록 고안된 이 건물은 계단과 승강기, 에스컬레이터 등과 같은 구조물을 과감히 건물 바깥으로 배치한 것이 특색이다.

　이렇게 시작된 하이테크 건축은 1980년대에는 유럽 전역에 전파되어 프랑스의 쟝 누벨(Jean Nouvel), 독일의 본 게르칸(von Gerkan), 이탈리아의 마시밀리아노 푸크사스 (Massimiliano Foksas) 등과 같은 하이테크 스타들을 낳았고, 1990년대에는 세계의 현대 건축을 주도해 가는 흐름으로 자리 잡았다. 이러한 분위기는 21세기에도 이어지고 있다.

　하이테크 건축의 특징은 날렵한 메탈의 각선미가 뛰어나다는 점과 유리의 반사를 이용하여 신비하고 투명한 느낌을 연출한다는 점 등을 들 수 있다. 대표적인 하이테크 건축물로는 노먼 포스터가 참여하여 만든 첵 랍 콕 공항(홍콩, 1998년)을 들 수 있다. 이 건물은 비행기 모양을 하고 있는 터미널 빌딩과 기초 구조물 위에 바로 가벼운 강철 지붕을 덮은 모습이 매우 인상적이다.

홍콩의 첵 랍 콕 공항

Defence Line of Amsterdam

암스테르담 방어선

네덜란드 암스테르담(1920년)

● 암스테르담 방어선은 암스테르담 도시를 반지름 15~20km 정도의 거리로 둘러싸고 있는 요새로 총길이가 약 135km에 달한다. 1883년에 처음 착수되어 1920년까지 끊임없이 정비, 증설되어 현재의 모습으로 만들어진 이 방어선은 네덜란드가 가진 육지와 바다를 가르는 기술의 발달 덕분에 가능했다. 이 기술과 요새 건축 기술을 융합하여 만든 암스테르담 방어선은 현재까지도 완전한 모습으로 보존되어 있어 19세기 말부터 독일군이 점령한 1940년까지의 요새 건축 기술 발전사를 한눈에 볼 수 있는 박물관과 같다.

방어선에 사용된 건축 재료는 벽돌부터 철근 콘크리트까지 다양한데, 1897년에는 콘크리트를 실험적으로 이용했으며, 1916년에는 적의 화포 공격에도 버틸 수 있도록 철근 콘크리트를 사용했다.

암스테르담 방어선은 방어와 반격이라는 두 가지 기능을 동시에 가지고 있다. 방어 기능은 운하에 수문과 펌프를 동원하여 전선의 광대한 지역에 홍수를 일으켜 적의 접근을 막아내기 위함이며, 반격 기능은

암스테르담 방어선(1966년 세계문화유산 등록)

암스테르담 방어선은 반지름 15~20km 정도의 거리를 두고 암스테르담 도시를 둘러싸고 있다.

포병대가 보루와 포대에서 대포로 포격이 가능하게 했다.

　방어선 안에는 36곳의 요새와 2곳의 해변 요새, 2곳의 성채, 3곳의 포대와 2곳의 영구 해병 포대, 2곳의 임시 해안 포대가 구성되어 있으며, 임시 해안 포대를 제외한 45개 요새 사이에는 지하 터널이 만들어져 있다. 그리고 식량 창고, 음료수 탱크, 전신기지, 주방, 부대 막사 매점 등 보급 시설도 두었으며, 사관실, 세탁실, 병실 등도 만들었다. 적과의 전쟁 시 위험한 무기고와 화약고는 별도로 분리하여 설치하였다. 최대 3.5km 떨어진 보루들은 주변 환경과 어울려 눈에 잘 띄지

암스테르담 방어선의 보루
방어선의 요새 시설은 주변 환경과 어울려 눈에 잘 띄지 않도록 설치하였다.

않도록 만드는 것이 관건이다. 그래서인지 오늘날에도 가까이 다가가지 않으면 알아채지 못할 정도이다. 각 보루 사이에는 제방, 감시탑, 장갑포탑 등이 있다.

운하로 조작되는 범람 시스템은 수문 기술과 펌프 기술이 매우 뛰어나야 한다. 네덜란드 사람들은 몇 백 년에 걸친 경험 덕분에 이 두 가지 기술을 완벽하게 습득하고 있었다. 그래서 홍수를 일으킬 때는 가능한 한 담수를 사용하였으며, 바닷물은 담수가 떨어지거나 최악의 상황으로 몰렸을 때만 사용했다. 이렇게 담수를 사용했던 까닭은 방어선 앞에 있는 평원이 제방으로 가로막힌 저습지여서 보통 때는 농민들이 평원에서 농사를 지었기 때문이다.

그리고 방어선의 건축물들을 평탄하고 가늘고 긴 모양으로 만든 이유는 적이 대포를 쏠 경우에 대포의 표적 면을 적게 하기 위해서였다. 이와 달리 호는 폭을 넓게 하여 쳐들어오는 적을 다가오지 못하게 하였다.

물과의 투쟁의 역사라고 봐도 과언이 아닌 네덜란드는 제방과 운하를 만드는 기술에 관한 한 타의 추종을 불허한다. 암스테르담 방어선의 구축은 그들의 치수 기술에 창의성을 가미한 근대적 군사 요새의 복합적인 방어 시스템으로 매우 독창적이다. 하지만 이 군사 시설이 완성된 1920년대 무렵에는 항공기가 나타나면서 전략적인 의의를 상실하게 되었다. 그리고 지구온난화가 계속 진행될 경우 이곳 암스테르담의 방어선도 해수면 상승으로 인해에 사라질 위기에 처한 곳 가운데 하나이다.

마르켈와르트 호에 떠 있는 섬 모양의 팜프스 요새
암스테르담 항구의 입구를 지키는 팜프스 요새를 하늘에서 내려다 본 모습이다. 2기의 포대를 갖춘 요새 시설이 한눈에 파악된다.

Works of Antoni Gaudi

가우디의 건축물

스페인 바르셀로나(1886~1914년)

- 19세기 후반 가우디는 자신의 고향인 레우스를 떠나 바르셀로나에 정착하여 인생의 대부분을 이곳에서 보내며 아르누보를 대표하는 예술가로 평가받는다. 그는 구엘 공원과 구엘 저택, 그리고 연립주택 형식의 카사 밀라 같은 아르누보 스타일의 건축물을 선보였다. 가우디는 이 건축물들을 통해 새로운 건축양식뿐만 아니라 조각이나 정원, 벤치 등 장식 미술 분야에서도 과거와는 다른 공간 미학을 보여준다.

구엘 공원은 가우디가 자신의 후원자이자 친구였던 에우세비오 구엘을 위해 만든 전원 도시 단지로, 가우디의 개성 넘치는 작품들로 채워져 있다. 영국에 머물 때 '전원 도시 운동'에 대해 접한 구엘은 자연 친화적인 전원 단지를 만들 목적으로 가우디에게 설계를 의뢰했다.

하지만 구엘이 제공한 땅은 그 높낮이가 심하고, 바위투성이에 물도 풍부하지 않은 곳이어서 도시를 계획하기에는 어려움이 많았다. 그런데도 가우디는 자연을 보호하기 위해 주변의 자연 경관을 그대로 살리면서 공사를 진행했다. 도로를 만들 때는 땅을 고르는 것도 반대하

구엘 공원(1984년 세계문화유산 등록)

19세기 말부터 20세기 초 건축 기술의 진보를 가져온 건축가 안토니오 가우디의 생애 최대의 작품이다.

였으며, 움푹 팬 땅은 메우지 않고 그 위에 육교를 놓을 정도였다.

    1914년까지 14년 동안 작업은 계속 되었지만 구엘과 가우디를 제외한 입주자는 단 한 명뿐이었다. 이 때문에 자금난을 겪으면서 가우디는 두 개의 집과 독특한 모양으로 만들어진 광장과 계단, 그리고 3km의 도로와 산책로만 완성한 채 전원 도시 계획을 미완성으로 끝냈다. 그 후, 1922년 바르셀로나의 시의회가 이 땅을 사들여 공원으로 개장하면서 현재의 모습을 볼 수 있게 되었다.

    구엘 공원의 정면 출구 양옆에는 특이하게 생긴 두 개의 건물이 있다. 갈색과 흰색이 어우러진 이 건물은 뾰족한 모양의 지붕이 있는데, 공원의 현관 역할을 하는 곳이다. 하나는 경비실이며, 다른 하나

두 갈래로 갈라진 계단 사이에 있는 장식
화려한 채색 모자이크 타일로 만든 도마뱀 조각이 있다.

는 방문객이 공원에 사는 사람을 만나거나 기다리는 곳으로 쓰기 위해 만들었다고 한다. 정문을 들어서면 나오는 두 갈래로 갈라진 계단 사이에는 선명한 모자이크 타일로 만든 도마뱀이 아래를 내려다보고 있다. 계단 양쪽 벽은 활처럼 굽은 모양으로 마치 조각보처럼 타일을 붙여놓았다. 아래쪽 계단 가운데는 입에서 물이 흘러내리는 뱀머리가 달린 둥근 장식이 있다.

계단을 지나 만나게 되는 콜로네이드 홀에는 돌로 쌓은 기둥 86개가 위쪽에 있는 광장을 떠받치고 있다. 그리고 천장에는 도자기 조각과 유리로 만든 모자이크 원형 장식이 그 웅장함과 화려함을 더한다. 또한 광장에는 화려한 모자이크 타일로 장식된 벤치가 연이어 놓여 있는데, 가우디는 이곳을 공원 안에 사는 사람들의 사회생활 공간으로 설계했다고 한다. 계단에서 홀, 그리고 광장과 벤치로 이어지는 모든 곳에는 자연을 주제로 한 장식과 구조를 바탕으로, 다양한 색깔의 모자이크로 장식한 가우디 작품의 초현실적이고 신비로운 특징을 고스란히 담고 있다.

가우디의 첫 번째 대규모 작업은 1886~1888년까지 3년 동안 건설된 구엘 저택이다. 저택은 가우디가 그린 12개의 외형 디자인 도면 중 구엘이 선택했다는 포물선 모양의 입구로 꾸며져 있다. 입구 문은 연철로 만들었는데, 투박함이 느껴지지 않는 아름다운 모습을 하고 있다.

지하 1층에는 벽돌로 된 원기둥을 세웠고, 객실과

콜로네이드 홀(위)
가우디의 제자 쥐졸이 만든 모자이크 원형 장식의 천장과 아름다운 도리아식 콜로네이드 홀. 가우디는 이곳을 구엘 공원에 살 사람들의 사회생활 중심지로 만들려고 했다.

콜로네이드 홀 위에 있는 테라스(아래)
콜로네이드 홀 위(지붕)에 있는 광장 바깥쪽을 따라 여러 색의 모자이크 타일로 물결치는 벤치가 연이어 놓여 있다.

2중의 둥근 지붕으로 덮인 구엘 저택의 중앙 거실
바깥쪽 지붕에는 채광창을, 안쪽에는 여러 개의 구멍을 설계한 덕분에 바닥까지 빛이 들어와 빛의 저택이라고도 한다. 구엘 저택은 바르셀로나의 가장 번화한 거리인 람브라스 거리에 있다.

식당, 화장실 등에는 대리석 원기둥과 포물선 모양의 아치로 장식하였으며, 천장은 격자무늬로 장식하였다. 중앙의 큰 거실 천장에는 채광창을 두고, 안쪽에는 여러 개의 구멍을 내어 빛이 들어오도록 하였다.

'라 페드레라'라고도 불리는 카사밀라는 공동 주택의 새로운 모델을 제시한 건축물로 1910년에 완성되었다. 가우디는 이 건물을 로사리오 성모에게 바쳐 자신의 깊은 신앙심을 보여주었다.

카사밀라는 외양이 무척 특이한 모양으로 정면에서 보면 마치 해

카사밀라의 정면
물결치는 듯한 모양의 파사드는 해안구의 단층을 연상시킨다.

안구의 단층을 보는 듯하다. '라 페드레라'란 '채석장'이라는 뜻으로 카사밀라의 겉모습 때문에 이런 이름이 붙었다.

5층으로 된 카사밀라는 돌로 만든 건물로 특이한 부분이 한두 개가 아니다. 먼저 타일로 만든 모자이크 장식이 지붕 밑 외벽을 뒤덮고 있으며, 옥상 출입구는 십자가를 토대로 만들었고, 벽은 마치 물결치는 것처럼 보이고, 연철 난간은 복잡하게 얽혀 있으며, 출입구는 동굴처럼 생겼다. 또한 환기탑과 굴뚝은 독특한 모양을 하고 있다.

이 때문에 카사밀라가 그라시아 거리에 처음 선보였을 때 바르셀로나 사람들은 깜짝 놀랐다고 한다. 이미 가우디가 특이한 건축물을 만드는 건축가인지는 알고 있었지만, 이처럼 독특한 모양의 건축물을 세울지는 아무도 상상하지 못했기 때문이다. 하지만 지금은 다른 건물과 묘하게 어울리며 그라시아 거리의 명물로 자리 잡았다.

카사밀라의 주거 공간은 1만 2,000㎡에 이르며, 이 가운데 가장 핵심적으로 눈여겨볼 부분은 건물 안에 있는 2개의 안뜰이다. 안뜰은 지붕이 없는 건물의 구조로 인해 햇빛이 그대로 들어온다. 그래서 자연 채광이 되는 안뜰은 다양한 색으로 칠해진 벽과 어우러지면서 더 밝고 화려하게 보인다.

지붕이 뚫려 있는 카사밀라의 안뜰
가우디의 건축에서만 볼 수 있는 우물 같은 안뜰은 자연의 숨결을 고스란히 느낄 수 있다. 모난 곳 없이 건물 전체를 끝없이 이어지는 곡선으로 연출해 낸 솜씨는 감탄을 자아낸다.

바우하우스

독일 데사우(1919년)

- 바우하우스는 독일의 건축가 발터 그로피우스가 1919년 4월에 바이마르에 설립한 조형 학교로, 미술 학교와 공예 학교가 병합한 학교이다. 바우하우스란 독일어로 '집을 짓는다' 라는 뜻의 하우스바우를 뒤집어 만든 이름이다. 그로피우스는 바우하우스를 설립하면서 '모든 예술 창조 행위를 결집시켜 조각, 회화, 공예, 수작업 등의 모든 공방 예술을 상호 불가분의 구성 요소로 해서 새로운 건축 예술로 재통합하는 데 힘쓸 것' 이라고 선언했다. 건축을 주축으로 예술과 기술을 종합하고자 했던 것이다.

바이마르에서 출발한 바우하우스의 교수로는 파울 클렌, 바실리 칸딘스키, 라스로 모호이너지, 오스카 슐레머, 라이오넬 파이닝거, 루드비히 미스 반데어로에 등이 초빙되었다.

근대 건축과 도시 계획에 커다란 영향을 미치게 되는 바우하우스는 초기에는 공예 학교 성격이 강했으나, 1923년부터는 예술과 기술의 통일이라는 평가를 받게 된다. 하지만 1925년 경제적 불황과 정부의 압박 등으로 폐쇄 위기까지 이른다. 다행히 데사우 시의 주선으로 시립 바

데사우의 바우하우스(1990년 세계문화유산 등록)
1919년 건축가 그로피우스를 중심으로 독일 바이마르에 설립된 국립 조형 학교. 20세기 현대 건축의 원리와 미학적 건축 개념을 발전시키며 모던 운동의 시발점이 되었다.

우하우스로 재출발하게 되면서 바우하우스는 '호호슈레 퓨어 게슈타르츤크(조형 학교)'라고 명명하였다. 이 시기를 설립 초반의 바이마르기와 달리 데사우기로 부른다.

데사우기로 들어서면서 바우하우스는 다시 활기를 띠게 된다. 바이마르 시절의 졸업생들이 교수진으로 참여하면서 새로운 생산 방식에 맞는 참신한 디자인 방식을 받아들였으며, 공업화를 추구해 산업계와 연계하여 건축을 하기도 하였다.

이 시기를 가장 상징적으로 보여주는 것은 1926년 그로피우스가 설계한 바우하우스 학교를 빼놓을 수 없다. 예리한 기하학적 형태의 바우하우스 학교 건물은 수평으로 펼쳐진 철근 콘크리트 구조로 되어 있다. 공업 시대 특유의 구조와 기능이 건축물에 고스란히 반영되어 잘 나타난다. 이 때문에 전문가들은 그로피우스가 지은 이 복합 건축물을 근대 건축으로 가는 이정표로 평가한다.

한편 평면 지붕에 기하학적인 구조를 이룬 이 건물은 독일의 전통적인 건축을 변질시켰다는 비난이 일기도 했다.

1926년 이후 교사들의 집도 지어졌다. 데르텐 지역에 넓은 건축 실험장을 구해 연동식 주택 단지를 건설하였는데, 계산된 현장 공정 계획에 따라 건축 장인이 직접 조립했다. 그로피우스를 비롯해 클레, 칸딘스키, 파이닝거 등 바우하우스 교사들은 이 집에 함께 살면서 작업을 하였다. 집안 곳곳에 남아 있는 그들의 작품을 통해 조형 예술을 실용적인 건축물로 통합하고자 했던 바우하우스의 이념을 읽을 수 있다.

바우하우스는 1932년 나치의 압력으로 폐쇄되었다가 1년 뒤인 1933년 마침내 폐교에 이르고 만다.

바우하우스의 건물
명쾌한 윤곽을 나타내는 기하학적인 형태와 엄격한 기능주의라는 바우하우스의 새로운 조형 원리를 그대로 보여준다.

마이스터 하우스(위)
소나무 숲에 들어선 흰색 콘크리트 건물은 바우하우스 교사들의 작업실을 겸한 숙소이다. 학교 건물에 비해 규모는 작지만, 하나의 판으로 계획된 벽과 블록을 입체적으로 짜 넣은 듯한 구조는 건축물의 진일보한 면모를 보여준다.

바이마르의 바우하우스(아래)
노란색 벽돌을 입히고, 유리 천장을 얹은 반원형 철골조로 되어 있는 이 건물은 데사우로 이전하기 전 그로피우스에 의해 건립되었다.

Part 04

동양의 건축 문화 유산

Chapter 07

중국의 영향을 받은 동아시아 건축

- 만리장성, 중국
- 자금성, 중국
- 호류사의 불교 기념물군, 일본
- 히메지 성, 일본
- 석굴암과 불국사, 대한민국
- 화성, 대한민국

중국 건축의 역사와 특징

　　중국의 건축은 서양 건축, 이슬람 건축과 함께 세계 3대 건축의 하나로 인정받을 만큼 세계에서 가장 오랜 역사와 전통을 자랑한다. 기와와 목조로 이루어진 주택의 구조는 정도의 차이는 있지만, 동아시아에서만 볼 수 있는 독특한 모양이다. 언제부터 이런 모양의 건축물이 만들어진 걸까?

　　목조를 기본 골격으로 하고 지붕에 기와를 덮는 문화는 중국 하(夏, BC 2000년경에 세워진 것으로 알려진 중국의 고대 국가)나라 때부터 이미 있었던 것으로 전해지나, 이때의 기와는 지금과 같은 모양의 기와는 아니었던 것으로 보인다. 지금의 기와와 같은 암키와(평기와)와 수키와(둥근 기와) 모양의 기와가 사용된 것은 전국 시대(戰國時代, BC 403년부터 진(秦)이 중국 통일을 달성한 BC 221년까지의 기간)에 이르러서이다. 물론 이때 와당(瓦當, 기와의 한쪽 끝을 둥글게 모양 낸 부분)의 모양도 나타났으며, 이러한 건축 기술은 한(漢)나라 시대에 이르러 거의 완성되었다고 할 수 있다.

　　중국 전통 건축의 백미는 아마도 바깥쪽으로 살짝 비켜 올라간 처마선의 날렵함과 아름다움에 있을 것이다.

　　한(漢)대를 지나면서 중국 건축의 발전은 주로 세부 기법, 특히 처마의 공포를 꾸미는 것에 치중되었다.

　　중국 건축물은 크게 궁궐 건축, 사찰 건축, 능묘 건축, 조경 건축, 일반 생활 건축 등 다섯 가지로 나눌 수 있다. 그중

> **공포**
> 처마를 받쳐 주기 위해 기둥 위부터 대들보 아래 사이에 짧은 부재를 여러 개 중첩되게 짜맞춰 놓은 것

불국사 대웅전의 공포

대표적인 궁궐 건축과 사찰 건축, 그리고 능묘 건축에 대해 살펴본다.

우선 궁궐 건축은, 큰 지붕에 금황색의 유리로 만든 기와가 덮여 있으며, 현란한 그림이 정교하게 새겨진 대들보가 화려하기 그지없다. 또한 순백색의 옥돌로 조각되어 있는 주춧돌도 아름답다. 이러한 중국의 고대 궁궐 건축물들은 남북을 축으로 좌우 대칭을 이룬다는 점이 독특하다. 이때 축의 중심에 위치하는 건축물들은 크고 화려하며 축의 좌우에 위치하는 건축물들은 작고 아담하다. 대표적인 궁궐 건축물로는 베이징에 있는 자금성(紫禁城, Imperial Palaces of the Ming and Qing Dynasties in Beijing and Shenyang, 쯔진청)을 들 수 있다. 명, 청으로 이어지는 500여 년 동안 중국의 24명의 황제들이 살았던 궁궐로, 그 크기만도 73ha에 달하고 8백여 개의 건축물과 9천여 개의 방이 있으며, 10m에 이르는 높은 성벽으로 둘러싸여 있는 불가사의한 성이기도 하다.

중국의 사찰 건축은 불교 건축의 하나라고 봐야 할 것이다. 중국에는 일찍이 불교가 전파되어 중국인들의 사상과 문화에 큰 영향을 주었다. 중국에 본격적인 불교 중심의 사찰이 건축되기 시작한 것은 북위(北魏, 북조(北朝) 최초의 왕조, 386~534년) 시대 때부터이다.

사찰들은 남북을 중심으로 하는 축선 위에 평면정방형 구조로 지어졌다. 정면에는 천왕전(4대 천왕이 있는 곳)과 대웅보전(부처님을 모신 곳), 장경루가 차례로 있고 중심축 좌우에 승려들의 방과 재당이 있는 구조를 하고 있다. 이 중 대웅보전이 가장 중요한 곳이므로 크고 화려하게 지어졌다. 중국 사찰 건축의 경우도 중국인들의 음양 사상이 그대로 나타나 있다고 볼 수 있는데, 좌우 대칭, 중심 질서 등의 건축 구조를 통해 안정감을 추구하는 중국인들의 사상을 엿볼 수 있다. 대표적인 사찰 건축물로는 낙양 백마사와 오대산 남선사를 들 수 있다. 낙양 백마사의 경우 한나라 때 건축된 것으로, 부지 면적만 4만㎡ 달하는 웅장함을 자랑한다. 오대산 남선사는 현존하는 최초의 목조 사찰 건축으로 꼽힌다.

오대산 남선사

세계 대다수의 나라와 마찬가지로 중국에서도 영혼불멸의 사상이 있어 능묘 건축이 발달하였다. 황제들은 저마다 할 것 없이 자신이 죽은 후를 기리며 화려한 무덤을 건축하는 일에 집착했다. 능묘 건축의 가치는 이 속에 회화, 서법, 조각 등 다양한 예술 문화들이 집약되어 있다는 점을 들 수 있다. 따라서 능묘 건축은 종합예술의 집약체이기도 하다. 황제들의 무덤이었던 능묘는 다른 어떤 건축물보다도 화려하고 웅장하며 장대하게 건축되었다. 중국의 능묘 구조를 살펴보면, 사면에 벽을 쌓고 문을 내었으며 네 모퉁이에 누각을 쌓아올린 형태를 취하고 있다. 능묘는 앞에 벽돌로 아름답게 장식한 길이 있고 능원 안으로 들어서면 나무들로 울창하게 꾸며 놓아 엄숙한 느낌이 들도록 건축되었다. 대표적인 능묘로는 당연히 진시황릉을 들 수 있을 것이다. 진시황릉 안에는 세계 8대 기적으로 불리는 병마용이 당당히 모습을 드러내고 있다. 이 병마용은 진시황제의 능묘를 지키는 토용(土俑, 흙 인형) 부대로

진시황제의 묘(왼쪽)
병마용(오른쪽)

서 예술적으로도 걸작으로 평가받고 있는 세계문화유산이다.

중국의 건축을 이야기할 때 만리장성에 대해 이야기하지 않을 수 없다. 만리장성은 알려진 바와 같이 BC 210년경 진시황이 건설한 것으로, 동쪽의 산하이 관에서부터 시작하여 서쪽의 간쑤 성 자위 관에 이르는 약 6,000km 길이의 어마어마한 성벽이다. 이렇게 긴 성벽의 높이 또한 7~8m의 작은 것에서부터 15~16m나 되는 높은 곳도 있다.

일본 건축의 역사와 특징

역사적으로 일본의 건축은 중국 건축의 영향을 받아 외형적으로 비슷한 느낌을 주는 것이 사실이다. 그러나 일본의 전통 건축물들을 보면 중국과는 다른 일본만의 색깔을 가지고 있음을 금방 알아챌 수 있다.

고대 일본 가옥들은 칸막이가 없는 개방적인 구조를 하고 있었다.

그러다 '뵤부'라고 하는 가리개가 사용되면서 최초의 칸막이가 생겨났고, 이것이 오늘날 일본의 전통 가옥에서 볼 수 있는 종이로 만들어진 미닫이문으로 발전하였다.

한편 일본 전통 건축물을 보면 우리나라보다 다소 높은 구조를 하고 있음을 발견할 수 있다. 이는 일본의 여름이 대부분 길고 매우 후덥지근하기 때문에 통풍이 잘 되게 하려는 의도에서 나타난 현상이라 할 수 있다. 일본 전통 가옥의 최대 특징은 지붕의 다양함에서 찾을 수 있다. 이는 지역에 따라 그리고 거주자의 직업에 따라 차이를 둔 데서 비롯된 것으로, 그 모양에 따라 보통 요세무네 양식, 기리즈마 양식, 이리모야 양식, 호교 양식 등으로 나뉜다. 지금도 농가에서 가끔 발견할 수 있는 초가집의 경우 경사를 가파르게 한 것이 특징인데, 이는 눈이

일본 전통 초가(왼쪽)
호교 양식의 지붕(오른쪽)

이리모야 양식의 지붕(왼쪽)
기리즈마 양식의 지붕(오른쪽)

쌓이는 것을 방지하기 위함이다.

일본 건축양식에 가장 큰 영향을 준 것은 아스카 시대(飛鳥時代, 비조 시대), 593~710년)에 중국으로부터 전해진 불교이다. 이때 발달한 불교 문화가 일본의 건축양식과 혼합되어 일본의 불교 건축을 낳았다. 불교 사찰은 7개의 기본 구조를 가지는데 탑, 본당, 강당, 종탑, 창고(경전 보관), 기숙사, 식당 등이 그것이다. 사찰은 일반적으로 2층짜리 건물로 지어졌으며, 그중 본당은 예불을 드리기 위해 중요한 곳으로 가장 크게 지었다. 강당은 승려들이 공부하거나 설법을 하는 곳이며, 탑은 불교 경전을 보관하는 역할을 하는 곳이었다. 기숙사나 식당은 주로 절 내부의 뒤편에 배치되어 있다. 나라 시대(奈良時代, 내량 시대, 710~794년)에 건축된 호류사는 세계에서 가장 오래된 목조 건물로, 유네스코에 지정되어 있는 대표적인 사찰이라 할 수 있다.

일본 건축을 이야기할 때 반드시 짚고 넘어가야 하는 것이 바로 신사이다. 일본의 종교는 크게 불교와 신도로 나눌 수 있는데, 신도란 일본의 전통 신화에 나오는 팔백 만이 넘는 신을 섬기는 종교이다. 신사란 바로 이러한 신(카미라고 함)을 모시는 사원이라 할 수 있다.

일본의 신사는 곳곳에서 다양한 건축 형식을 취하고 있는데, 이는 신이 도처에 있다는 믿음으로 일정한 건축양식을 따르기보다는 주위 환경에 따라 지었기 때문이라고 볼 수 있다.

신사의 구조를 살펴보면, 독특한 모양의 문(토리라고 함)에서부터 본 건물에 이르는 길에 석등이 이어져 있고, 신사 내의 신성함을 위해 신도들의 입과 손을 씻을 수 있는 물이 담긴 동이가 있다. 또한 신사마다 신사를 보호하는 역할을 하는 사자 모양의 조각상인 '코마이누' 2개가 본당 문 앞에 배치되어 있는 것을 볼 수 있다.

신사에는 중국 불교의 영향을 받은 부분을 쉽게 찾아볼 수 있는데, 기둥을 빨갛게 칠하고 벽을 하얗게 칠한 것이 바로 그것이다. 대표적 신사로는 마에 현에 있는 이세 신사를 들 수 있다. 이 신사는 일본 최고의 신이라 할 수 있는 태양신 '아마테라스 오미카미(天照大御神)'를 위해 지어진 것이다.

한편 16세기에 들어 봉건군주가 일본 사회를 지배하게 되는 역사적 환경의 변화가 일어난다. 이에 따라 많은 성이 건축되었는데, 이는 주거용 목적과 군사적 방어의 목적이 동시에 이루어져 생긴 것이었다. 성들은 밀폐된 지붕과 곡선으로 이루어진 처마, 그리고 새하얀 벽들이 묘한 조화를 이루어 마치 동화책 속에 나오는 성을 떠올리게 할 만큼 아름다움을 자랑한다. 특히 성의 중심부에 가장 높게 만든 망루(望樓, 벽 없이 높게 지은 건물)인 텐슈가쿠는 일본 성들의 웅장함을 나타내는 상징이 되기도 한다. 성 내부 역시 호화롭게 장식되었으며 응접실과 독서실, 대기실 등을 갖추었다. 대표적인

이세 신사(위)
이세 신사의 토리 (가운데)
이쯔쿠시마 신사 본당(아래)

일본성으로는 16세기 도요토미 히데요시 시대를 상징하는 히메지 성(1601~1614년)을 들 수 있다. 총 6층의 구조로 이루어진 히메지 성의 망루는 특히 한 번 보면 잊지 못할 만큼 그 수려함을 자랑한다.

히메지 성

우리나라 건축의 역사와 특징

　일본과 마찬가지로 우리나라의 건축 역시 중국의 건축양식에 영향을 받았다고 할 수 있다. 기와로 지붕을 덮고 목조 구조로만 건축되는 방식은 중국의 그것과 매우 닮아 있다. 하지만 우리나라 건축은 우리 고유의 독특한 멋과 개성을 풍기고 있다.

　우리나라 건축의 가장 큰 특징은 목조 구조의 독특하고 아름다운 자연스러움에 있다 할 것이다. 대청마루는 나무의 무늬결을 따라 만들었으며, 집을 지탱하는 기둥과 집을 덮는 지붕 또한 나무로 만들었다. 이때 배치되는 목조 구조는 황금비를 이용하여 균형적인 아름다움을 창조하였다.

우리나라 건축과 중국, 일본 건축과 가장 두드러진 차이는 기와지붕과 기둥의 연결 부분에 있다. 우리나라 전통 건축의 처마는 바깥쪽으로 살짝 비켜 올라간 것이 매력적이다. 또한 그곳을 화려하게 장식하는 공포의 아름다움 역시 대단하다. 그리고 서까래의 배열은 우리의 산수와 절묘한 조화를 이뤄 동양 건축미의 백미를 이룬다고 할 수 있다.

창덕궁 인정전

그렇다면 우리나라의 건축은 어떤 역사를 거쳐 이런 발전을 이룬 것일까? 안타깝게도 우리나라 건축의 고대 역사를 이야기하기에는 남아 있는 유적이 너무도 부족하다. 조선 시대를 제외하면 드문드문 남아 있을 뿐이고, 삼국 시대 이전을 이야기하자면 거의 전무하다 할 정도이다. 따라서 우리나라 건축의 역사는 삼국 시대부터 시작할 수밖에 없다.

우선 삼국 시대의 건축술은 대단히 발전했던 것으로 보인다. 당시 고구려 요동 지역에 건설되었던 요동성의 높이가 족히 20m는 넘었을 것이라 전해지는데, 이는 중국의 성들을 압도하는 수준이다. 무엇보다 삼국 시대의 사회생활을 지배했던 불교 건축의 발달을 이야기하지 않을 수 없다. 당시 고구려의 청암리사지 목탑, 신라의 황룡사 목탑,

백제의 미륵사지 목탑 등의 높이가 80여 m를 상회했다고 하니 대단한 기술을 갖추고 있었음을 짐작할 수 있다. 그뿐만 아니라 당시 지어진 궁궐의 크기 또한 상상을 초월할 정도였다고 한다. 예를 들어 고구려 안학궁의 경우 중국의 내로라하는 궁전보다 더 컸다고 전해진다. 그러나 이 모든 것들에 대한 유적이 지금 남아 있지 않은 것은 안타까운 일이 아닐 수 없다.

이런 와중에 석굴암과 불국사가 후세에까지 전해진 것은 그나마 불행 중 다행이라 할 수 있다. 석굴암은 수학적·과학적으로 치밀하게 설계되었고, 건축학적으로도 시각적인 안정감을 주는 비례 구도로 만들어졌다.

경천사지 10층 석탑(국립중앙박물관)

삼국 시대의 건축은 고려 시대로 이어지면서 불교 건축의 융성기를 맞이한다. 이는 고려가 불교를 국교로 채택하고 장려한 까닭이었다. 하지만 안타깝게도 고려의 목조 건축은 대부분 소실되어 남아 있지 않으나, 석조 건축은 상당수가 전해져 오고 있다. 석조 건축을 대표하는 석탑의 경우 기본적인 양식은 삼국 시대의 것을 계승하고 있으나 부분적으로는 변화를 보인다. 즉, 삼국 시대의 석탑은 사각형 모양이었으나 고려 시대에는 다각형 모양이 등장한다. 대표적인 석탑으로 경천사지 10층 석탑을 들 수 있는데, 이는 원나라의 영향을 받은 것으로 기존의 석탑 양식과는 차이를 보인다.

조선 시대에 들어오면서는 지나친 사치를 배격하는

유교 문화 때문에 건축 기술에 있어서는 우아함과 단아함이 돋보이는 건축물이 등장하였다. 불교 사찰보다는 궁궐, 성문, 서원 위주의 건축이 주류를 이루었는데, 엄격한 규제를 하였기에 대부분이 아담한 규모로 지어졌다는 것이 특징이다. 대표적인 건축물로 서울의 경복궁, 숭례문(崇禮門), 수원의 화성을 들 수 있다. 수원의 화성은 정약용(丁若鏞)의 설계에 의해 축조된 것으로, 18세기 조선의 건축을 대표할 만한 걸작으로 꼽힌다.

경복궁 근정전(위), 화성 팔달문(아래)

The Great Wall

만리장성

중국(BC 3세기)

- 만리장성은 '인류 최대의 토목 공사'라고 불리는 거대한 유적이다. 중국 사람들이 그저 장성으로만 부르는 만리장성은 중국의 상징이자 세계에서 가장 긴 방어벽으로 북방 유목 민족의 침입을 막기 위해 쌓은 요새이다.

BC 7세기 전후로, 전국 시대 중위안 지방의 땅을 나누어 차지했던 여러 나라는 자신들의 영토를 지키기 위해 개별적으로 장성을 쌓았다. 그러다 진나라의 시황제가 전국을 통일한 BC 221년, 이들 장성을 하나로 묶어 정비한 것이 현재 만리장성의 실질적인 기원이다. 이후 중국의 역대 왕조가 개축과 증축을 거듭하면서 만리장성 전체가 완성된 것은 명나라 후기인 1600년 무렵이다. 만리장성은 그 자체가 중국 왕조사의 산 증인인 셈이다. 하지만 현재는 시황제 당시에 쌓았던 장성의 원형은 남아 있지 않고, 대부분 명나라 때의 것으로 당시의 수준 높은 건축 기술을 볼 수 있다.

만리장성의 동쪽은 발해만의 산하이 관에서 시작하여 중국의 북

만리장성(1987년 세계문화유산 등록)
중국의 상징이며 외세의 침략에 대비해 만든 세계에서 가장 긴 방어 시설이다. 험한 산과 계곡의 지형을 그대로 이용해 능선에 쌓은 만리장성은 마치 거대한 용이 꿈틀거리는 형상이다. 성채처럼 산 위에 우뚝 솟은 곳이 있는 반면 계곡 속에 파묻힌 듯 숨어있는 곳도 있다.

쪽 지역을 동서로 가로지르면서 베이징 시, 허베이 성에서 산시 성, 북방인 내몽골 자치구의 경계를 따라 황허 강을 건넌다. 그러고는 산시 성 북쪽 끝을 가로질러 다시 황허 강을 건너 닝샤후이 족 자치구 북쪽 끝을 지나, 간쑤 성 서부의 자위 관에 이르러 총 연장 1만 2,000km에 이르는 대장정이 끝난다. 지도상에서 만리장성의 길이는 3,000km 정도이지만 장성의 기복까지 계산하면 1만 2,000km나 되는 것이다.

　건축 기술면에서도 시대와 장성의 위치에 따라 여러 차이가 있으며, 여러 왕조의 특징을 같이 가지고 있는 곳도 많다.

　진시황제가 개축, 확장하여 하나의 장성으로 만든 뒤에도 만리장성의 개축과 증축은 계속되었다. 그중 규모가 가장 컸던 공사는 한나라 때 이루어졌다. BC 133년, 흉노가 북방 변경을 침략하자 전한의 제7대 황제였던 무제(재위 BC 141~BC 87년)가 위청과 곽거병 장군을 보내 10년 동안 전투를 벌인다. 흉노를 외몽골로 내쫓으며 전투에서 승리한 무제는 변경의 방어를 더 강화하기 위해 대규모 건설을 과감하게 실행했다고 한다.

무제는 이제 한나라의 영토가 된 황허 강 상류의 허사이후랑을 서역으로 통하는 동서 교류의 거점으로 삼으며 진나라가 만들었던 장성을 서쪽으로 더 쌓았다. 또한 허시 지방에 장성을 건설하기 시작하면서 서쪽으로는 위먼 관, 북쪽으로는 쥐옌에 이르는 새로운 서역 장성을 쌓았던 것이다. 이때 장성의 군사 방어를 위해 요새처럼 만들어서 사람들이 드나드는 것을 검열하는 정장, 봉화대 등을 일정한 거리를 두고 설치하였다.

위성에서 촬영한 만리장성

한나라 이후 여러 왕조가 장성을 개축하거나 증축했지만 현재의 모습으로 완성시킨 것은 명나라였다. 원나라를 멸망시키고 건국한 한족의 명 왕조의 건축 기술은 최고 수준이었는데, 명나라 태조 주원장(재위 1368~1398년)은 1368년, 홍무 원년에 대장군 서달로 하여금 쥐융 관에 장성을 쌓게 하였고 13년 뒤인 홍무 14년에는 산하이

관 등지에 장성을 쌓게 하였다. 그 뒤 1506~1522년에는 쉬안푸 진에서 다퉁 진에 이르는 일대에 3,000개가 넘는 봉화대를 만들면서 마침내 1600년을 전후하여 만리장성의 모든 구간이 완성되었다.

산하이 관에서 베이징 시를 거쳐 산시 성까지의 장성은 특히 견고하다. 장성의 성벽은 진·한 시대에는 흙을 다져서 쌓아 올리는 판축 공법으로 틀을

만리장성의 동쪽 첫 관문, 산하이 관 동문 성루(위)
장성 동쪽 끝에 있는 산하이 관. 이곳이 용의 머리가 되어, 자위 관까지 용틀임이 지는 장관을 연출함으로써 천하제일관이라는 찬사를 듣는다. 천하제일은 중국에서 최고의 명승지에 붙는 말로 현판의 '천하제일관'이 파란 하늘과 어울려 멋스럽다.

장성의 서쪽 관문, 자위 관(가운데)
고비 사막 한가운데에 있는 자위 관은 명나라 때 축조된 만리장성의 서쪽 끝에 위치한 관문으로 실크로드로 통하는 곳이기도 하다. 황토를 다지고 발라 세운 성벽 위에 3층 구조로 세운 성루가 동서남북 네 귀퉁이에서 하나씩 그 우아한 모습을 드러낸다.

장성 북서쪽 끝문, 쥐융 관 입구(아래)
불에 구워 만든 흙벽돌로 축조된 성벽과 누대는 견고함이 뛰어나다. 몽골 고원에서 만리장성으로 넘어가는 곳에 위치한 이 관문은 팔달령으로 내달린다.

237 Chapter 07 _ 중국의 영향을 받은 동아시아 건축

쌓고, 말린 벽돌이나 구운 벽돌로 덮은 성벽이 많다. 이와 달리 명나라 때에는 축성이 많았으며, 때때로 지역이나 시설에 따라서는 돌 축성이나 판축 공법을 써서 성벽을 쌓았다. 그리고 성벽 위의 가장자리에는 안팎으로 2m 정도의 낮은 담 성가퀴를 만들었는데 바깥쪽을 높게 했다. 장성의 서쪽 끝인 자위관은 명나라 때 쌓은 것으로 둘레가 733m에 이른다. 성 안의 네 귀퉁이에는 사각루를, 남부에는 망루를, 동서에는 3층 목조 건물로 된 관루를 두었다.

　　장성의 윗부분은 3~4층으로 벽돌이 깔려 있으며, 이곳은 사람 10명 또는 다섯 필의 말이 나란히 달릴 수 있도록 넓게 되어 있다. 장성은 적으로부터 인명과 재산을 보호하고 왕조를 지키기 위한 방어 시설

팔달령 지역의 만리장성 만리장성을 보기 위한 관광객들이 가장 많이 몰려드는 팔달령 만리장성은 명나라 때의 것으로 보존 상태가 가장 양호하다. 6~7m 높이의 성벽 가장자리에 세운 요철 모양의 낮은 담이 능선 너머 끝이 없이 이어진다. 거기에는 활이나 총을 쏠 수 있는 구멍이 뚫려 있다.

만리장성의 낭연대
장성을 따라 요소요소에 병사가 머무는 관성, 적의 동태를 살피는 적대, 연기로 적의 상황을 알리는 낭연대를 설치했다. 이 모든 시설은 긴 세월 동안 개축과 증축을 거듭하여 설치됐다.

이었지만, 이와 더불어 중요한 간선 도로의 역할도 했다. 장성은 성 축조에 필요한 자재를 운반하는 산업 도로였고 군대를 빠르게 이동시킬 수 있는 군사 도로이기도 했다.

그리고 장성의 길을 따라 요소요소에 병사들이 머무는 방어의 거점인 관성, 적의 동태를 살필 목적으로 세우는 망루인 적대, 연기로 적을 상황을 중앙에 알렸다 하여 '낭연대'라 부르는 봉화대 등을 설치하였다. 이러한 모든 시설은 기본적으로 시황제 때부터 이어져 온 오랜 전통을 바탕으로 설치된 것이라고 한다.

Imperial Palace of the Ming and Qing Dynasties in Beijing and Shenyang

자금성

중국 베이징(1417년)

● 중국의 수도 베이징 중심부에 있는 자금성은 동서가 752m, 남북이 961m나 되는 약 72만m²나 되는 드넓은 면적을 차지하며 황궁으로서의 호화로움과 찬란함을 고스란히 간직하고 있다. 하늘의 중심이 되는 북극성의 자미원에 천자가 거처한다고 하여 땅위의 천자가 머무르는 이곳은 자금성이라고 불렀다. 자금성(고궁)은 명나라와 청나라 두 왕조 동안 정치 권력의 중심지였다. 현재 남아 있는 건물의 대부분은 청나라 시대에 세운 것이지만 전통을 바탕으로 했기 때문에 중국 건축 역사에 계승된 고대 사상이나 기술을 오늘날까지 전해주고 있는 귀중한 건축물이다.

건국 초기인 영락 4년(1406년) 명나라는 수도를 난징에서 베이징으로 옮기면서 궁 건설을 시작해 14년 뒤인 영락 18년에 최초로 완성하였다.

광장 북쪽에는 광장의 이름이 유래된 톈안먼(천안문)이 있다. 이 톈안먼 뒤가 바로 우먼(오문)인데, 우먼이 지금은 고궁 박물관으로 불리는 자금성의 정문이다. 자금성은 500년간 26명의 황제들이 머물렀던 곳이었다.

자금성(1987년 세계문화유산 등록)

명나라와 청나라 시대에 만들어진 궁으로 500년 동안 24명의 황제들의 거처였다. 현재는 예전 황궁의 호화로움은 사라졌지만 청나라 건축의 정수가 모인 중국 건축의 박물관으로 평가받는다.

직사각형 모양의 자금성은 크게 두 공간으로 나뉜다. 자금성은 좌우 대칭으로 궁전을 배치하였는데 궁전 중심은 외조와 내정으로 나뉘어 있다. 남쪽에 위치한 외조는 공적 공간으로 건물과 건물 사이의 간격이 넓고, 북쪽에 위치한 내정은 사적 공간으로 밀집 구조를 띠고 있다.

국가 정치의 중추가 되는 외조는 정사를 보던 타이허뎬(태화전), 황제의 예비 전각인 중허뎬(중화전), 영빈관 격인 바오허뎬(보화전) 등 세 개의 대전으로 이루어져 있으며, 황제와 황후, 구빈, 나인, 환관들이 거처하던 공간이었던 내정은 간칭궁(건청궁), 자오타이뎬(교태전), 쿤닝궁(곤녕궁) 등이 중심을 이룬다.

자금성
남북으로 1,000m, 동서로 760m 길이의 성벽으로 둘러싸인 자금성은 해자로 에워싸여 있다.

자금성은 예부터 내려오는 중국의 예법에 기초해 전조후침이라는 궁전 배치 형식을 따라 외조인 타이허뎬을 앞쪽에, 내정인 간칭궁을 뒤쪽에 배치하였다. 창건 당시인 명나라 때는 앞쪽에 위치하는 정전인 간친궁이 황제의 처소이고 뒤쪽의 쿤닝궁이 황후의 처소였으며 나중에 두 궁전 사이에 자그마한 자오타이뎬을 지었다고 한다. 하지만 청나라 황제들은 간칭궁에서 일상적인 정무를 보고, 외국 사절의 접견도 내정에서 하였다.

자금성은 바깥 성곽과 궁성, 황성의 3중 성곽으로 이루어져 있다. 황제는 북쪽에 앉아 남쪽을 바라보았다. 이 때문에 신하나 외국의 사신은 남쪽에서 북쪽으로 들어와야만 했다. 그래서 자금성 남쪽에 커다란 문을 겹겹이 두었는데, 이 문들은 자금성 궁성을 남북으로 가로지르는 중심축 위에 일직선으로 세워졌다. 성벽 남문과 타이허뎬 사이의 따칭먼(대청문), 황성의 톈안먼(천안문), 돤먼(단문), 우먼(오문), 타이허먼(태화문) 등 5개의 문이 황제의 권위를 내세우며 세워졌다.

현재의 타이허뎬은 청나라 강희 34년(1695년)에 새로 지은 것으로 화려한 돋을새김이 있는 흰 돌로 난간을 만들고 계단이 달린 3층 기단 위에 지었는데, 지붕은 2중 우진각지붕에 황금색 유리 기와를 얹었다. 3층 기단은 황제만이 가질 수 있는 최고의 등급으로 고대 중국의 계급 관념을 그대로 보여준다. 기단 자체를 특이하게 높게 하여 천자의 존엄을 상징하는 것이다. 우진각지붕 또한 여러 가지 지붕 형식 가운데 가장 높은 등급으로 황제의 궁전에만 쓸 수 있도록 엄격히 규제하였다.

타이허뎬(太和殿, 태화전)의 용마루와 처마선은 평행으로 달리는데, 처마마저 아래로 내리누르는 형상이 무척 권위적이다. 그리고 24개의 기둥이 떠받치는 2층 구조의 대전은 안이나 밖의 들보와 도리에 최고급 채색을 하였으며, 두공, 서까래, 문짝, 창 등도 짙은 채색으로 정밀하게 꾸며 화려하게 치장되어 있다. 대전 앞의 월대(궁전 앞에 놓인 섬돌) 위에

우먼 위에서 바라본 타이허먼
5개의 내금수교와 청색 벽돌이 깔린 광장을 배경으로 들어선 타이허먼은 높이가 23.8m나 되는 문으로, 고궁 안의 문 가운데 가장 크다.

자금성의 심장, 타이허뎬

타이허뎬은 우먼을 통과해 내금수교를 건너고, 청동사자가 지키는 타이허먼을 지나야 만나게 되는 중국 제일의 웅장한 목조 구조 건물이다. 이게 다가 아니다. 병사 9만 명이 들어갈 수 있다는 청색 벽돌이 깔린 광장을 지나 용이 조각된 답도와 7단의 층계로 이루어진 3층의 석대 위에 올라야 황금색과 자색의 타이허뎬과 조우하게 된다.

는 황제의 불로장생을 기원하며 구리로 만든 학과 거북 향로를 놓았으며, 해시계인 일귀와 5개 도량형의 기본이 되는 용량 원기인 가량을 늘어놓아 통일 국가의 절대성을 보여주었다.

타이허뎬의 중앙에 있는 옥좌 위쪽에는 소란반자라는 복잡한 장식 천장을 두어 옥좌가 있는 공간이 특히 고귀하고 특별한 영역임을 알려준다.

내정인 간칭궁의 옥좌

옥좌 뒤로 용을 조각한 금박 장식 병풍이 웅장하고 화려하게 장식되어 있다.

타이허뎬 뒤로는 중허뎬(中和殿, 중화전)과 바오허뎬(保和殿, 보화전)이 차례로 이어진다. 황제가 의식을 연습하던 곳이 중허뎬이며, 연회와 과거 등이 치러지고 옥새를 보관하던 곳이 바오허뎬이다. 타이허뎬과 함께 자금성의 외전에 해당하는 이 두 궁전의 좌우에는 문화전과 무영전을 날개처럼 달고 있어 좌우 대칭 구도까

Part 04 _ 동양의 건축 문화 유산   244

지 갖춤으로써 황제의 권위와 함께 완벽한 균형미를 느끼게 한다.

바오허뎬에서 나오면 내정의 입구인 간칭먼(乾淸門, 건청문)과 만나게 된다. 내정에는 간칭궁(乾淸宮, 건청궁), 자오타이뎬(交泰殿, 교태전), 쿤닝궁(坤寧宮, 곤녕궁) 등 3대 궁전이 있으며, 이 궁전들도 좌우에 동육궁과 서육궁을 가지고 있다. 간칭문과 간칭궁은 벽돌을 높이 쌓은 통로로 연결해 놓았는데, 이 형식은 오래된 중국 건축의 연원을 밝혀 주는 귀중한 실례이다.

내정의 마지막 건물인 쿤닝궁의 쿤닝먼(곤녕문)을 지나면 휴식 공간인 이허위안(御花園, 어화원)이 펼쳐진다. 이허위안에는 위는 둥글고 아래는 네모난 2중 지붕이 아름다운 완춘팅의 모습도 볼 수 있다. 또한 화원 안에는 곳곳에서 모은 수석을 늘어놓았으며, 일 년 내내 꽃향기로 가득했다고 한다.

한때 황제의 혼례식을 치렀던 쿤닝궁(위)
자오타이뎬 뒤편에 위치한 쿤닝궁은 황후의 침전으로 사용되었으나 청나라 시대에는 제사를 지내는 장소였다. 궁 앞에는 해시계가 있다.

자금성의 정원, 이허위안(아래)
황제의 가족들만 출입할 수 있었던 내정. 이곳은 구멍이 나 있는 기묘한 형태의 태호석과 측백나무, 소나무, 여러 채의 정원으로 아름답게 꾸며져 있다.

호류사의 불교 기념물군

일본 나라현(7세기 초)

● 일본 나라현에 위치한 호류 지역의 불교 건축은 현재 남아 있는 목조 건축물 가운데 가장 오래된 목조 건축물이다. 이는 일본에서뿐만 아니라 전 세계적으로도 마찬가지다.

일본의 역사는 아스카로부터 시작되는데, 아스카란 특정 시대를 지칭하기도 하지만 당시의 중심 도시 이름이기도 하다. 593년~710년까지 지금의 나라현 명일향 일대를 일컫는 이름으로 여기서 명일향을 아스카라고 발음한다. 호류사 지역의 불교 건축물들은 바로 이 아스카 시대(593~710년), 아스카 지역에 세워진 것으로 단순한 역사적 유산을 넘어 오늘날까지 전해지는 살아 있는 종교 건축물이라고 할 수 있다.

호류사에 있는 건축물들의 가장 큰 특징은 바로 나라 시대부터 가마쿠라 시대를 거쳐 무로마치 시대와 에도 시대까지 긴 시간 동안 건축물이 훼손되지 않고 전해져 왔다는 사실이다. 현재 이곳에는 국보가 19동, 중요 문화재가 36동이나 있어 마치 건축의 역사 박물관이라 해도 과언이 아니다.

호류사(1993년 세계건축문화유산 등록)

일본 불교 확장기의 건축물로 현존하는 세계 최고의 건축물. 현재 호류사는 금당과 5층탑이 있는 사이인과 유메도노를 중심으로 한 도인으로 이루어져 있다. 사진은 사이인 모습. 금당, 중문, 5층탑의 위치와 높이 등으로 깊은 조형감을 담아 내고 있다.

현재의 호류사는 금당과 5층탑이 있는 사이인(서원, 쇼토쿠 태자가 세운 사찰)과 유메도노를 중심으로 한 도인(동원, 나라 시대에 창건된 사찰) 등 2개의 가람(사원의 건축물)으로 이루어져 있다.

〈일본서기〉에 따르면 창건 당시의 호류사는 670년에 벼락에 의해 모두 불타 없어졌다고 한다. 그 뒤 북서쪽에 새로운 가람을 조성했으며 외도 4년(711년)에 금당과 5층탑 등 주요 건축물이 완성되었다고 적혀 있다. 이는 현재 호류사의 사이인 가람으로 다시 지을 때 금당과 탑의 배치를 남북에서 동서로 바꾸면서 호류사 특유의 가람 배치를 보

호류사의 금당 내부
석가삼존상이 중앙에 있고, 수미단 네 구석에는 일본에서 가장 오래된 사천왕상이 서 있다. 동쪽에는 약사여래상을 안치했다.

중문에 있는 금강역사상(아래)
나라 시대에 세워진 금강역사상은 이전에는 볼 수 없었던 공포스러운 모습을 하고 있다. 이 시기부터 금강역사상과 사천왕상이 과장되게 일그러지기 시작했다고 한다.

여준다. 사이인 가람 동쪽에 있는 도인은 유메도노를 중심으로 전법당과 회전, 사리전 등이 자리 잡고 있다.

호류사의 금당 지붕은 기와를 얹은 2중 팔작지붕(이리모야 양식)으로 지붕 아래에는 용의 형상을 새겨 넣었으며, 사방 5칸 크기의 금당 구조는 아스카 시대의 특징인 정사각형에 가까운 구조로 이루어져 있다. 측주와 입측주는 중국의 '전'이라고 하는 최고급 건축 기법에 따라 높이를 같게 만들었다. 또한 측면에 음각으로 구름 모양을 새긴 난간 등 세부 장식도 고풍스럽게 꾸몄으며, 문은 노송나무를 통째로 써서 만들었다. 이런 구조와 세부 장식 등은 나라 시대의 건축과는 확연한 차이를 보이며 호류사만의 특별한 특징을 보여준다.

건물 안은 내진과 외진으로 나뉜다. 내진은 수이코 천황 31년(623년)에 도리 불사가 만든 석가삼존상 등이 안치되어 있으며, 수미단의 네 구석에는 일본에서 가장 오래된 사천왕상이면서 아스카 시대의 작품인 목조 사천왕상이 서 있다. 석가삼존상 광배 윗면에 '지난 해(622년) 세상을 떠난 쇼토쿠 태자를 기려 안작지리로 하여금 제작케 했다.'라는 글이 새겨져 있어 그 제작 동기와 제작 연도를 알 수 있다. 〈여지〉에서 안작지리는 백제 출신의 장인이고, 외진의 내벽에 그려진 사방사불 벽화는 고구려 출신 담징의 작품이라고 적고 있다. 하지만 현재 우리가 보는 보살상은 훼손되고 소실된 그림을 1949년 원작의 그림을 그대로 옮겨 그린 모사품이다.

금당에 잇대어 지어진 5층탑은 7세기 말에 착공되었다. 하지만 외곽을 지은 뒤에 한동안 방치되었다가 와도 4년(711년)에 와서야 비로소 완성되었다고 전해진다. 5층탑은 설계와 도안, 구조면에서 금당과 매우 비슷하다.

2중 기단 위에 우뚝 서 있는 5층탑은 한 층 한 층 위로 올라가면서 지붕 크기가 차츰 줄어든다. 이 때문에 5층은 크기가 전체의 절반밖에 되지 않지만 구조적으로 안정감을 준다. 5층탑의 전체 높이는 35m 정도로 바닥의 넓이는 40m² 정도밖에 되지 않는다. 원래 5층 지붕은 경사가 완만했지만 에도 시대였던 겐로쿠 시절(1688~1704년)에

일본 최고의 목조 5층탑
1층 처마 밑에 한층 낮게 덧댄 차양과 각 층마다 짜 맞춘 난간 모양이 인상적이다. 처마 끝의 무게를 받치기 위해 기둥머리에 설치한 공포 구성이 우리나라의 사찰에서 익숙하게 보았던 그것과 유사해 친숙한 느낌이다.

탑을 수리하면서 지붕을 급경사로 고쳤다고 한다. 무언가 일부러 꾸민 듯한 흔적을 찾아볼 수 없는 5층탑을 보고 있노라면 전체적으로 소박하고 장중한 느낌을 가지게 된다.

그리고 중문은 금당보다는 좁지만 5층탑과 비슷한 시기에 세워졌을 것으로 보인다. 물론 가장 오래된 문으로 기둥 중간이 두툼한 배흘림기둥 등의 구조나 의장 등이 금당이나 5층탑의 특징과 같은 아스카 양식이다. 중문 양옆에는 각각 동서로 뻗은 회랑이 있다. 회랑은 북쪽으로 치우친 금당과 탑을 아우르면서 종루와 경장을 지나 대강당으로 이어져 있다. 금당과 5층탑의 높이와 양감을 고려해 회랑의 남쪽 부분은 중문 동쪽이 11칸, 서쪽이 10칸으로 중문이 가람의 중심에 있지 않고 탑쪽으로 벗어나 있다. 너비가 1칸인 단랑식으로 만들어진 회랑의 안쪽 기둥은 간격이 넓고, 바깥쪽은 넓은 연자창으로 되어 있다.

사이인과 대비되는 도인에는 쇼토쿠 태자의 모습을 본떠서 만들었다는 본존인 구세관음상을 유메도노에 안치해 놓았다. 유메도노는

아스카 시대의 전통적인 목조 기둥
그리스의 파르테논 신전 기둥처럼 중앙부에서 상부로 갈수록 조금씩 가늘어지는 형태의 기둥이 죽 늘어선 회랑이 담장처럼 금당과 5층탑을 빙 둘러싸고 있다.

한자 몽전(夢殿)으로 '꿈의 전각'이라는 뜻이다. 위에서 내려다보면 여덟 개의 잎사귀를 가진 연꽃 형상을 하고 있다는 유메도노는 팔각형 원당 가운데 그 모습이 가장 우수하면서 가장 오래되었다. 이곳에는 고구려의 부경(창고)을 닮은 종루와 사각의 회랑, 강원인 전법당, 그리고 쇼토쿠 태자가 어머니를 기려 지었다는 주구지가 있다.

호류사의 중문
독특한 문양으로 짜여진 난간이 눈에 들어오는 중문은 특이하게도 대문 가운데에 기둥이 있다. 대문 좌우에는 나라 시대에 세운 험상궂은 모습의 금강역사상이 세워져 있다.

유메도노
도인의 유메도노에는 구세관음상이 안치되어 있는데, 이 불상은 쇼토쿠 태자를 본떠 만들었다고 한다.

히메지 성

일본 고베(1333년)

● 건축된 지 400년이 지난 히메지 성은 하리마 평야 한가운데 해발 45m 정도 되는 히메야마 산 위에 우뚝 솟아 있다. 일본 성곽 건축의 절정을 보여주는 히메지 성은 중세 일본을 대표하는 성의 하나로, 옛날에는 히메야마 산을 '히메지 가오카'라고 불렀는데, 여기에서 '히메지 성'이라는 이름이 붙었다고 한다. 또 먼 곳에서 보면 백조가 날고 있는 모습처럼 보인다고 해서 '백조의 성(시라사기 성)'이라고도 불린다. 벽에 흰 회반죽을 두껍게 바른 천수각군의 조형미 때문이다.

히메야마 산에 성곽을 쌓기 시작한 것은 1346년, 죠와 2년 아카마쓰 사다노리에 의해서였다고 한다. 이후 1441년 가키쓰 난으로 아카마쓰 가문이 몰락하자 히메지 성은 가신인 오테라와 그의 부하인 구로다의 차지가 되었다.

전국 시대 말기에 이르러서는 넓은 영지를 가진 무사들인 다이묘들이 성 아래에 도시 조카마치를 건설하였으며, 쇼쿠호 시기 이후에는 정치, 경제, 종교, 문화, 군사의 기능을 담당하는 중세 성곽이 세워지게 되었다.

니시노마루에서 본 히메지 성의 천수각(1993년 세계 문화유산 등록)
17세기 일본 성곽 건축의 증거물로 최상의 상태로 보존되어 있다.

　　히메지 성이 다시 새롭게 각광을 받았던 시기는 오다 노부나가와 도요토미 히데요시가 활약하던 천하 통일 무렵이다. 1577년, 덴쇼 5년에 오다 노부나가의 명을 받아 모리 테루모토를 치러 나선 도요토미 히데요시는 모리 가문의 사관이었던 구로다 요시타카의 히메지 성으로 들어가 하리마 지역을 평정한다. 이후 1580년에 되자 구로다 요시타카는 도요토미 히데요시에게 히메지 성을 본성으로 삼도록 성을 헌상한다. 이에 도요토미 히데요시는 모리 가문과의 싸움에 대비해 같은 해 음력 4월부터 다음 해 음력 3월에 걸쳐 성을 대폭 정비했다. 이때 3층 천수각을 세우고, 당시 유행하던 석벽으로 성을 두르는 등 히메지 성은 근세 성곽으로 다시 태어나게 되었다.

　　1600년 게이초 5년이 되자 천하의 실권을 장악하기 시작한 도쿠가와 이에야스는 세키가하라 전투에서 공을 세운 자신의 사위 이케다 테루마사를 히메지 성에 입성시켜 근방의 지역을 다스리게 했다. 이 시기에 성곽의 위치가 새롭게 정해지고, 5층 구조의 큰 천수각과 동서의 작은 천수각을 연결하는 등 9년에 걸친 대대적인 공사로 성의 면적도 전보다 훨씬 넓어졌다.

일반적으로 성은 영주가 일상생활을 하는 공간으로서 성곽의 구조나 형식, 건축면에서 주인인 영주의 위세를 보여준다. 또한 전시는 물론 평화 시기에도 군과 민을 잇는 역할을 한다. 히메지 성은 크기나 웅장함, 그리고 아름다움이란 면에서도 월등하다.

성과 조카마치를 나선형으로 둘러싸고 있는 해자는 안쪽, 가운

히메지 성의 천수각
히메지 성은 소천수각, 대천수각, 망루 등이 잘 어우러지게 배치되어 화려한 모습을 보여준다.

데, 바깥쪽 3중으로 되어 있으며, 이 해자가 조카마치를 지역별로 나눈다. 또한 히메야마 산의 서쪽에 있는 센바 강은 안쪽 해자 가까이에 흐르고 있어 수운으로 이용했다. 그리고 안쪽 해자와 연결된 사기 야마구치 문은 산노마루부터 니시노마루의 석벽 밑에 자리 잡고 있다.

대천수각의 4층 구조
대천수각의 4층은 목조 건물의 튼튼함을 보여주는 공간으로 소박하게 꾸며져 있다.

성의 통로는 넓어졌다 좁아졌다 하며 마치 미로처럼 구불구불한데, 이는 산 본래의 지형을 그대로 살렸기 때문이라고 한다. 이는 적이 침입했을 때, 좁은 길로 적을 분산시켜 물리치기 위한 방어적 효과를 극대화 한 것으로 보인다.

에도 시대 초기 일본 각지에 수많은 성곽이 있었다. 그러나 그중 대부분이 1642년, 겐나 원년에 하나의 나라에는 하나의 성만 있을 수 있다는 일국 일성제에 따라 헐리게 된다. 또한 1868년, 메이지 원년에는 불교를 탄압하며 새로운 토지에 새로운 매력을 조성하자는 구호 아래 수많은 문화재가 파괴된다. 하지만 히메지 성은 이누야마 성과 마츠모토 성, 히코네 성 등과 함께 파괴되지 않은 채 그 명맥을 유지할 수 있었다. 그뿐만 아니라 현존하는 몇 안 되는 성곽 가운데에서도 보존 상태가 가장 완벽하다. 대천수각을 비롯해 소천수각이나 망루, 성문, 담장 등 74동의 건축물이 그대로 남아 있다.

천수각은 밖에서 보면 5층, 안에서 보면 7층의 대천수각과 서쪽과 북서쪽에 3층으로 된 소천수각 3개 동으로 구성된 연립식 구조다. 소천수각의 내부는 지하를 포함하여 5층 구조이고, 북서쪽 천수각은 규모가 큰 편으로 2중 팔작지붕과 3중 팔작지붕을 직각으로 교차시켰다. 이 천수각은 건축 시기와 구성으로 볼 때 후기 망루형에 속한다.

성 자체 높이는 석벽이 14.85m, 건물이 31.5m이지만 45.6m의 히메야마 산 위에 있어 천수의 높이는 해발 92m의 전형적인 평산성이다. 흙이나 돌 울타리인 구루와는 내성, 중간성, 외성, 니시노마루 등으로 이루어졌으며, 내곽과 중곽에 해자를 만들어 소용돌이 형태로 배치했다.

건물과 담의 지붕에서는 역대 성주의 문장들을 흔히 볼 수 있는데, 이케다 가문의 호랑나비 문양, 도요토미 가문의 오동나무 문양, 혼다 가문의 아욱 문양 등이 있다. 특히 역대 성주의 문장이 새겨진 기와는 가장 오래된 도요토미 가문의 오칠동 기와부터 마지막 성주인 사카이 집안의 기와까지 모아져 있어 히메지 성의 역사를 고스란히 담고 있다.

히메지 성의 전체 벽은 흰색의 회벽으로 되어 있다. 성벽의 담에는 '사마'라는 수많은 구멍이 뚫려 있는데, 이것은 일종의 사격용 구멍이다. 사각형 모양으로 된 것으로 활을 사용하며 적을 공격하는 구멍은 야사마이며, 그 외의 것은 조총을 사용하여 적을 공격하는 구멍인 뎃포사마이다. 물론 천수각의 벽에도 사마를 볼 수 있으며, 각각의 건물에는 성벽을 기어오르는 적에게 돌을 던지거나 끓는 물을 부어 기어오르지 못하게 하는 이시오토시가 설치되어 있다.

히메지 성벽에 뚫려 있는 사격용 구멍과 이시오토시
성벽에는 일종의 사격용 구멍인 사마가 성벽의 담에 수없이 많이 뚫려 있다. 건물 모서리에 툭 불거져 나온 이시오토시도 보인다.

본디 성주가 머무는 곳은 안쪽 구역, 천수각 아래에 있는 혼마루로 비젠마루라고도 불렸다. 하지만 산 정상에 자리 잡고 있어 나중에는 산노마루에 혼조라는 거관을 지어 그곳에서 생활했다고 한다. 그리고 중간 구역에는 무가 저택이 있었으며, 바깥 구역에는 하급 무사와 마을 주민이 살았다. 현재도 남아 있는 마을 이름을 보면 그 마을의 특성을 알 수 있다. 예를 들어 가누치 정, 고야 정 등은 장인 마을, 고메야 정, 시오 정 등은 상인 마을, 고쇼 정, 다카조 정 등은 신분과 관련 있는 마을, 가미데라 정, 시모데라 정 등은 사찰과 관련된 마을이라는 뜻이다.

히메지 성의 곳곳에 새겨진 성주들의 문장
건물과 담의 지붕에는 역대 성주들의 문장이 새겨져 있어 히메지 성의 역사를 고스란히 느낄 수 있다.

Seokguram Grotto and Bulguksa Temple

석굴암과 불국사

대한민국 경주(528년)

- 삼한 시대인 BC 57년부터 935년까지 경주는 992년 동안 신라 천 년의 도읍지였다. 신라 시대에는 불교 문화가 꽃피우면서 곳곳에 큰 사원을 세우고, 많은 고승을 배출했다. 이 때문에 신라의 도읍지였던 경주에는 지금까지도 수많은 불교 유적이 남아 있는데, 특히 불국사와 석굴암은 통일 신라 시대를 대표하는 불교 유적이다.

불국사와 석굴암은 경주 남동쪽에 있는 해발 475m의 토함산에 자리 잡고 있다. 신라 사람들은 토함산을 영산이라고 숭배하였는데, 불국사는 이 산의 남서쪽 산기슭에, 석굴암은 동남쪽 산중턱에 위치해 있다.

527년 신라 제 23대 왕인 법흥왕이 불교를 공인하면서 신라에는 수많은 사찰이 세워지고, 많은 승려들이 당나라로 유학길을 떠났다. 그 뒤 660년에 백제를, 668년에 고구려를 각각 멸망시키면서 신라는 최초의 통일 국가를 한반도에 세우게 된다. 통일 신라가 되자 불교는 더욱 확산되었다.

석굴암(1995년 세계문화유산 등록)

동아시아 건축 문화의 걸작으로 종교적으로 뛰어난 가치를 지니고 있다. 751년 창건된 석굴암은 전실, 통로, 주실로 이루어져 있다. 전실에는 팔부신중상과 금강역사상이 새겨져 있고, 통로에는 사천왕상이, 주실에는 본존불이 중앙에 있다. 주실은 둥근 천장을 인 원형 공간이다.

    8세기 통일 신라의 최고 전성기 때 만들어진 불국사와 석굴암은 신라 경덕왕 10년(751년)에 당시 재상이었던 김대성이 창건을 시작하였다. 〈삼국유사〉에 따르면 김대성은 불교의 윤회에 따라 환생한 사람으로 전생의 부모를 위해서는 석굴암을, 현생의 부모를 위해서는 불국사를 지었다고 한다. 이는 석굴암과 불국사가 한 쌍이라는 사실을 말해 준다.

    석굴암은 인공 석굴에 불상을 모셔 놓은 사원으로 혜공왕 10년(774년)에 이르러서야 완성되었다. 건립 당시에는 석불사라고 불렀는데, 현재의 석굴암은 이 석불사의 본당으로 지어진 것이다. 인도나 중국 등에 있는 석굴 사원은 보통 바위산을 뚫어 만드는 경우가 많은데, 석굴암은 화강암을 하나씩 정교하게 다듬어 쌓아 올렸다. 석굴암을 위에서 내려다보면 앞쪽은 사각형, 뒤쪽은 원형 구조로 되어 있다. 앞쪽의 사각형의 전실은 이승인 지상계를 나타내며 가로가 6.8m, 세로가

7.2m이다. 뒤쪽의 원형의 주실은 천상계를 나타내며 지름이 7.2m이다. 사각형의 전실과 원형의 주실은 폭이 3.6m, 길이가 2.9m인 통로 즉, 비도로 연결되어 있다.

화강암 판석으로 바닥을 깐 전실의 양쪽 벽에는 불법의 수호신인 팔부신중상이 각각 4구씩 새겨져 있는데, 이는 돌판에 돋을새김으로 조각되었다. 그리고 안쪽으로 연결되는 통로 양쪽에는 금강역사상이 정면으로 배치되어 있다. 그 옆으로 2개씩의 사천왕상이 있는데 오른쪽은 지국천왕과 다문천왕이, 왼쪽은 증장천왕과 광목천왕이 늘어서 있다.

주실은 천상계인 부처의 세계로 1.8m 높이의 좌대 위에 본존불을 안치하였다. 3.5m의 본존물은 화강암 조각으로 만들어졌는데, 본존불 바로 뒤쪽 벽에는 우아한 십일면관음보살상이 조각되어 있다.

주실 둘레의 벽에는 좌측부터 순서대로 제석천과 문수보살이, 우측에는 범천과 보현보살이, 그리고 그 다음에는 10대 제자가 각각 5구씩 늘어서 있다. 통로에서 볼 때 안쪽은 석굴이지만, 전실은 목조 건물로 되어 있다. 현재 석굴암 보호를 위해 석굴 앞쪽을 유리로 막아 놓았기 때문에 주실 둘레에 있는 불상은 일부분만 볼 수 있다.

주실의 천장 하단에는 돌을 파내 10개의 감실을 만들어 보살상을 모셨다. 또한 후광처럼 보이도록 본존불 머리 뒤쪽에는 연화 무늬를 새겨 놓았다.

본존불은 동남동을 향하고 있는데, 동짓날이 되면 정면에서 떠오르는 해가 본존불을 비쳤다고 전해진다. 또한 이 본존불이 바라보고 있는 곳의 연장선상에 있는 바다에는 삼국 통일을 이룬 문무 대왕(재위 661~681년)의 능인 대왕암이 있다.

본존불은 통일 신라 시대 불교 예술의 최고 걸작이라고 일컬을 만큼 균형 잡힌 몸매나 근엄하면서도 자비로운 표정의 온화한 얼굴, 그리고 반쯤 내리뜬 눈과 부드러운 손, 상냥한 입술은 보는 사람으로 하여금 생동감을 느끼게 한다.

불국사는 법흥왕 시대인 530년 무렵에 창건되었다고 전해지지만 확실하지는 않다. 하지만 김대성이 751년에 착공하여, 김대성이 죽은 뒤인 774년에 완성되었다는 사실은 분명하다. 완성 당시 불국사는 80채가 넘는 전각과 누각이 있었다고 하니 지금보다 규모가 무척 컸을 것으로 추측된다.

신라 시대에는 화엄 사상을 바탕으로 한 불국 세계를 사찰에 구현시키려는 바람 때문인지 '화엄불국사'라고 불렸다고 한다. 현재도 볼 수 있는 석조물의 골격과 가람 배치는 당시 만들어진 것이다.

주실의 궁륭 천장
주실의 천장은 108개의 화강석을 둥글게 쌓았다. 불교 우주관 혹은 고대 천문관을 뜻하는 것으로 추측되며, 천장 맨 꼭대기에는 연화 무늬를 새겨 넣었다. 천장을 반구형으로 쌓을 때 돌들이 떨어져 내리는 것을 막기 위해 수평으로 박은 멍에돌도 섬세한 조각만큼이나 석굴암을 돋보이게 한다.

본존불
석굴암 본존불은 신라 석불 가운데 최고의 걸작품. 균형잡힌 몸매, 근엄하면서 자비로운 표정의 얼굴, 오른쪽 어깨를 드러낸 옷주름은 살아 있는 듯한 생동감을 준다.

불국사는 이름 그대로 부처의 세계를 나타내며 불법을 행하는 도량으로 석굴암과 마찬가지로 통일 신라 시대의 불교 예술을 대표한다. 1592년, 임진왜란 때 건조물이 불타 없어졌지만 이후 조선 시대에 새로 만들거나 고쳤다. 터만 남아 있던 무실전, 관음전, 비로전, 회랑 등은 1970년 국가의 복원 공사에 따라 복구되어 현재의 모습을 갖추게 되었다.

불국사의 정문인 일주문에는 '토함산 불국사'라는 편액이 걸려 있다. 일주문을 지나 경내에 들어서면 위쪽으로 화려한 대가람이 펼쳐지는 대석단과 마주하게 된다. 정면에는 자하문 쪽으로 뻗어 있는 2단의 돌계단인 청운교와 백운교(국보 제23호)의 모습이 보이며, 왼쪽으로는 극락전으로 이어지는 연화교와 칠보교(국보 제22호)가 아름다운 모습을 보여준다. 천상계의 문인 자하문 아래쪽 계단까지가 속세이고, 자하문을 지나면 부처의 세계가 시작된다. 현재 이 두 계단은 사용할 수 없고, 가람으로 들어가기 위해서는 동쪽에 있는 연화교와 칠보교를 이용해야 한다.

불국사의 특징적인 부분 가운데 하나는 대가람을 떠받치는 대석단이다. 수직으로 쌓여 있는 대석단의 아랫단은 자연석을, 윗단은 모난 돌을 써서 전체적으로 자연의 선을 고려한 미적인 조화를 꾀하는 안정감 있는 배치가 특징이다. 이는 좁은 공간에 농축시킨 부처의 세계를 구현하기 위한 노력으로 보인다.

불국사 자하문의 돌계단인 청운교와 백운교
청운교와 백운교 계단을 걸어 올라가 천상계의 문인 자하문을 지나면 부처의 세계가 시작된다.

대석단은 석재를 오목하게 판 다음 끼워 맞추어 만들었는데, 윗부분에 튀어나온 돌은 배수구로 경내의 빗물을 앞쪽 연못으로 흘러가도록 되어 있다. 이처럼 불국사의 석조 구조물들은 당시의 건축 기술이 얼마나 높았는지를 단적으로 보여주고 있다.

3개의 영역으로 이루어진 대가람 내부는 부처의 세계를 나타낸다. 백운교와 청운교 위는 대웅전 영역으로 화엄경에서 설명하는 석가모니가 설법하는 사바 세계이며, 그 위쪽인 대웅전 영역의 서쪽은 극락전 영역으로 서방 극락 정토 세계이다. 그리고 한 계단 높은 곳에 있는 대웅

다보탑과 삼층석탑
부처의 세계를 나타내는 불국사의 대웅전 동쪽에는 다보탑(사진 왼쪽)이, 서쪽에는 삼층석탑(사진 오른쪽)이 있다. 다보탑은 다채로운 장식이 특징이며, 삼층석탑은 간결하면서 안정된 느낌을 준다.

전 영역의 뒤쪽은 비교전 영역으로 화엄경에서 말하는 비로자나불의 화엄 세계 또는 연화장의 세계이다. 이 3개의 영역은 각각 현세, 천상계, 내세의 부처 세계를 나타내는 것이다. 이 가운데 대웅전 영역이 가장 중심을 이루며 대웅전을 중심으로 백운교, 청운교, 자하문이 일직선상에 놓여 있다.

대웅전 동쪽에는 다보탑(국보 제20호)이, 서쪽에는 석가탑이라고도 부르는 삼층석탑(국보 제21호)이 세워져 있다. 10.4m의 다보탑은 다채로운 장식이 특징이며, 같은 높이의 석가탑은 간결하면서도 안정된 느낌이 든다. 이 두 개의 탑은 각각 불국사의 석조 예술을 대표한다. 또한 극락전 안에는 금동아미타여래좌상(국보 제27호)이, 비로전 안에는 금동비로자나불좌상(국보 제26호)이 안치되어 있다.

수원 화성

대한민국 수원(1794년)

● 화성이 위치한 경기도 수원은 조선 제22대 왕인 정조(재위 1776~1800년)에 의해 계획, 건설된 도시다. 원래 수원은 지금보다 약 8km 남쪽에 위치한 화산 기슭에 있었다. 하지만 1789년 7월 정조는 지금의 팔달산 아래로 새로운 읍을 만들어 주민들을 이주시키고 1793년에 화성이라는 이름을 붙였다. 이는 1790년 정조가 아버지인 사도 세자의 묘를 양주 배봉산(지금의 서울 답십리 부근)에서 수원 화산으로 이장하여 새로 묘를 꾸몄기 때문이다. 물론 명목상으로는 아버지에 대한 지극한 효심으로 무덤을 옮기면서 새로운 화성이 탄생되었다고 말할 수 있지만, 실질적으로는 당시의 집권 세력이었던 노론을 견제하고, 화성을 경기 남부 지역의 중심적 상업 도시로 키우기 위한 생각이 저변에 깔려 있었다. 이와 더불어 정조는 새로운 읍 건설로 왕권을 강화하고, 군사적인 방어 기능을 갖춘 기지로 만드는 한편, 농업을 통한 자급자족의 도시를 만들기 위해 1794년 수원 화성의 축조가 시작되었다.

　　화성은 이전까지 성곽을 쌓았던 방법과 커다란 차이를 갖는데

수원 화성(1997년 세계문화유산 등록)

수원 화성 성곽은 주변의 환경과 조화를 꾀하며 지형을 최대한 활용했기 때문에 지세에 따라 오르내리는 곳이 많다.

이전의 성곽은 대부분 전쟁이 나면 피난을 위한 곳으로만 만들었으나 화성은 이러한 약점을 보완하였다. 화성 축조에는 당시의 실력 있는 학자들이 대거 참여하여 가장 과학적이고, 가장 실용적인 성곽으로 만들었다. 당대 최고의 실학자인 정약용이 설계를 맡았으며, 소장 실학자들의 정치적 후견인이었던 채제공이 공사의 총 책임자를 맡았다. 그리고 감독관은 화성 유수 조심태였다. 화성 성역 건축의 시작은 1794년 1월 7일이며, 축성의 착수는 같은 해 2월 28일이다. 그 후 약 2년 9개월에 걸쳐 공사가 진행되어 1796년 9월 10일 약 5.741km에 이르는 성벽과 48개의 방어용 시설, 그리고 문루로 이루어진 성역이 완성되었다.

  2년 9개월이란 짧은 기간 동안 화성을 축조할 수 있었던 까닭은 새로운 기술과 공사 방법의 도입 덕분이었다. 정약용이 개발한 거중기

북쪽의 장안문(위)
화성에는 모두 4개의 문이 있다. 동쪽의 창룡문, 서쪽의 화서문, 남쪽의 팔달문, 북쪽의 장안문이 그것이다. 사진은 북문인 장안문이다.

원통형의 동북공심돈(아래)
화성의 구조물 가운데 가장 독특한 아름다움을 자랑하는 공심돈은 모두 3군데 설치되어 있다. 그 가운데에서도 특히 동북공심돈의 모습이 가장 월등하다.

는 성벽 공사에 필요한 무거운 돌을 손쉽게 옮길 수 있도록 했으며, 여러 가지 크기의 운반 기구였던 녹로와 360° 회전이 가능한 수레인 유형거, 여러 종류의 공사 장비 개발, 기술 수준 향상 등으로 건설 기간을 단축할 수 있었다.

건설 당시 화성은 크게 성벽과 성벽 시설문, 관아, 행궁 및 부속 시설로 구분되어 지어졌다. 우리나라 성의 구성 요소인 옹성, 성문, 수문, 암문, 산대, 체성, 여장, 치성, 적대, 포대, 봉수대 등을 모두 갖추어 '한국 성곽 건축의 집대성'이란 평가를 받는다. 그뿐만 아니라 화성은 주위 환경과의 조화도 꾀하며 미학적 성과도 거두었다. 화성은 주변의 평지와 구릉을 최대한 활용하며, 최소의 노력으로 방어력을 극대화시킬 수 있도록 건설했기 때문에 성벽은 자연의 지세에 따라 오르내리는 곳이 많다.

성벽 위에는 철(凸)자 모양의 낮은 담인 성가퀴를 쌓았으며 성 안팎을 드나드는 문으로는 장안문, 팔달문, 창룡문, 화서문이 있다. 이 가운데 북문과 남문인 장안문과 팔달문에는 2층 누각의 문루를 올리고, 반달처럼 생긴 모양의 옹성을 바깥에 둘렀다. 그리고 후미진 곳에 성의 비밀 출입문인 암문을 5개 설치했다. 그뿐만 아니라 성내를 지나가는 물길이 성벽과 만나는 곳에 북수문과 남수문을 두었다. 북수문인 화홍문에는 무지개 모양의 돌로 만든 다리인 홍예를 7개 두어 사람이 통행할 수 있도록 했으며, 긴 누각 건물도 세웠다. 하지만 남수문에는 다리만 있을 뿐 누각을 세우지는 않았다.

이 밖의 시설물로는 적대가 4개, 공심돈이 3개가 있다. 적대란 성문 좌우에 성벽보다 조금 높고 튀어나오게 만든 것으로 적군의 동태를 살피고 접근을 감시하기 위한 곳이다. 그리고 공심돈은 일종의 망루와 같은 구조물인데 '돈'이란 '망을 본다'는 뜻의 독립 망루로, 언제나 적은 수의 군대가 머물면서 초소 역할을 하는 곳을 말한다. 이곳의 공심돈은 화성의 구조물 가운데 가장 독특한 아름다움을 가지고 있다. 특히 특이한 형태의 공심돈은 동북공심돈으로 벽돌을 큰 원통 모양으로 쌓아올리고, 안쪽에는 나선형의 계단을 설치했다.

그리고 치성은 8개 있는데, 치성이란 성벽 밖으로 성을 돌출시켜 좌우 방향을 살피며 적을 방어하기 위한 시설물이다. 치성 위에는 작은 담을 쌓아 위아래에서 화포와 소총을 한꺼번에 쏠 수 있게 만든 포루(砲樓)가 5개 있다. 또 치성 위에 병사들이 머물 수 있는 다락집인 포루(鋪樓)

를 5개, 포사가 3개, 휴식도 하면서 주변도 감시할 수 있게 높은 위치에 세운 각루가 4개, 문루를 공격하는 적을 막기 위해 성문 밖에 반달 모양으로 쌓은 작은 성인 옹성이 4개, 장병을 지휘하는 본부인 장대가 2개, 이와 인접하여 성 안팎을 살피고 여러 개의 화살을 연달아 쏠 수 있는 활인 쇠뇌를 쏠 수 있게 만든 노대가 2개, 행궁을 지키고 신호를 보내는 봉돈이 1개, 양쪽에 성가퀴(몸을 숨기기 위해 낮게 쌓은 담)가 있는 길인 용도가 1개, 땅속으로 물이 흘러가도록 만든 은구가 2개, 수원 화성을 지키는 신을 모신 사당인 성신사가 1개 등 모두 48개의 시설물이 있다.

팔달산 동쪽 기슭에는 행궁과 관아를 설치했는데 행궁은 동향으로 정당과 봉수당을 중심으로 지었으며, 행궁 북쪽에는 정조 13년(1789년)에 건립된 객사가 있다.

화성의 전체적인 모습은 서쪽으로는 팔달산이 솟아 있고, 동쪽을

행궁 입구
팔달산 동쪽 기슭에 설치된 행궁. 행궁이란 임금이 나들이 때에 머무는 별궁으로, 임금은 임시로 이곳에 머물며 정치를 펼치기도 했다. 정조 때 만들어진 화성 행궁은 조선 시대 건립된 행궁 가운데 가장 규모가 크다.

향해 열려 있다. 주도로가 남문과 북문을 일직선으로 연결하고 있으며, 동문과 서문이 주도로와 직각으로 교차한다. 그리고 큰 내가 남북을 관통하며 흐르고 있다.

화성은 돌과 벽돌을 주재료로 하여 성벽을 만들었다. 벽돌은 당시의 건축 재료로는 새로운 것으로 주로 암문 등 작은 홍예문과 공심돈, 봉돈 등의 곡선형이나 원형의 시설물을 만드는 데 사용했다. 일정한 규격으로 가지런히 쌓을 수도 있고, 돌보다 크기도 작아 자유로운 형태로 만들 수 있었기 때문이다.

이러한 모든 내용은 〈화성성역의궤〉에 정리되어 기록되어 있다. 화성의 설계뿐만 아니라 공사의 계획, 자재와 일꾼의 공급, 시공 방법이나 공사 기간 등 화성의 축성 과정을 모두 글과 그림으로 세세하게 기록해 두었다. 이는 공사의 전말과 성곽 축조의 기술을 파악하는 데 커다란 자료가 될 뿐만 아니라 세계 그 어떤 성도 따를 수 없는 학술적 가치를 지니고 있다.

벽돌로 축조한 봉돈
봉돈에는 5개의 연기 구멍을 두어 신호를 보낼 수 있게 했다.

Chapter 08

불교의 영향을 받은 인도 및 동남아시아의 건축

+

- 담불라의 황금 사원, 스리랑카
- 아잔타 석굴, 인도
- 보로부두르 불교 사원, 인도네시아
- 카트만두 계곡, 네팔
- 앙코르, 캄보디아
- 아유타야 역사 도시, 태국

인도 건축의 역사와 특징

　　인도는 동양 건축에 가장 큰 영향을 준 불교의 발상지로, 인도의 건축 역사와 양식은 매우 중요한 의미를 지니고 있다. 그러나 불교는 인도의 주 종교로 오래 지탱하지 못했으며, 힌두교와 이슬람교의 영향을 받으면서 자연스럽게 건축양식도 변화를 거듭할 수밖에 없었다. 따라서 인도의 건축은 크게 불교 건축, 힌두교 건축, 이슬람 건축으로 구분할 수 있다. 이 중 인도의 이슬람 건축은 다음 장의 이슬람 건축 부분에서 다루도록 하겠다.

　　이전까지 진흙과 나무로 만들어지던 인도의 건축에 석조 건축이 등장한 것은 BC 3세기 무렵, 마우리아 왕조의 아소카왕 시대부터이다. 이때는 이미 석가모니(釋迦, BC 624~BC 544)가 전파한 불교가 융성기에 접어들 무렵이어서 불교 건축이 크게 발달했는데, 불교 건축은 다시 스투파와 석굴 사원으로 나눌 수 있다.

　　스투파(stūpa, 사리탑)란 무엇일까? 이는 석가모니의 유골을 안치하기 위해 만들어진 탑으로, 아소카 왕이 석가모니의 유골을 8만 4,000개로 나누어 그 수에 해당하는 스투파를 세웠다고 전해진다. 이후 불교가 다른 나라에 전해져 그곳에 세워진 불탑은 바로 이 스투파를 모방하여 만들어진 것이라 할 수 있다.

　　대표적인 스투파로는 BC 1세기 무

와트 프라시산페트의 석굴 사원

칼라 석굴

렵 산치에 세워진 대스투파로, 이는 현존하는 최고(最古)의 스투파이기도 하다. 스투파는 돌로 만든 울타리 안에 얇은 벽돌로 만든 돔이 있으며, 돔 위에 신성한 단이 올려져 있는 구조를 하고 있다.

한편 석굴 사원 역시 아소카 왕이 불도를 닦는 사람들을 위해 만든 것으로, 독특한 점은 바위를 뚫고 들어가 사원을 지었다는 점이다. 그래서 석굴 사원이라 부른다. 이러한 석굴 사원은 BC 1세기경부터 점차 왕성해져서 1,000여 개 이상이 만들어진 것으로 전해지고 있다. 대표적인 석굴 사원으로는 칼라 석굴(Karla Caves)을 들 수 있다. 이는 인도 마하라시트라 주의 로나발라(Lonavala) 인근 칼리(Karli)에 있는 석굴 사원으로서 가장 세련된 석굴 사원으로 손꼽힌다. 이 외에 아잔타 석굴, 엘레판타 석굴, 엘로라 석굴 등이 있다.

인도의 불교는 다른 나라로 전해져 커다란 영향을 주었으나 인도 내에서는 힌두교에 눌려 더 이상 크게 발전하지 못하였다. 힌두교란 인도의 고대 신화에 등장하는 신들을 섬기는 종교이다. 결국 인도는 10세기가 채 되기도 전에 불교가 쇠퇴하고 힌두교가 주 종교로 떠오르면서 힌두교 건축이 활발해지게 된다.

힌두교가 확산되면서 가장 먼저 눈에 띄는 현상은 석굴 사원이 사라지고 힌두교 사원들이 지상에 건축되기 시작했다는 점이다. 인도의 힌두교 사원의 특색은 높고 화려한 계단식 석재로 이루어진 건축물 위에 온갖 인도의 주신들이 조각조각 장식되어 있다는 점이다. 이러한 조각들은 정교하게 새겨져 있어 매우 독특한 양식을 보여준다. 대표적인 힌두교 사원 건축으로 마하발리푸람에 있는 해안 사원(8세기)과 솜나트푸르에 있는 케샤바 사원(1268년)을 들 수 있다. 이 중 케샤바 사원은 힌두교의 3신 중 하나인 비슈누(Visnu, 인도의 최고 신인 시바와 대립하는 하늘 신) 신을 섬기기 위해 만들어진 것이다.

동남아시아 건축의 역사와 특징

인도의 불교는 중앙아시아, 동아시아, 그리고 동남아시아 등으로 전파되었다. 특히 동남아시아에는 불교와 힌두교가 함께 전파되면서 인도의 건축양식이 고스란히 동남아시아 전역에 퍼져 나갔다.

이때 전해진 대표적인 건축양식이 바로 앞서 언급한 석굴 사원과 스투파, 그리고 힌두교 사원이다. 13세기에 들어 인도의 건축은 미얀마, 캄보디아, 태국, 인도네시아 등지로 급속히 퍼져 나가 각 지역에 걸출한 불교와 힌두교 건축물들이 세워졌다. 그리고 이를 바탕으로 화려한 왕궁 건축물들이 건설되었다. 그러나 이러한 건축물들은 왕조의 몰락과 함께 황폐화되고 말았다. 그것은 이 지역에서 이러한 건축물들의 소중함을 잘 인식하지 못했기 때문에 일어난 일이었다. 이렇게 동남아시아의 건축 문화유산들은 방치 상태에 있다가 근대에 들어서 건축가들과 역사가들이 이 지역 건축 문화의 가치를 재인식 하면서부터 재발견되기 시작했다. 지금 우리가 누리고 있는 동남아시아의 건축 문화유산들은 이렇게 하여 다시 모습을 드러낸 것이다.

    대표적인 건축물로는 캄보디아의 앙코르에 있는 앙코르 와트 사원(12세기)을 들 수 있다. 이는 크메르 왕국이 세운 힌두교 사원 가운데 가장 큰 것으로 동남아시아 지역의 건축물 가운데 가장 뛰어난 작품으로 평가받고 있다. 이 역시 숲 속에 감추어져 있다가 1858년 프랑스의 박물학자 앙리 무오에 의해 발견되었다. 이 사원은 크메르 왕국의 황제 수리아바르만 2세의 무덤이기도 하다.

    또한 인도네시아 자바 섬에 있는 보로부두르의 스투파(8~9세기) 역시 대표적인 동남아시아 건축으로 꼽힌다. '헤아릴 수 없이 많은 부처들의 사원'으로 불리는 보로부두르 스투파는 세계에서 가장 큰 불교 사찰로 손꼽히는 건축물로, 여기에

앙코르 와트 사원(위)
보로부두르의 스투파(아래)

조각되어 있는 예술품들은 최고 수준으로 평가받는다. 이 스투파는 특히 깨달음의 아홉 단계를 석재로 만든 단으로 표현해 성스러운 장관을 연출한다. 그리고 마지막 3개의 단은 원형으로 만들고, 그 위에 명상에 잠긴 불상을 감싸고 있는 72개의 종 모양 스투파를 표현하였다.

이 외에도 미얀마의 바간에 있는 아난다 사원(12세기)을 들 수 있는데, 이는 인도의 스투파 건축양식을 사원에 그대로 모방하여 만들어 낸 걸작품이다.

바간의 아난다 사원

Golden Temple of Dambulla

담불라의 황금 사원

스리랑카 담불라(BC 100년)

- 스리랑카의 문화 삼국지대를 이루는 중심 지역인 캔디와 아누라다푸라를 연결하는 도로변에 있는 작은 마을 담불라는 늘 순례자와 관광객으로 붐빈다. 바로 우뚝 솟은 거대한 바위산에 있는 황금 사원 때문이다. 담불라의 황금 사원은 BC 1세기 무렵 신할라 왕조의 제19대 왕인 와타가마니 아바야(재위 BC 89~BC 77년)가 건설하였다. 담불라의 바위산 중턱에 있는 이 사원은 모두 5개의 석굴로 이루어져 있으며 규모가 크고 보존 상태 또한 양호하다.

산 중턱에 있는 황금 석굴 사원을 보기 위해서는 먼저 약 122m 높이의 길게 뻗은 계단을 올라야 한다. 또한 산 전체가 성역이기 때문에 사원을 방문하려는 사람은 산기슭에서 신발을 벗어야 한다. 스리랑카에서는 성스러운 장소에서 신발을 신을 수 없기 때문이다. 그리고 맨살의 어깨를 드러내서도 안 되고, 짧은 바지를 입고 다리를 드러내서도 안 된다. 사원에서는 이런 경우를 대비해 점잖은 색조의 긴 옷들을 두고 방문자에게 빌려 준다.

담불라 황금 사원(1991년 세계문화유산 등록)
담불라의 바위산 중턱에 있으며, 바위를 파서 만든 5개의 석굴로 구성되어 있다. 담백한 외관에서 한 발자국 사원 안으로 들어가는 순간, 화려한 색채와 황금빛 향연에 경외감마저 든다. 아래는 담불라 사원의 입구 모습이다.

    5개의 석굴 사원은 깎아지른 듯한 암벽 밑에 흰색 벽으로 이루어진 긴 회랑 안쪽에 자연 상태의 바위를 파내 만들어졌다. 이 석굴 사원을 예전에는 '황금의 석굴'로 불렸다. 석굴 안에는 불상과 신상의 조각상이 160여 개가 넘는데 대부분 부처상이다. 천장과 벽에는 금색, 적색, 백색, 흑색으로 칠한 화려한 빛깔의 벽화가 빈틈없이 그려져 있다.

수도 아누라다푸라에 살던 와타가마니 아바야 왕은 남인도에서 건너온 침략자들에 의해 쫓겨나 담불라로 도망쳤다. 이때 담불라 지역에서 수행하고 있던 승려들이 왕에게 수도를 되찾을 수 있도록 힘을 북돋워 주었다. 수십 년 뒤 수도를 되찾은 와타가마니 아바야 왕은 감사하는 마음으로 승려들에게 많은 석굴을 만들어 주었다.

석굴이 처음 만들어졌을 때는 승려들의 수행을 위한 곳이었기 때문에 단순하고 어두운 동굴이었다. 하지만 얼마 뒤 몇몇 석굴에 불상을 모시고, 벽화를 장식하여 예배당으로 사용하면서 사원의 중심 시설이 바뀌어 갔다. 현재 볼 수 있는 5개의 석굴 가운데 제1, 제2, 제3의 석굴이 이때부터 예배당으로 이용되었다고 한다.

가장 오래된 제1석굴의 이름은 '신들의 왕 사원'이라는 뜻의 데바라자 비하라로 황금 사원의 진면목을 발견할 수 있다. 바로 열반에 들 자세로 누워 있는 길이 15m의 황금빛 와불이 그것이다. 발바닥에 그려 놓은 불꽃 같은 꽃무늬의 붉은 색이 무척 강렬하고 인상적인데, 이는 부처가 입멸한 기원전 5세기에 신할라 왕조의 시조인 비자야 왕이 스리랑카로 왔을 때 발바닥에 묻은 붉은 흙의 색깔이라고 한다. 발 밑에서는 제자인 아난다가 온화한 표정으로 이 세상을 떠나는 부처를 바라보고 있다. 누워 있는 부처의 베갯머리에 서 있는 힌두교의 신, 비슈누는 담불라의 석굴 사원 전체를 돌보는 신이라고 한다.

석굴 가운데 가장 중심이 되는 굴은 제2석굴인 '위대한 왕의 사원'이라는 뜻의 마하라자 비하라 석굴이다. 정면의 너비는 약 52m이며,

부처상(위, 중간)
담불라 제3의 석굴인 마하 알트 비하라의 북쪽에는 열반에 드는 부처가 섬세한 무늬의 베개를 베고 온화하고 자비로운 얼굴로 누워 있다.

부처의 발바닥(아래)
담불라 제1석굴인 데바라자 비하라에 있는 누운 부처의 발바닥. 불꽃 같은 꽃무늬의 붉은색이 무척 강렬하다. 싱할라 왕조의 시조인 비자야 왕이 스리랑카에 왔을 때 발바닥에 묻은 붉은 흙의 색을 상징한다.

마하라자 비하라 석굴 내부에 있는 불상(위)
본존인 부처의 입상이 나타, 마이트레야, 아플방, 사만의 4신을 거느리고 당당한 모습으로 서 있다.

담불라 제2석굴의 천장 벽화(아래)
부처의 깨우침을 방해하는 악마를 그린 그림으로 인간 몸에 동물 머리를 한 악마는 인간의 욕망을 상징한다. 담불라 사원의 모든 천장과 벽에는 이 같은 벽화가 빈틈없이 그려져 있다.

안쪽 길이가 약 23m로 입구 부분의 높이는 약 7m이다. 입구에는 61개의 조각상이 안치되어 있으며, 내부는 본당, 홀, 회랑의 3부분으로 나뉜다.

이 석굴의 입구는 서쪽과 동쪽에 있는데 서쪽 입구로 들어가면 본존인 부처의 입상이 나타, 마이트레야, 아플방과 사만이라는 4신을 거느리고 있는 모습이 보인다. 남인도 양식으로 만들어진 입상은 위풍당당한 모습을 하고 있다. 본존을 마주보고 왼쪽에는 과거에서 현세까지 모두 4번 모습을 보인 부처를 뜻하는 좌상 4개가 있으며, 오른쪽에는 불탑이 서 있다. 또한 서쪽 입구 옆으로는 2000년

전에 담불라 석굴 사원을 만든 와타가마니 아바야 왕의 조각상도 볼 수 있다.

제2석굴의 가장 큰 특징은 무엇보다 자연 상태의 바위 표면을 그대로 살린 크고 넓은 천장이다. 이 천장에 부처의 생애를 그림으로 묘사해 놓았다. 이곳이 본당에 해당하며, 여기를 찾는 사람들은 천장에 그려진 그림이나 벽화, 입구 근처에 있는 조각상들을 보며 불교의 여러 가르침을 깨닫는다고 한다.

이와 달리 동쪽 입구로 들어가면 넓은 공간과 마주하게 된다. 왼쪽은 본당에 해당하는 본존이 있는 곳이다. 정면과 오른쪽에는 부처의 좌상과 입상 등 많은 불상과 부처상이 가득 차 있으며 천장에는 같은 모습을 한 1,000여 개의 부처 그림이 그려져 있다. 이곳은 예배 준비를 하기 위한 홀에 해당하며, 부처의 세계로 들어가려는 사람들이 마음의 준비를 하는 곳이라 할 수 있다.

홀을 둘러싸고 있는 불상과 부처상 뒤로 천장이 바로 마루와 만나는 곳이 있다. 바로 회랑에 해당하는 곳이다. 회랑의 천장은 불교 세계와는 다른 주제의 벽화가 그려져 있다. 회랑 천장의 그림은 BC 5세기에 신할라인의 선조가 스리랑카로 건너오는 장면과 BC 3세기에 인도에서 보리수를 가져오는 장면, 그리고 BC 2세기에 제14대 왕 두타가마니(재위 BC 161~BC 137년)가 흰 코끼리를 타고 검은 코끼리를 탄 남인도군의 대장을 무찌르는 장면 등이다. 회랑의 벽화는 이곳을 찾는 사람들에게 불교의 나라 스리랑카의 역사를 보여준다.

제3석굴의 본존은 자연 상태의 바위를 깎아서 만든 부처의 좌상이다. '위대한 새 사원'이라는 뜻의 마하알트 비하라라고도 부르는데,

담불라의 부처상들
천장에 같은 모습의 부처 그림이 그려져 있다.

18세기에 창고로 사용되던 이 석굴을 넓혀 새로운 예배당으로 만들었던 제172대 왕인 키르티 스리 라자싱하(재위 1747~1782년)의 조각상도 있다. 그리고 북쪽에는 열반에 드는 부처상이 온화하고 자비로운 얼굴로 베개를 머리에 얹고 누워 있다.

키르티 스리 라자싱하 왕은 제3석굴뿐만 아니라 다른 석굴의 조각상도 다시 칠하고, 벽화도 다시 그렸다. 복구와 개조가 계속되면서 1915년에 제5석굴이 추가되었다. 네덜란드 풍의 옷을 입은 키르티 스리 라자싱하 조각상은 18세기의 스리랑카 풍조를 느끼게 한다.

제4석굴에 있는 작은 불탑은 2000년 전 와타가마니 아바야 왕의 왕비가 보석을 넣었다고 전해지는 탑으로 아주 귀중하게 보관되고 있다. 하지만 현재는 불탑 안의 보석을 도둑맞아 탑만 그 모습을 볼 수 있다.

제5석굴에도 조각상이 있으며, 석굴 안의 벽화는 영국이 신할라 왕조를 멸망시키고 스리랑카를 식민지로 만든 20세기 초의 그림이다.

이처럼 제1석굴에서 제5석굴까지의 불교 벽화 그림은 스리랑카 선조들이 후대에게 남긴 전통적인 미술 작품이다. 스리랑카 사람들은 낡은 벽화의 그림을 다시 그리거나 색을 고쳐 칠하면서 2000년 동안 담불라의 벽화를 지켜 왔다. 그래서인지 지금도 미술을 공부하는 많은 젊은 학생들이 담불라를 찾아 전통 미술을 배운다.

Ajanta Caves

아잔타 석굴

인도 아잔타(BC 2세기~AD 7세기)

● 인도의 데칸 고원 북서쪽 끝에 자리 잡고 있는 마하라슈트라 주(州) 중북부에 위치한 아우랑가바드의 아잔타라는 마을에는 기괴한 절벽을 따라 조성된 말굽 모양의 석굴을 볼 수 있다. 이곳이 바로 그 유명한 아잔타 석굴(Ajanta Caves)이다. 멀리서 언뜻 보면 그냥 좀 특이한 모양의 절벽쯤으로 넘겨 버릴 수 있으나 자세히 보면 절벽 중간에 문처럼 생긴 수많은 굴이 나 있음을 발견할 수 있다. 좀 더 가까이 다가가는 순간 이곳이 모두 인간에 의해 만들어진 석굴이라는 사실에 놀라움을 금할 수 없다. 더 놀라운 것은 인도에는 약 1,200여 개의 석굴 사원이 있다고 하는데, 아잔타 석굴 역시 그중 하나일 뿐이라는 사실이다.

아잔타 석굴을 좀 더 자세히 들여다보면 산허리쯤의 절벽에 옆으로 계속해서 29개의 석굴이 늘어서 있다. 각각의 석굴은 수십 미터 깊이 파여 있으며 가장 깊은 곳은 30여 미터가 넘는다. 아마도 바위를 밖에서부터 파고 들어가면서 조각하여 만든 것 같은데, 당시 어떤 기술로 이런 고난이도의 건축이 가능했는지 신기할 따름이다.

말굽 모양의 아잔타 석굴 (1983년 세계문화유산 등록)

29개의 석굴군(石窟群)으로 구성된 아잔타 석굴에는 온갖 불교 미술과 조각, 건축이 화려하고 웅장하게 장식되어 있어 불교 예술의 금자탑으로 인정받고 있다. 과거에는 이곳에 와고래(Waghore) 강이 흘렀으나 지금은 흔적만 남아 있다. 절벽 중앙에 석굴들이 보인다.

아잔타 석굴의 입구

깎아지른 절벽을 파고 들어가 만들어진 아잔타 석굴은 모두 29개의 석굴로 이루어져 있으며, BC 2세기~AD 7세기의 기간에 걸쳐 완성되었다.

아잔타 석굴은 크게 차이트야(Chaitya)라 불리는 사원과 비하라(Vihara)라 불리는 승려들의 수련장으로 구분할 수 있다. 29개의 석굴 중 9, 10, 19, 26, 29번 석굴은 사원이고, 나머지 24개의 석굴은 승려들의 수련장이다. 사원으로 조성된 석굴 속에는 두 줄의 커다란 돌기둥이 늘어서 있고 그 안쪽에 스투파나 불상이 모셔져 있다. 그리고 비하라는 참선 공간과 대중들에게 설법을 할 수 있는 공간으로 구성되어 있으며, 승려들이 잠잘 수 있는 돌침대도 마련되어 있다.

이러한 아잔타 석굴은 BC 2세기부터 건설되기 시작하여 AD 7세기까지 완성된 것으로 알려져 있는데, 이는 또다시 전기 석굴군과 후기 석굴군으로 나누어진다. 전기 석굴군이란 BC 1세기경에 걸쳐 조성된 석굴군이고, 후기 석굴군이란 AD 5세기~7세기까지 건설된 석굴군이다.

이 둘을 구분하는 기준은 바로 불상의 유무로 따질 수 있다. 즉, 전기에 건설된 사원에는 불상이 없는 반면, 후기에 건설된 사원에는 불상이나 부조로 된 조각상이 있다. 전기에 만들어진 석굴에 불상이나 조각상이 전혀 없는 이유는 당시 인도 불교가 부파 불교(部派佛敎)

차이트야의 내부
내부에는 두 줄의 돌기둥이 늘어선 안쪽에 불상이나 스투파가 안치되어 있다.

를 신봉하고 있었기 때문이다. 부파 불교란 수행과 학문 중심의 불교 교파 흐름으로, 이때 불상(佛像)은 전혀 조각되지 않았다.

그리고 전기 이후로 AD 4세기까지 아잔타 석굴의 건설에 공백기가 생기는데, 이는 사타바하나 왕조가 무너지면서 석굴의 개굴이 중단되었기 때문이었다. 그 후 5세기에 바카타카 왕조가 들어서자 대승 불교가 크게 성행하여 불상과 스투파를 모시고 예불을 드리는 방식이 유행하게 되었다. 이 때문에 후기 석굴에는 스투파의 전면에 커다란 불상이 안치된 것과 벽면에 많은 불상이 조각되어 있는 것을 볼 수 있다. 그뿐만 아니라 벽면에 불전(佛傳)을 주제로 한 많은 불화들이 그려져 있는 것도 볼 수 있다. 이렇게 만들어진 조각이나 그림들은 인도 회화사상 유례가 없는 걸작으로 평가받고 있다. 이러한 배경 때문에 1983년 유네스코는 아잔타 석굴을 세계문화유산으로 지정하였다.

후기 석굴의 벽면 조각상들
후기 석굴의 벽면에서 볼 수 있는 장식된 조각상들은 신비함을 넘어 경탄을 자아내게 한다.

그렇다면 당시 인도인들은 왜 석굴을 만들었을까? 평지에 이런 건축을 하기도 쉽지 않을 터인데, 어렵게 절벽을 깎아 석굴을 만든 이유는 무엇일까?

그것은 무엇보다 석가모니가 석굴에서 은신하고 점심 식사 후 석굴에서 명상을 했다는 사실에서 비롯된다고 할 수 있을 것이다. 이 때문에 인도의 수많은 불교 수행자들은 석굴이 금욕생활과 명상을 하기에 가장 이상적인 장소라고 생각하였던 것 같다. 그래서 부처를 따라 수행하기 위해 비록 고행이었지만 석굴을 만들었던 것이다.

아잔타 석굴은 완성된 모습을 세상에 드러낸 지 불과 100년도 되지 않아 다시 세상에서 모습을 감추고 만다. 그것은 8세기 이후에 인도에서 불교가 쇠퇴하였기 때문이다. 결국 인도에서 탄생한 불교는 주변국에는 커다란 영향을 끼쳤으나 모국에서는 그 자취를 감추게 된 것이다. 아잔타 석굴 역시 불교의 소멸과 함께 사람들의 관심 속에서 멀어지고 만다. 그리고 그 기간은 자그마치 1,100여 년이나 지속된다.

거대한 인류의 유산이라 할 수 있는 아잔타 석굴은 이제 밀림 숲으로 덮여 그 모습조차 숨겨진 채로 지내다가 1819년 마드라스에 주둔하고 있던 존 스미스라 불리는 영국군 젊은 장교에 의해서 극적으로 발견된다. 당시 인도는 영국의 지배를 받고 있었고, 인도에 파견된 이 영국군 장교는 밀림으로 호랑이 사냥을 나섰다가 이러한 놀라운 현장을 발견하게 된 것이다. 그리고 20년 후인 1839년부터 진행된 정밀 조사 결과에 따라 이곳 일대의 모든 유적지가 발굴되어 오늘날 우리가 신비의 아잔타 석굴을 구경할 수 있게 된 것이다.

그러나 한 번이라도 아잔타 석굴을 관람한 여행객들이라면 고대 인도인들의 건축 기술에 대한 감탄과 동시에 한결같이 아잔타 석굴의 미래에 대한 걱정을 하게 된다. 그 이유는 이미 아잔타 석굴의 훼손 정도가 심각한 수준에까지 이르렀기 때문이다. 사실 아잔타 석굴이 발견될 당시만 해도 이 정도까지는 아니었다고 한다. 보존 상태도 비교적 양호했고 회화의 색들도 선명했다고 한다. 그런데 이렇게 심하게 훼손되고 부식된 것은 관리를 잘못한 탓이라는 주장이 설득력을 얻고 있다. 즉, 발견될 당시에는 유적이 모두 먼지에 뒤덮여 있어 오히려 먼지가 보호제 역할을 하여 보존 상태가 좋았으나 이곳의 관리자들이 먼지를 제거함으로써 보호제가 사라진 꼴이 되어 색이 바래지고 조각들의 부식이 더욱 심해졌다는 것이다.

어쨌든 인도 정부는 아잔타 석굴의 보존을 위해 고군분투하고 있는 상황이다. 아잔타 석굴에는 놀라운 건축 기술뿐만 아니라 그 속에 조각과 미술 등 모든 예술을 총망라하고 있는 인류의 귀중한 문화유산이기 때문에 이를 보존하는 일에는 전 인류가 합심하여야 할 것이다.

훼손되어 가고 있는 아잔타 석굴 내 조각상
제 모양과 색깔을 잃어가는 조각상과 벽화는 안타깝기 그지없다.

보로부두르 불교 사원

인도네시아 자바 섬(800년경)

● 인도네시아의 자바 섬 한가운데, 기름진 평원에 웅대한 불교 사원 보로부두르가 우뚝 서 있다. 보로부두르 사원은 대승 불교의 사상적 기반과 밀교적 건축양식을 가진 매우 독특한 건축양식이다. 보로부두르 사원 전체를 위에서 내려다보면 하나의 거대한 화엄 만다라의 형상이 된다. 불교의 우주관을 나타낸 것이 바로 만다라로 압축된 세계를 뜻한다. 보통 그림으로 표현되는 만다라는 원이나 사각형 속에 그려진 많은 여래나 보살 등이 구도의 중심인 본존 둘레를 둘러싸고 있다. 이 거대한 불교 사원을 짓기 위해 사용한 안산암과 응회암이 5만 6,640m^3나 된다고 한다.

형태 면으로 볼 때 보로부두르는 세계 최대의 스투파다. 보로부두르는 내부에 석가모니의 유해나 유물을 보관하는 불탑인 스투파를 수없이 많이 가지고 있다. 그래서 보로부두르는 마치 거적처럼 보이기도 한다. 전설에 따르면 석가모니가 제자들에게 자신이 죽으면 유골 위에 거적을 덮어 달라고 했다고 한다. 그 위에 탁발 지팡이를 세우라는 말과 함께. 아마도 보로부두르는 이 석가모니 전설을 상징적으로 표현한 것인지도 모른다. 또한 어떤 이들은 보로부두르가 불교 및 힌두교적 우주의 중심이며 세존이 산다는 거대한 산인 수미산을 본뜬 것이라고도 말한다.

보로부두르는 일반 사원과 달리 내부가 없다. 크기로는 이집트의 피라미드에 미치지 못하지만, 높이가 42m나 되며 정사각형인 밑변의 한 변 길이는 115m나 된다. 게다가 돌을 가지런히 쌓아 만든 계단식 축조물이니 피라미드와 다를 바가 없다. 보로부두르의 기본 구조는 사각형이나 원형의 단을 쌓아 제일 밑 부분은 숨겨진 기단으로 그 안쪽에 또 다른 기단이 있다. 그리고 기단 위에 쌓아올린 5층의 사각형 단과 3층의 원형 단으로 이루어져 있다. 단들은 위로 갈수록 둥근 언덕 형태를

보로부두르 불교 사원(1991년 세계문화유산 등록)
세계적으로 유명한 불교 순례지이자 대승불교의 상징이다. 언덕을 쌓아올리고 세운 보로부두르는 불교의 3계를 표현하듯 가장 아래에 있는 기단은 욕계, 5개의 사각 기단은 색계, 3개의 원형 기단은 무색계를 나타낸다. 아래에서 위로 올라가면서 욕망과 죄악의 세계에서 선정의 세계로 들어감을 상징한다.

띠면서 단이 조금씩 작아진다. 각각의 면 가운데 있는 계단은 가장 높은 원형 단까지 이어진다. 계단의 입구는 구신 얼굴인 칼라와 해룡인 마칼라로 장식된 아치 모양이다.

5층의 사각형 단 안쪽에는 노천 회랑이 있으며, 가장자리를 벽이 둘러싸고 있다. 벽에는 모두 20개의 배수구가 있으며 상상 속의 동물 조각으로 장식되어 있다. 또 기단에서 사각형 단의 회랑에 이르기까지 좁은 회랑의 양쪽 벽면에는 수없이 많은 부조들이 새겨져 있는데, 부처님의 일생을 비롯하여 생사의 윤회, 지옥의 고통, 극락의 즐거움, 그리고 해탈에 이르는 길 등이 이야기 형식으로 새겨져 있다. 모두 1,460개의 부조로 총 길이가 5km나 된다고 한다.

상층의 3개의 원형 단은 가운데 큰 스투파로 모여 든다. 원형 단에는 범종 모양의 스투파만이 간격을 맞춰 서 있다. 가장 바깥 원에 32

보로부두르의 노천 회랑
기단에서 사각형 회랑에 이르기까지 양쪽 면에는 수없이 많은 부조가 새겨져 있다.

기, 그 안쪽에 다시 24기와 16기가 더 있어 모두 72기의 스투파가 있다. 그리고 정상에는 커다란 스투파 하나만이 홀로 우뚝 서 있다. 물론 스투파 가운데는 모양이 그대로 유지된 것도 있지만 허물어진 것도 있어 속을 볼 수 있다. 스투파의 속에는 연꽃 받침대 위에 가부좌 자세를 취한 부처님이 앉아 있다. 회랑 벽감에 있는 432기의 불상과 이곳에 있는 72기의 불상을 합하면 보로부두르에는 모두 504개의 불상이 안치되어 있다.

회랑의 바깥 가장자리를 둘러싼 벽에 있는 432기의 불상은 모두 바깥쪽을 향해 있다. 동서남북 어느 방향을 향해 안치되었느냐에 따라

보로부두르 6층
불상과 벽면 부조로 둘러싸인 여느 층과는 달리 6층은 불상이 안치된 스투파가 3층 단을 이루고 있다. 그 중 윗부분이 파손된 스투파에서 자애로운 모습의 좌상 불상을 볼 수 있다.

불상의 인상이 서로 다르다. 동쪽을 향해 안치된 불상은 무릎에 왼손을 얹고, 오른손으로 땅을 가리키는 항마인이다. 이는 악마를 쫓고 깨달음을 완성함을 뜻한다. 서쪽을 향해 안치된 불상은 양손을 아래로 포갠 선정인으로 명상을 뜻한다. 그리고 남쪽을 향해 안치된 불상은 오른손을 아래로 내려 손바닥을 바깥으로 향한 시원인으로 소망을 이루게 해 준다는 뜻을 나타낸다. 마지막으로 북쪽을 향해 안치된 불상은 위로 올린 오른손 바닥을 바깥으로 행한 시무외인이다. 이는 모든 공포를 물리친다는 뜻을 담고 있다. 이처럼 방향에 따라 다른 불상의 인상은 저마다 상징하는 바가 다르다.

하지만 가장 위의 사각형 단에 있는 불상들은 모두 설법인이다. 가슴 앞에 양손을 올리고, 오른손의 엄지와 검지, 왼손의 엄지와 중지의 손가락 끝을 각각 붙이고 있다. 이는 석가모니의 설법을 나타낸다고 한다. 그리고 원형 단에 있는 스투파 속에 안치된 불상은 전법륜인이다. 양손의 엄지와 약지를 붙인 모습으로 설법인과 마찬가지로 석가모니의 설법을 나타낸다. 지금까지 설명한 6가지 불상의 인상은 모두 대승 불교에서 설파하는 석가모니의 여러 가지 모습을 보여주고 있다.

보로부두르의 구조는 마치 불교의 3계를 표현한 것처럼 보인다. 가장 아래에 있는 기단은 욕계(欲界), 5층의 사각형 기단은 색계(色界), 3층의 원형 기단은 무색계(無色界)를 나타내는 것이

외벽에 있는 불상
불상은 손의 위치와 방향에 따라 의미하는 바가 모두 다르다. 오른손을 펴서 바깥으로 향하게 해 소망을 이루어 준다는 의미의 불상이다.

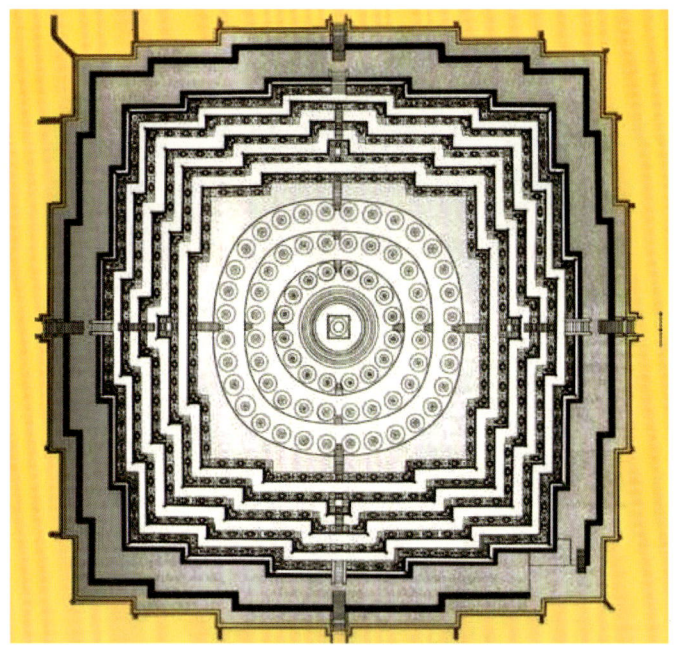

보로부두르의 구조

보로부두르 상단
72개의 스투파가 큰 원형 기단을 따라 큰 스투파를 중심으로 동심원을 형성하며 배치된 6층 상단의 모습이다.

다. 이는 아래에서 위로 올라가면서 욕망과 죄악의 세계에서 선정의 세계로 들어감을 상징한다.

　　불교의 3계 가운데 욕계는 욕망을 가진 중생이 사는 세계다. 그래서인지 안쪽의 기단에는 〈분별선악응보경〉의 인과응보의 이치를 설명하는 내용을 160개의 부조에 새겨 놓았다. 그리고 색계란 욕심을 버리기는 했지만 여전히 물질 조건에 구애받는 중생이 사는 세계다. 사각형 기단에 표현된 색계는 역사상 중요한 사건이나 현세의 사건들이 새겨져 있다. 여기에 새겨진 조각상 가운데는 인도의 전통을 그대로 이어받은 것도 있지만, 가치가 높고 독창적인 작품들은 대부분 자바인 조각가들에 의해 만들어진 것이다.

　　보로부두르는 1814년에 발견되었지만 1835년에 이르러서야 메라피 화산이 내뿜은 용암과 잿더미를 제거하고 그 모습을 드러냈다. 대승 불교가 한창이었던 9세기 중엽에 세워진 것이니 1,000년이나 용암과 정글에 묻혀 잠들어 있었던 것이다. 하지만 보로부두르를 신앙심 때문에 찾는 사람은 별로 많지 않다. 왜냐하면 오래전부터 보로부두르 일대에는 이슬람교가 퍼져 있었기 때문이다.

　　그래서 보로부두르를 찾는 사람 대부분은 호기심 때문이며, 미술적으로 흥미의 대상인 경우가 많다. 하지만 보로부두르는 불교에서는 중요한 의미를 갖는 장소로 불교 승려나 신도들의 참배가 이어지고 있다. 단을 둘러싼 회랑을 따라 위쪽으로 오르면서 깨달음을 얻고자 하는 것이다.

보로부두르의 부조(위, 아래)
하나의 거대한 만다라인 보로부두르는 행로를 따라 진리에 도달함을 나타낸다. 석가모니의 탄생부터 최초의 설법까지의 과정, 참된 이치를 깨닫고 기뻐하는 세존이나 선녀의 수행자 모습 등 다양한 불교 관련 내용이 담긴 부조가 기단에서 사각형 회랑에 이르기까지 새겨져 있다.

카트만두 계곡

네팔 카트만두(900~998년경)

● 네팔은 세계의 지붕이라고 하는 히말라야 산맥의 중심부에 위치한 나라이다. 수도 카트만두가 있는 해발 1,350m의 카트만두 계곡은 둘레가 20km나 되는 분지로 3,000m가 넘는 산들이 병풍처럼 계곡을 둘러싸고 있다. 전해오는 말에 따르면 카트만두 분지는 우주의 기원을 상징하는 황금으로 된 거대한 연꽃이 빛나는 커다란 호수였다고 한다. 중국에서 인도로 가던 문수보살(지혜를 관장하는 보살)이 이곳을 지나다가 하늘의 계시를 받았는데, 자신의 몸에서 도려낸 칼로 어둠과 무지와 싸우다가 호숫가를 내려치자 물이 빠져나가면서 호수의 밑바닥이었던 분지의 모습이 드러났다는 것이다. 이후로 카트만두 분지의 역사가 시작되었다.

문수보살이 칼로 호숫가를 내려치자 물이 빠져나가면서 가장 먼저 모습을 드러낸 곳이 바로 카트만두의 서쪽 기슭인 스와얌부 언덕과 바드가온의 북쪽 기슭인 창구나라얀 언덕이었다고 한다. 그래서 네팔 사람들은 스와얌부 언덕에 부처의 사리를 모시고, 창구나라얀에는 힌두교의 신을 모셨다.

카트만두 분지(1979년 세계 문화유산 등록)
카트만두는 아시아 문명들이 만나는 지점으로 불교와 힌두교의 공존 지역이다. 12단 기단 위에 3층탑이 우뚝 솟은 탈레주 사원이 보인다. 사진 앞쪽 둥근 5층 탑이 있는 곳은 역대 파탄 말라 왕조의 왕들이 살았던 궁전이다.

    카트만두 분지에는 많은 광장을 중심으로 사원, 궁전, 주택들이 좁은 지역에 조밀하게 세워져 있다. 네팔의 역사와 문화의 중심지였던 옛 모습이 지금까지 보존되면서 독특한 문화적 특징을 지닌 130개 이상의 건축물이 남아 있다.

    카트만두 계곡은 카트만두뿐만 아니라 현재는 랄릿푸르라고 부르는 파탄과 바크타푸르라고 부르는 바드가온까지 포함하며 세 도시는 저마다의 문화를 뽐낸다. 카트만두 분지에 세워진 집과 사원, 탑 등은 대부분 나무와 벽돌로 된 건축물이다. 건물은 벽돌로 벽을 만들어 칸을 나누었으며, 탄탄한 사라수 나무로는 나무 기둥이나 횡목, 입구 등을 만들고 조각을 장식하였다.

바크타푸르의 옛 왕궁터(위)
영화 '리틀 부다'의 촬영 장소로 유명한 바크타푸르의 옛 왕궁은 17~18세기의 모습을 그대로 간직하고 있다. 광장에는 힌두교와 불교 모두의 숭배를 받는 닷타트레야 신을 모신 사원이 자리 잡고 있다.

파탄 왕궁의 두르바르 광장(아래)
21개의 사당을 모신 돌로 만든 힌두교 사원인 크리쉬나 사원이 전망이 좋은 곳에 자리 잡고 있다. 옆에는 불교 사원이 장막 없이 나란히 위치해 있다.

카트만두와 파탄, 바드가온은 모두 약간 높은 언덕 위에 자리 잡고 있다. 세 도시 중앙에는 모두 왕궁이 있는데, 왕궁 앞 광장에는 왕가와 관련된 사원의 층탑이 있다. 이 광장을 중심으로 저마다 승원과 사

Part 04 _ 동양의 건축 문화 유산 302

원, 주택, 목욕탕 등의 시설이 선 또는 면의 형태로 지금까지 남아 있다. 큰 도로는 광장에서 시작하여 중국의 티베트 자치구나 인도를 향해 있으며, 도시의 경계마다 신을 모셨다. 예를 들어 파탄의 중앙 광장에서 시작된 동쪽과 남쪽 도로는 인도로 향하며, 북쪽은 티베트 자치구, 서쪽은 카트만두로 향하는 길이다. 길 구석에는 스투파를 세워 두었다.

중국의 역사서인 〈구당서〉(舊唐書)에 따르면 7세기 초, 카트만두 분지에는 이미 보석으로 장식된 왕궁 건축물인 7층 누각과 왕궁에 딸린 사원이 있었다고 한다. 현재 카트만두 분지에 남아 있는 건축물은 모두 중세의 말라 왕조 시대 이후의 것이다. 13세기부터 이곳을 다스렸던 말라 왕조는 이미 살고 있던 네팔인과 잘 융화하며 문화를 더욱 번창시켰다.

카트만두의 옛 시가지 중앙에 있는 왕궁에는 12단의 기단 위에 3층탑이 솟은 탈레주 사원이 있으며, 안뜰이 있는 건축물인 나썰 초크에도 3층탑이 솟은 데구 탈레주가 있다. 이들은 모두 말라 왕조 시대의 것으로, 1501년 바드가온 왕궁에서 왕의 수호신인 탈레주를 모셔와 1564년에 현재의 모습으로 완성된 것이 탈

네팔 최고의 여신을 모신 탈레주 사원
12개의 기단 위에 우뚝 선 사원은 가을 축제(다사인, Dashain) 기간에만 개방된다.

레주 사원이다. 광장에 있는 다른 사원은 17세기에 만들어진 것이 대부분이다.

광장의 남동쪽에 있는 목조 건축물은 900년 전에 세워진 것으로 나무 한 그루로 만들어진 예배나 예식을 준비하는 공간인 카스타만다프이다. 삼중으로 된 카스타만다프는 한때 가난하지만 신앙심이 깊은 사람들의 숙박소로도 이용되었다고 한다. 이 건물의 네 구석에는 사람 몸에 코끼리 머리를 한 가네샤 신을 조각하여 세워 놓았다.

파탄의 왕궁과 그 앞의 광장은 지금도 카트만두 분지의 전통적인 도시 풍경이 고스란히 남아 있다. 중세의 모습을 그대로 보여주는 왕궁과 사원, 휴게실, 목욕탕인 히티 등이 있다. 2층으로 된 물 초크의 지붕 위에는 탈레주 사원 탑 2기가 있으며 네팔 왕궁 건축의 구조를 잘 나타낸다. 파탄 왕궁에 있는 물 초크는 역대 파탄 말라 왕조의 왕들이 집무를 보던 정치 종교의 중심으로 왕궁 건물의 중심이 되는 곳이며, 탈레주 사원은 파탄 왕조의 수호신인 탈레주를 모신 곳을 말한다.

또한 1934년의 지진 때문에 파괴되었다가 복원된 데구탈레주는 탈레주 여신을 모신 탑으로 카트만두 분지뿐만 아니라 네팔의 탑으로 가장 크기가 크며 네팔의 전통적인 건축양식을 보여준다. 이곳의 왕궁 건축물은 파탄 말라 왕조가 세워진 뒤에 만들어진 것으로 현재는 남북으로 늘어선 3개의 안뜰, 즉 초크에 있는 건축물과 층탑으로 된 복합 건물만이 남아 있다.

3개의 초크는 저마다 독립된 기능을 가지고 있는데 남쪽의 순다리 초크는 왕이 생활하던 곳으로 창틀 등에 힌두교의 우주관을 표현하기 위해 여러 신을 조각해 놓았다. 중앙에 왕이 목욕하던 곳이 있는데,

파탄 왕궁인 순다리 초크의 안뜰

사진 왼쪽에는 돌로 된 옥좌가, 오른쪽 바닥에는 구멍 뚫린 왕의 목욕탕이 보인다. 힌두교의 우주관을 표현하기 위해 목욕탕과 벽, 버팀대, 창틀에 여러 신을 조각해 놓아 왕은 신들에 둘러싸여 신의 은총을 받으며 목욕하였다.

왕은 신에 둘러싸인 공간에서 목욕을 한 셈이다.

 광장 서쪽에 세워진 2층탑은 자간나라얀 사원으로 1565년에 만들어졌으며, 이 밖에도 17세기에 세운 2층탑 2기와 3층탑 2기는 기와지붕을 맞대고 있다. 그리고 2기의 높은 석조탑은 17세기 이후에 세워졌다고 한다.

 바드가온의 왕궁과 왕궁 앞 광장은 카트만두와 파탄의 그것과는 대조적이다. 바드가온의 광장인 타우마디 광장은 좁은 길을 사이에 두고 떨어져 있다. 왕궁은 15세기에 건설되었는데 지금보다 훨씬 컸으며, 높은 탑이나 여러 층의 탑은 없었다고 한다. 그 후 1753년 란지트 말라 왕은 황금색의 청동으로 만든 금색 문인 순 도카를 설치했으며, 18세기

바드가온 왕궁 앞의 타우마디 광장에 세운 냐타폴라 사원의 5층탑

5단의 높은 기단 위에 벽돌로 벽을 두르고, 기둥과 대들보를 둘렀다. 신의 조각상으로 처마의 버팀대를 받친 이 탑은 카트만두 분지에서 가장 아름다운 건축물 가운데 하나다.

초에는 광장에 건설한 냐타폴라 사원에 5층탑을 세웠다. 이 냐타폴라 사원의 5층탑은 카트만두 분지에서 가장 아름다운 건축물로 손꼽힌다.

현재 타우마디 광장에는 돌로 만들어진 바트사라 두르가 사원과 '55개의 창'이라고 불리는 17세기에 세워진 궁전의 모습도 볼 수 있다.

이 궁전은 3층 건물로 정면이 나무를 조각해 창을 만들었는데, 이탈리아 르네상스 시기에 귀족들이 살았던 저택인 팔라초를 연상시킨다.

1934년에 일어난 대지진으로 카트만두 분지의 많은 건축물이 무너졌는데, 특히 바드가온의 피해가 무척 컸다고 한다. 1972년까지도 거리나 광장이 폐허인 채로 남아 있었으나, 비렌드라 왕의 노력으로 지금은 많은 건물이 옛 모습으로 복구되었다.

바트사라 두르가 사원과 '55개의 창'
사진 오른쪽은 석조 사원인 바트사라 두르가 사원이고, 가운데 부파틴드라 말라 왕의 기둥 맞은편 황금문의 오른쪽 건축물이 '55개의 창'이다.

앙코르

캄보디아 프놈펜(818~1210년)

● 앙코르 유적은 12세기 초 수리아바르만 2세를 위해 창건된 캄보디아 앙코르에 있는 문화유산이다. 앙코르 시대란 크메르 왕조가 9~15세기에 이르는 600여 년간 이곳을 지배한 시대를 말한다. 크메르 왕조는 인도차이나 반도 남부에 왕국을 세웠던 부남을 무너뜨리고 9세기 초반에 권력을 확립하며 지금의 캄보디아뿐만 아니라 동남아시아 일대를 거느린 대제국을 이루었다. 그들의 문화는 이웃해 있던 태국, 라오스, 미얀마, 베트남 등지에도 전파되면서 크메르 문화에 대한 이해 없이는 동남아 문화를 이해할 수 없을 정도로 동남아 문화의 뿌리가 되었다.

초기에는 힌두교를, 중반 이후로는 불교를 받아들인 크메르 왕조는 건축과 조각에서 뛰어난 작품을 많이 남겼다. 이런 이유로 9~12세기에 걸쳐 크메르 왕국에는 힌두교 사원들이 잇달아 세워졌다. 그들에게 신앙의 대상은 파괴를 담당하는 신 시바와 우주를 관리하고 인간을 구제하는 신 비슈누였다.

앙코르 왕국의 시대를 연 자야바르만 2세(재위 802년~834년)는 그때

하늘에서 본 앙코르 와트(위, 1992년 세계문화유산 등록)
옛 크메르 왕국의 수도로 동남아시아의 가장 중요한 명소 가운데 하나이다. '사원으로 만들어진 도시'라는 뜻처럼 하나의 종교적 예술 작품이다. 좌우대칭미를 강조한 설계로, 힌두교의 우주관에서 세계의 중심인 수미산의 5개 봉우리를 중앙의 5기 탑으로 표현하였다.

비슈누(아래)
커다란 금사조를 타고 다니며 악을 물리치고 정의를 유지하는 평화의 신으로, 힌두교의 3대 신 중 하나다.

까지 캄보디아를 지배하던 인도네시아의 사이렌드라 왕조에서 독립을 선언하였다. 자야바르만 2세는 신이 곧 왕이라는 이른바 신왕(데바라자) 사상과 힌두 신화를 결합시켜 앙코르 와트를 세웠다. 이때부터 왕은 신의 화신으로서, 힌두교 최고의 신 비슈누가 땅으로 내려와 왕과 신이 합체되었음을 내세워 왕은 하나의 상징이며 실제 살아 있는 신으로도 숭배되었다.

앙코르 유적은 시엠렙 시내에서 6km 떨어진 곳에 자리 잡고 있다. 앙코르 유적 가운데 가장 큰 앙코르 와트는 '사원으로 만들어진 도시'라는 뜻으로 거대한 사원을 의미한다. 수리아바르만 2세(재위 1113~1150년경)가 약 30년에 걸쳐 건립한 앙코르 와트는 크메르 예술을 대표하는 건조물로, 피라미드형 대사원의 건축 기술이 정점에 달했음을 보여준다.

앙코르 와트는 아주 단순한 하나의 세계를 군더더기 없이 표현한 건축물이다. 탑, 주벽, 해자라는 3차원적인 독특한 공간 구성과 좌우

앙코르 와트 중앙에 있는 5기의 첨탑과 '성스러운 연못'
중심 사원인 보존과 4기의 첨탑은 힌두 신화에서 지상의 중심이라는 수미산을, 이를 둘러싼 주벽은 히말라야 영봉을, 그 바깥을 휘감은 네모난 해자는 깊고 넓은 대양을 상징한다.

대칭의 구조를 이루고 있다. 사원을 둘러싸고 있는 해자의 폭은 190m, 둘레는 5.4km에 달한다. 그리고 540m의 서쪽 참배 도로, 3중의 회랑, 높이 65m의 첨탑이 인상적인 중심 사원인 본존과 4개의 망루형 탑으로 이루어져 있다.

여기에서 중심 사원인 본존과 4개의 망루형 탑은 힌두 신화에서 지상의 중심이라고 하는 수미산을, 이를 둘러싼 주벽은 히말라야의 영봉을, 그 바깥을 휘감고 있는 네모난 해자는 깊고 넓은 대양을 상징한 다고 한다. 이렇듯 앙코르 와트는 크메르인들의 우주관을 건축의 형태로 표현한 것으로, 신의 세계를 지상에 구현하려고 했던 크메르 왕조의 사상적 배경을 엿볼수 있다.

65m의 중앙 첨탑에는 왕과 비슈누 신이 합체된 비슈누라자라는 신상을 모시고 이곳을 왕들의 영원한 집, 곧 무덤으로 삼았다. 이 때문에 앙코르 유적 가운데 앙코르 와트만이 유일하게 죽음의 세계인 서쪽을 향해 서 있다.

앙코르 와트의 탑문을 들어서면 주벽의 안쪽 벽면에서부터 시작되는 조각의 첫 장면인 압살라의 춤판을 볼 수 있다. 천상의 요정인 압살라는 여러 가지 자세를 바꿔가면서 혼자서 또는 둘이나 셋이 흥겹게 춤을 춘다.

주벽은 서쪽 참배 도로로 이어진다. 높이 5m의 테라스를 지나 제1, 제2회랑을 지나면 제3회랑과 중앙 첨탑이 모습을 드러낸다.

압살라의 춤판
회랑에 그려진 무희 압살라의 수는 약 1,500~2,000명이라고 한다.

앙코르 와트의 제1회랑(위)
앙코르 와트 제1회랑은 긴 벽면 전체를 얕은 부조로 장식했다. 인도 신화와 인도의 서사시를 주제로 했으며 한 편의 두루마리 그림 같다. 한 변이 200m나 된다.

나무 뿌리가 덮쳐 있는 타 프롬(아래)
자야바르만 7세가 어머니의 극락왕생을 위해 건립한 사원으로 앙코르 톰 동쪽에 있다.

그리고 13m에 달하는 급경사의 대계단을 오르면 본존에 이른다.

제1회랑은 한 변이 약 200m인 긴 벽면 전체를 얕은 부조로 장식했다. 압살라의 춤과는 전혀 다른 힌두 서사시 〈라마야나〉와 〈마하바라타〉에 나오는 이야기를 비롯하여 수리아바르만 2세의 행진 등 인두 신화와 인도의 서사시를 주제로 한 것이다. 이는 모두 수리아바르만 2세가 독실하게 믿었던 비슈누 신에게 바쳐진 것들이다. 부조뿐만 아니라 앙코르 와트에 있는 신상이나 신의 화신으로 장식한 무늬, 건축 장식, 박공, 기둥, 덧댄 기둥이 모두 신을 위한 것이었다.

앙코르는 1177년 참파군의 공격으로 막대한 피해를 입었다. 하지만 1181년 자야바르만 7세(재위 1181~1215년)의 즉위와 함께 앙코르의 재건이 시작되었다. 크메르 왕국 최후의 위대한 지배자였던 자야바르만 7세는 사원 건축에 왕국 안의 모든 힘을 쏟아부었다. 그는 타 프롬의 서쪽, 옛 도성이었던 야쇼다라푸라에 앙코르 톰을 세웠다.

'거대한 도시'라는 뜻의 앙코르 톰으로 들어가기 위해서는 해자 위로 난 돌다리를 건너야 한다. 앙코르 톰은 한 변이 3km인 정사각형의 평면으로 폭 113m의 해자로 둘러싸여 있기 때문이다. 거기에 붉은 흙으로 쌓은 높이 8m의 성벽과 5개의 성문이 있다. 어느 문으로 들어가든

길 위의 부처상들
앙코르 톰의 남문으로 들어가는 길에 도열한 선신상. 반대편에는 악신상이 마주하고 도열해 있다.

바이욘 사원의 뒷면 모습과 사면불안탑

앙코르 톰의 중심에 솟아 있는 불교 사원 바이욘은 수미산을 상징한다. 바이욘 사원에 장식된 사면불안탑은 높이가 45m로 모두 54기가 있다. 이 탑에 조각된 얼굴은 알 듯 모를 듯 잔잔한 미소를 저마다 짓고 있다.

커다란 문 위에 새겨진 사면불안의 관세음보살 모습을 볼 수 있다. 신비한 미소를 띠고 있는 관세음보살의 얼굴은 하나가 아니라 앞뒤 좌우의 네 방향에 하나씩 모두 네 개의 얼굴을 갖고 있는 것이다.

앙코르 톰의 중심에 솟아 있는 것은 불교 사원 바이욘으로 수미산을 상징한다고 한다. 이 바이욘 사원도 온통 사면불안으로 장식된 탑(고푸라, 성 입구에 세우는 구조물)으로 이루어져 있다. 이 사원의 중앙 불당은 높이가 45m이고, 사면불안탑이 54기에 이르니 모두 216개의 얼굴을 만날 수 있다. 하지만 알 듯 말 듯한 잔잔한 미소를 짓는 얼굴의 표정은 저마다 다른데, 이는 모두 자비의 화신인 관세음보살로 이 세상을 고루 비추겠다는 자비의 뜻으로 여겨진다. 원형의 중앙 불당에는 작은 예배실이 16개 있으며, 왕의 조상에 대한 예배소와 각 지방 신들을 위한 제단으로 사용되었다고 한다.

바이욘 사원의 회랑에는 벽면이나 기둥의 부조 등에 화려한 장식으로 다양한 인물상을 새겨 놓았다. 1층 회랑의 규모는 무척 크고 넓은데, 3단으로 구성된 벽면의 부조에는 서민들의 생활상과 앙코르를 공격해온 참족과의 전투 장면, 왕의 권력과 영광을 안겨 주는 궁전의 장면 등

바이욘 사원의 압살라 부조상
3명의 압살라들이 연꽃 위에서 춤을 추는 부조는 전통적인 기법과 구성을 보여준다.

크메르의 역사와 당시의 사회상을 보여주는 귀중한 자료가 새겨져 있다.

바이욘 사원에서 북쪽으로 200m 떨어진 곳에는 바푸온 사원이 위치하고 있다. 앙코르 톰이 건설되기 전에 세워진 사원으로, 바이욘 사원보다 훨씬 웅장했다고 한다. 하지만 지금은 캄보디아의 내전으로 인해 파괴되어 아직도 복구 중이다. 바푸온 사원은 높이 24m의 피라미드형 사원으로, 신을 모시고 있다.

바푸온 사원의 '승리의 문'을 지나 서쪽으로 가면 왕궁과 만나게 되는데, 이 왕궁 앞에는 13세기 초에 만들어진 '코끼리 테라스'라고 부르는 커다란 발코니를 볼 수 있다. 높이 3m에 길이가 300m나 되는 이 발코니는 벽면에 다양한 코끼리와 독수리 신의 부조를 새겨 놓았다. 그리고 코끼리 테라스 옆에는 '나왕의 테라스'라고 부르는 높이 6m의 테라스도 있다. 2중벽으로 된 이 테라스는 옛날 '나왕상'이라는 조각상이 있었다고 한다.

복구 중인 바푸온 사원
높은 기단 위에 하나의 신전만으로 이루어진 바푸온 사원은 시바 신이 산다는 메루산을 상징하는 원형 탑이 특징이다.

코끼리 테라스
300m나 되는 큰 발코니 벽면에 코끼리 신이 부조로 새겨져 있다.

    크메르 왕국의 권력을 상징하며 거대하고 신성한 도시로 발전했던 앙코르는 1431년 동쪽의 타이 샴족이 침공하면서 철저히 파괴되었다. 크메르의 멸망과 함께 사라진 앙코르는 1860년 프랑스의 박물학자 앙리 무오의 발견으로 그 모습을 다시 드러냈다. 당시 앙리 무오는 표본 채집을 위해 캄보디아의 시엠렙을 찾았다가 그곳 사람들에게서 사람의 발길이 닿지 않는 깊은 정글 속에 '죽음의 도시', '저주 받은 신전'이 숨겨져 있다는 이야기를 듣게 되었다. 그는 그길로 정글 탐험을 시작해 드디어 다섯 개의 첨탑을 거느린 앙코르 와트를 찾아내었다. 하지만 무오는 열병으로 이듬해 사망하고 만다. 목숨을 건 무오의 탐험 덕분에 현재 앙코르 시대가 남긴 크메르인들의 꿈과 희망, 그리고 그들의 삶이 담긴 최고의 문화유산을 만날 수 있는 것이다.

Historic City of Ayutthaya

아유타야 역사 도시

태국 방콕(1350년)

● 아유타야는 아유타야 왕조(1351~1767년)의 400년 도읍지이며, 태국 중부를 중심으로 세워졌던 아유타야 왕조는 14세기 말까지 동남아시아 최대 세력으로 성장하였다.

당시 패권을 잡고 있던 수코타이 왕조를 무너뜨리고 탄생한 아유타야 왕조에서 시작한 타이족의 왕국은 그 후 5개의 왕조가 흥망하고 33명의 군주가 교체되면서 400년에 걸쳐 강대한 왕국으로 안정된 상태를 유지했다. 아유타야 역시 정치, 문화의 중심지로 독자적인 예술 양식을 확립시켰다. 하지만 1767년 아유타야는 버마군(현재 미얀마)의 침략으로 철저히 파괴되고 만다. 그 후 1782년 차크리 왕조가 새로 타이를 통치하기 시작하여 지금까지 이어지고 있다.

가장 번영했던 시기인 나라이 왕(재위 1654~1688년)이 다스리던 당시 아유타야는 5㎢에 이르는 도성에 3개의 왕궁과 375개의 사원, 29개의 요새, 94개의 대문이 있을 정도로 규모가 대단하였다.

아유타야 왕들은 신권 정치를 하며 왕권을 유지하기 위한 하나의

와트 라차부라나의 탑당
아유타야의 역사 도시는 엄격한 대칭을 이루는 아유타야 양식의 진수를 보여주는 불교 건축물의 보배이며 시암족 왕실(수코타이 왕조)의 도읍지이다. 와트 라차부라나의 탑당이 스투파를 내려다보듯 솟아 있다.

수단으로 미술 작품이나 공예품 제작에 노력을 아끼지 않았다. 그 덕분에 아유타야 미술이라는 독특한 양식이 탄생하게 되었다. 이 가운데 가장 중요한 것은 돌이나 청동으로 만든 불상이다. 타이 미술은 처음에는 인도의 영향을 받았으나 이후 수코타이 양식을 이어받았다. 하지만 아유타야 왕조는 '국민 미술'로 부를 만큼 번영하면서 독창적인 미술 양식을 꽃피웠다.

아유타야 왕조의 불상은 자세가 흐트러진 것이나 움직임을 나타낸 것이 없는데, 이는 부처의 법열을 그대로 표현하려는 의지에서 완벽한 균형을 유지했기 때문이다. 불상의 형태는 입상과 결가부좌상뿐으로 입상은 모두 한쪽 손을 어깨까지 들어올린 시무외인이며, 결가부좌

와트 라차부라나의 탑당(위)
벽돌로 탑을 포탄 모양으로 쌓은 크메르의 탑당 양식을 볼 수 있다.

와트 라차부라나의 탑당의 장식(아래)
와트 라차부라나의 탑당은 호위병 조각상과 괴물 조각상으로 장식되어 있다.

상은 오른손으로 땅을 가리키는 항마인이다. 이러한 일률성은 그저 왕의 의사와 취향에 따라 제작되었을 뿐 제작자의 자유로운 표현이 허락되지 않았기 때문이다. 그래도 16세기가 되자 불상의 몸체에 장식을 새기는 보관불이 나타나기 시작한다. 하지만 이도 곧 정형화되어 예술적인 아름다움을 살린 창조성보다는 공예적인 장식성만을 강조했다. 신권 정치를 내세운 아유타야 왕들의 폐쇄성 때문에 독창성이나 개성적인 표현이 사라진 것이다.

아유타야를 대표하는 종교 건축물들도 다른 동남아시아의 건축물보다 덜 화려하다. 기능 위주로 건설된 사각형의 건물에 높이 솟은 장엄한 탑당만이 도드라져 보일 뿐이다.

1374년 아유타야의 중심 사원으로 건설된 와트 마하타트는 여러 가지 다양한 양식을 융합시킨 아름다운 절로 아유타야 건축을 대표한다. 크메르 양식을 이어받은 롭부리 양식의 영향을 받은 중심 사당은 우통 양식을 만들어 냈다. 아유타야의 건축양식은 하나의 양식이 아닌 몇 개의 양식을 융합시켜 새로운 양식을 탄생시켰다.

15세기에 건립된 와트 라차부라나는 미술적으로 매우 중요하게 여겨진다. 왜냐하면 아유타야 왕조의 귀중한 예술 유산인 채색 벽화와 금으로 된 유물들이 지금까지도 2곳의 지하 제실에 남아 있기 때문이다. 또 크메르의 탑당 양식을 이어받은 프라프랑 양식으로 된 탑당도 있다. 프라프랑 양식이란 벽돌로 탑을 가늘고 높게 쌓아 올리는 형태로 와트 라차부라나는 포탄 모양의 높은 탑으로 비교적 좋은 보존 상태로 남아 있다.

왕궁 부지 안에 있는 와트 프라시산페트는 15세기 말경에 건립된 것으로 아유타야 사원 건축에 대해 많은 정보를 제공한다. 이 사원은 라마티보디 2세(재위 1491~1529년)가 아버지의 유골을 동쪽 탑에, 형의 유골을 중앙 탑에 모시기 위해 세웠다. 그리고 라마티보디 2세 자신의 유골은 서쪽 탑에 안치되었다. 이후 이곳은 국왕이 기도를 올리거나 국가적인 의식에 사용되었다. 동쪽 탑과 중앙 탑, 서쪽 탑의 스투파는 모두 수코타이 양식의 영향을 받은 종 모양으로 벽돌이 주재료다. 안으로 들어가면 앞쪽으로 종루의 기단부가 보인다. 기단부를 향해 있는 긴 불당은

와트 프라시산페트의 대형 스투파 3기

아유타야에서 최대 규모를 자랑하는 와트 프라시산페트의 대형 스투파. 이 스투파는 납골당으로 라마티보디 2세가 아버지의 유골을 동쪽 탑에, 형의 유골을 중앙 탑에 모시기 위해 세웠다.

1499년에 만들어진 것으로 아유타야 왕조 시대에는 높이 16m의 황금 불상이 안치되어 있었다고 한다.

16세기에는 아유타야의 북서쪽 파사크 강 부근에 전형적인 몬 양식의 스투파인 와트 푸카오통이 건설되었다. 와트 푸카오통의 스투파는 사각형의 기단 위에 약 80m 높이의 불상을 세웠다. 그리고 아유타야의 남동쪽에 있는 와트 야이차이몽콘에는 1593년 나레수안 왕이 캄보디아, 버마와 치른 전쟁에서 승리한 기념으로 세운 대형 스투파가 있다. 사각형과 팔각형으로 계단 모양의 대를 쌓아올린 이 스투파는 종 모양의 복발을 대 위에 올리고, 그 위에 첨탑을 세운 전형적인 아유타야 건축양식을 따르고 있다.

아유타야의 회화 분야 작품에 나타난 독자적인 표현 기법은 미술사적 가치를 인정받고 있지만 현재 남아 있는 작품은 그리 많지 않다.

와트 라차부라나 지하 제실에 있는 벽화는 15세기의 작품으로 40여 년 전에 발견되었다. 전면에 그려진 벽화 위쪽에는 꽃을 본뜬 장식 띠가 있는데, 석가모니의 생애가 여러 장면으로 나뉘어 그려져 있다. 이 그림들은

와트 푸카오통의 스투파(위)
아유타야 북서쪽 파사크 강 부근에 있는 와트 푸카오통의 스투파. 아유타야 도성을 함락시킨 버마 왕 바인나운이 세웠다.

와트 야이차이몽콘의 스투파(아래)
아유타야 남동쪽에 있는 와트 야이차이몽콘의 스투파는 나레수안 왕이 캄보디아, 버마와의 싸움에서 승전한 후, 이를 기념하기 위해 세웠다.

균형보다는 모양을 중시하고, 붉은색을 주색으로 흰색, 검은색, 노란색, 황토색 등으로 표현되어 있다.

와트 라차부라나보다 50년 정도 후에 만들어진 와트 마하타트 벽화는 와트 라차부라나의 벽화와 마찬가지로 스리랑카의 영향을 벗어난 경향이 뚜렷하다. 독자적인 창조력을 바탕으로 거침없고 자유롭게 인물과 움직임을 표현하고 있다. 하지만 이 두 사원의 벽화들이 최고의 경지에 오른 벽화라고 말할 수는 없다.

와트 부다이사완에 있던 벽화는 아유타야 회화 분야의 작품 가운데 최고봉이라 할 수 있지만, 이 벽화는 1969년 복원 공사 때 실수로 완전히 손상되고 말았다. 그러나 사진으로 남아 있는 이 벽화의 모습을 보면 표정이나 의복, 소도구 등의 표현 방식에서 타이의 전통 연극과 밀접한 관계가 있었음을 알 수 있다고 한다.

와트 라차부라나의 지하 제실에 그려진 벽화(위)
15세기 작품으로 1957년에 발견되었을 때 금제품의 보물도 함께 나왔다.

와트 라차부라나의 지하 제실에서 벽화와 함께 발견된 불상(옆)
수코타이 왕조의 유행불 가운데 하나이다.

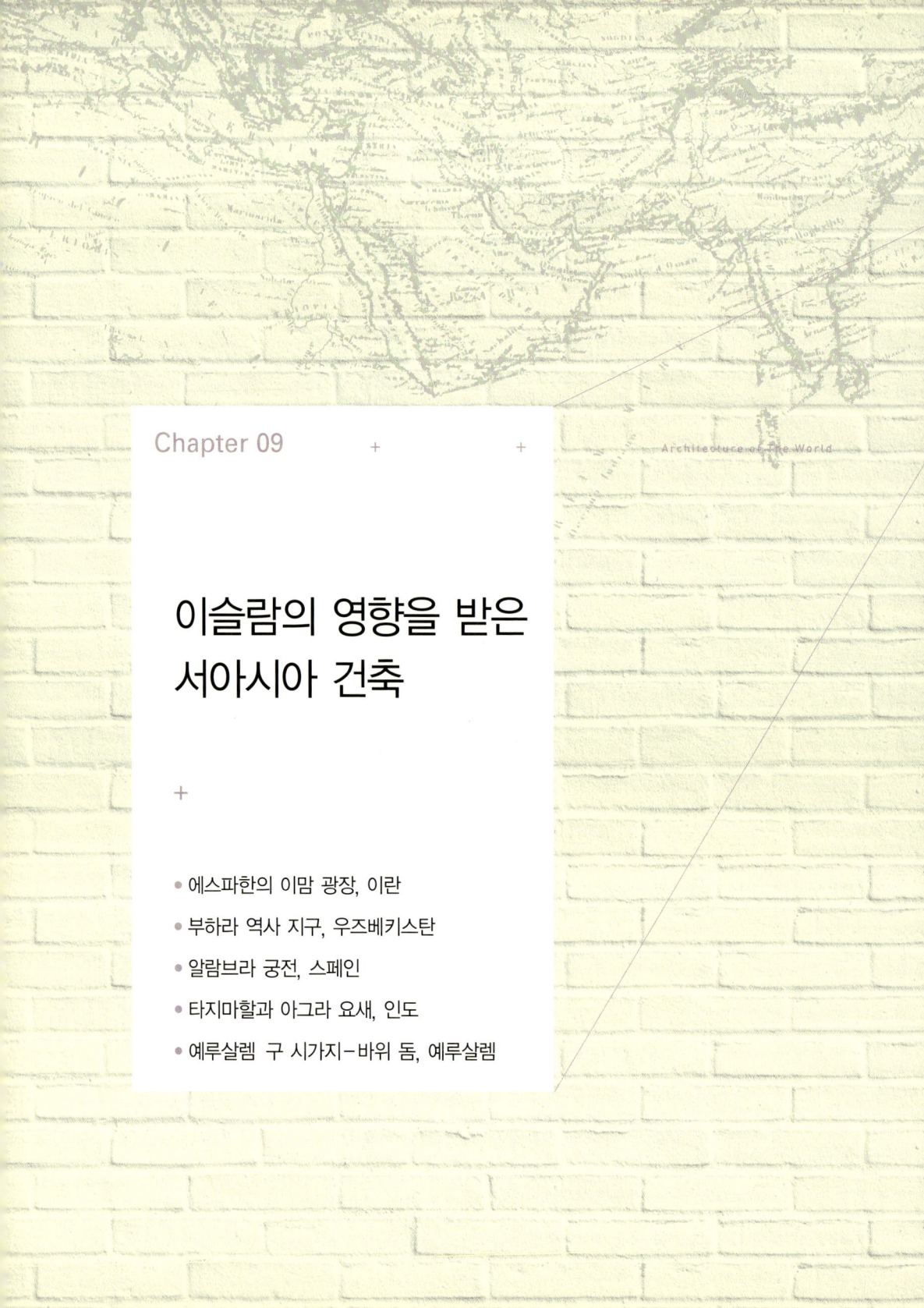

이슬람 건축은 어떻게 시작되었을까?

　　이슬람이 생기기 전 아랍 지역은 어떤 모습이었을까? 아마도 끝없이 펼쳐진 사막에서 유목하는 유목민의 모습만 떠올리는 사람이 많을 것이다. 그러나 이곳은 엄연히 메소포타미아 문명이 탄생한 곳이며, 고대 페르시아라는 걸출한 나라가 다스렸던 곳이란 사실을 잊어서는 안 된다. 이런 곳에서 이슬람교가 탄생했고 이슬람 문화가 꽃피었으며, 이슬람 건축양식도 만들어지기 시작한 것이다.

　　초기 무슬림(이슬람 교도를 지칭하는 말)들은 지하드(성전)란 명목 아래 아시아, 아프리카, 유럽을 이르는 방대한 지역을 정복했고, 이 지역에 이슬람교를 전파하였다. 이때 당연히 이슬람 건축도 함께 전파되어, 아랍 세계는 물론 유럽의 일부(스페인과 터키), 북아프리카, 그리고 인도와 파키스탄에까지 전해지게 되었다.

이슬람 건축의 모스크

　　이슬람교를 창시한 마호메트가 실용과 청렴을 강조했기 때문에 초기 무슬림들에게는 건축 문화라는 게 따로 없었다. 그들은 오직 땅을 정복하고 이슬람교를 전파하는 것만을 최선으로 삼았다. 따라서 새로운 건축양식을 만들지 않았고 기존의 기독교 교회나 성당을 개조하여 거기에서 예배를 드렸다. 그러나 정복한 땅이 늘어가면서 이슬람교를 상징할 만한 건축물의 필요성을 절실히 느낄 수밖에 없었다. 그도 그럴 것이 찬란한 비잔틴 건축과 헬레니즘 문화, 페르시아 건축 등은 그들을 매료

스퀸치 돔 구법으로 지은 모스크

펜덴티브 돔 구법으로 지은 아야소피아 성당

시키기에 충분했다. 이렇게 하여 이슬람 인들이 탄생시킨 것이 모스크(Mosque, 이슬람 사원)이다. 물론 최초의 모스크는 현재와 같은 모습이 아니라 매우 원시적인 형태를 취하다가 점차 발전하여 독특한 모스크만의 건축양식을 탄생시키기에 이르렀다.

이슬람 건축의 가장 큰 특징은 새로운 건축양식을 만들어 낸 것이 아니라 정복지의 건축양식을 수용하여 발전시켰다는 데 있다. 이러한 이슬람 건축에 가장 큰 영향을 준 것은 페르시아 건축과 비잔틴 건축이라 할 수 있다. 이런 상황 속에서 탄생한 이슬람 건축의 특징은 무엇일까?

우선 이슬람 건축의 백미 모스크에 있다. 대부분의 모스크에서 공통적으로 볼 수 있는 것은 마치 달걀을 엎어놓은 듯한 반구 모양의 돔을 들 수 있다. 이는 페르시아의 스퀸치 돔(돔을 지지하는 방식의 일종) 구법과 비잔틴 건축의 펜덴티브 돔(사각형 평면 위에 원형 평면의 돔을 올리는 비잔틴 양식의 독특한 기법) 구법을 응용하여 만들어 낸 것으로 비잔틴이나 페르시아의 돔과는 또 다른 모스크만의 독특한 느낌을 자아낸다. 특히 돔 표면이 세포 조직처럼 독특한 모양으로 보이는 것은 리브를 서로 교차하여 만들어 낸 독특한 건축 기법의 영향 때문이었다. 또한 모스크는 내부 공간에 있어서도 자신들의 예배 방식에 맞는 독특한 공간을 연출하였다. 예배의 주공간으로서 대형 홀이 설치되어 있으며, 대형 홀 전면에는 늘어선 기둥으로 둘러싸인 마당이 있다. 그리고 이 마당의 중앙에는 분수가 있는데, 이는 예배 전 몸을 청결하게 하기 위한 것이다.

대표적인 모스크로 예루살렘에 있는 바위 돔(688~692년)을 들 수

블루 모스크 천장

블루 모스크 마당

있다. 이는 현존하는 가장 오래된 이슬람 건축으로 꼽힌다. 중앙 집중식으로 건축된 바위 돔은 정팔각형 모양으로 지어진 건축물 위에 지름 20.4m의 목조 돔이 얹혀 있는데, 이 돔은 주기둥 4개와 원기둥 12개로 받쳐져 있다. 바위 돔은 세계의 '배꼽'이라고 일컫는 신성한 바위 위에 지어졌으며, 모스크일 뿐만 아니라 순례자들의 성소(마슈하드)로 지어진 건축물이다. 또 다른 모스크로 이라크의 사마라에 있는 대모스크(848년)를 들 수 있다. 이는 모스크 가운데 가장 큰 것으로 인정받으며 원추형 미나레트(첨탑) 외부에 나선형 계단이 설치되어 있는 것이 특징이다.

이슬람 건축에는 모스크 외에도 궁전, 능묘, 성채 등이 있다.

> **미나레트**
> 미나레트는 원래 모스크 옆에 있는 망루인데, 옛날에는 이 첨탑 망루에 올라가 큰 소리로 기도 시간을 알렸다고 한다.

사마라 고대 유적 도시의 말위야 첨탑

페르시아의 이슬람 건축

셀주크 왕조 치하에 있었던 11세기 말 에스파한(이란의 주요 도시)에서 모스크의 새로운 형식이 등장했다. 미흐라브(Mihrab, 모스크 내에서 메카의 방향으로 만든 벽감으로, 신도들은 이곳을 향해 기도를 한다. 모스크의 중추라 불림) 앞에 지름 15m나 되는 커다란 돔을 얹고 3방향으로 아치를 연 형식이 바로 그것이다.

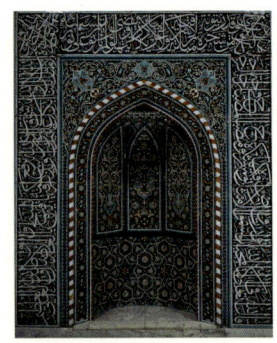
미흐라브

또한 12~13세기에는 아랍 문자로 이루어진 띠를 미흐라브에 둘러 장식하기도 했다. 13세기에 시작된 몽골의 위협으로 페르시아 건축가나 기술자들은 대거 이주를 하게 되었다. 이주처는 소아시아에서 카이로까지 이르렀다.

페르시아의 모스크는 일반적으로 기념비적인 문을 갖고 있는데, 이 문에는 깊은 직사각형 앨코브(오목한 곳)가 무수히 많고, 종유 장식을 갖춘 반(半) 돔으로 덮여 있는 것이 많다. 바라민에 있는 대사원(1324년)이나 에스파한에 있는 샤 아바스 1세의 자미 마스지드 사원이 그러한 예다. 티무르 왕조 시대에는 채도 타일과 채도 모자이크가 점차로 많이 쓰이게 되었고 전례가 없을 만큼 넓은 벽면을 덮기에 이르렀다.

사파위 왕조 시대(1501~1736년)에는 많은 금빛 돔이 만들어졌다. 이러한 금빛 돔은 나자프와 카르발라, 지미야, 콤, 사마라 등에서도 볼 수 있다. 또한 이슬람교의 첨탑이라 할 수 있는 미나레트(Minaret, 기도 시간을 알리기 위한 탑)도 만들어졌는데, 몸체는 위로 올라갈수록 조금씩 가늘

블루 모스크의 미나레트(왼쪽)
자미 마스지드 사원(오른쪽)

어지는 원통형이며 꼭대기 근처에 작은 지붕이 있는 구조이다.

페르시아 건축은 볼트로 이루어진 천장과 펜덴티브 돔 등 장대한 스케일과 다채로운 장식을 자랑했으나, 17~18세기에 이르러 아프간족의 지배를 받으면서 급속히 쇠퇴하고 말았다.

대표적인 페르시아 이슬람 건축으로 1598년에 건축된 에스파한의 대모스크를 들 수 있다.

이집트의 이슬람 건축

이집트는 로마의 지배를 벗어나는가 싶었으나 곧이어 파티마 왕조에 의한 이슬람의 지배하에 들어가게 되었다. 이후로 이집트는 이슬람 국가로 변모하고 말았다. 현재의 수도인 카이로도 이슬람 왕조인 파티마 왕조가 건설한 도시이다. 파티마 왕조는 카이로에 대규모 모스크를 착공하면서 이집트에 이슬람 건축을 전파하였다.

파티마 왕조의 뒤를 이어 이집트는 아이유브 왕조 시대(1174~1250년)를 맞이하였다. 아이유브 왕조는 카이로에 굳건한 성채를 건설하였으며, 마드라사(학교)를 도입하였다. 이 시대 건축의 특징은 대리석 패널로 미흐라브를 꾸민 점과 창틀에 처음으로 유리를 쓴 점을 들 수 있다.

아이유브 왕조의 뒤를 이은 맘루크 왕조(1257~1517년) 시대에는 미흐라브 앞쪽에 있던 작은 돔을 대신하여 예배실에 커다란 돔을 설치한 것이 특징이다. 또한 주요 장식 수단으로 쓰던 대리석 패널을 다채롭고 아름답게 더욱 발전시켰다는 점도 주목할 만하다. 그리고 새 재료를 쓰는 조각술이 개발되어 부조 장식은 더욱 정교해졌다.

카이로의 주택은 대부분이 2층짜리가 많은데, 재미있는 것은 1층에는 남성들의 거실인 살람리크가 있고, 2층에는 여성들의 거실인 하렘이 있다는 사실이다.

이집트 카이로의 아흐마드 이븐 툴룬 모스크

이집트의 대표적인 이슬람 건축은 카이로에 있는 아흐마드 이븐 툴룬 모스크(876~879년)로 가장 오래되고 규모가 큰 모스크이다.

스페인의 이슬람 건축

무슬림들이 지하드를 외치며 정복사업을 벌일 때 유럽의 스페인까지 지배했었다는 사실을 아는 사람은 많지 않을 것이다. 그러나 당시 이슬람 세력들은 북아프리카를 거쳐 스페인까지 정복하고 이곳에 고도의 이슬람 문명을 꽃피웠다. 그중 스페인의 남부 지역이었던 안달루시아는 8세기 초부터 약 800년간 이슬람 세력의 지배를 받았던 곳이었다. 따라서 이곳에서는 당시 암흑의 중세를 거치고 있던 유럽의 다른 곳과는 상이한 문화가 펼쳐지게 되었다. 어둡고 침울했던 중세 기독교 국가와 달리 이슬람은 정복지에 최대한의 자유와 관용을 베풀었기에 안달루시아 역시 아름다운 자연 경관과 밝고 경쾌한 건축물들이 즐비했다. 이런 가운데 이슬람 건축도 찬란한 꽃을 피운다.

이곳에 지어진 대표적인 모스크는 코르도바 모스크이다. 이 모스크의 내부에 있는 기도실은 마치 19개 구간의 아케이드(Acade)로 뒤덮인 숲처럼 보일 정도로 장대하다. 여기에 사용된 아치는 흰색과 붉은색 벽돌을 쐐기 형태로 만들어 쌓아올린 것이다.

스페인의 이슬람 건축의 묘미는 모스크보다 더 아름답다고 칭송받는 알람브라 궁전(1338~1390년)에 있다. 그라나다에 있는 화려한 왕궁인 알람브라 궁전은 겉으로 보기엔 진흙을 다져 만든 요새 같은

아케이드
늘어선 기둥에 의해 지탱되는 아치 군(群)과 그것이 조성하는 개방된 통로 공간

코르도바 모스크 내부

알람브라 궁전(왼쪽)
트렘센의 모스크(오른쪽)

느낌을 주나, 내부를 들여다보면 사치스럽게 장식된 집무실과 분수대가 있는 화려한 정원 등을 볼 수 있다. 또한 이 궁전 내에는 모스크, 감옥, 일곱 개의 왕궁 등의 시설을 갖추고 있다.

한편 북아프리카에도 이슬람교가 전파되어 이슬람 건축 유산을 남겼다. 대표적인 것으로 12세기에 건축된 트렘센의 모스크(1135~1136년)를 들 수 있다. 이 모스크는 돔과 미흐라브가 아름답기로 유명하다.

인도의 이슬람 건축

인도에 이슬람이 전해진 것은 이미 8세기 무렵부터였다. 8세기 초와 11세기 초에 이슬람 정복군에 의해 장악되었다가 13세기 초 인도 최초의 이슬람 왕조인 노예 왕조(1206~1298년)가 탄생하기에 이른다. 그리고 칭기즈 칸의 후예였던 바부르(1482~1530년)에 의해 무굴 제국

델리의 후마윤 대모스크

(1526~1857년)이 세워지면서 인도의 이슬람 왕조가 이어진다. 이런 가운데 인도에 이슬람 건축들이 생겨났으며, 특히 무굴 제국은 인도에 이슬람 건축의 황금 시대를 열었다. 그래서 무굴 양식이란 말이 나오게 된 것이다. 특히 무굴 제국의 황제 샤 자한 시대에 이르러 최고의 황금기를 맞이한다. 이때 그 유명한 타지마할(1630~1653년), 델리의 대모스크(1644~1658년) 등이 건축되었다.

　　인도의 이슬람 건축의 특징은 외형이 극히 단순화되었다는 점에 있다. 이는 사람과 동물 조각상을 만들지 못하는 이슬람교의 규정으로 인해 단순한 평면적 문양(紋樣)으로 장식하였기 때문인데, 오히려 이것이 더 깔끔하고 인상적인 느낌을 준다.

　　인도의 모스크는 예배실 한가운데에 큰 아치를 세운다는 점이 특이하다. 그리고 어떤 모스크에서는 큰 아치의 양쪽에 1쌍의 미나레트

타지마할

를 두기도 한다. 인도의 미나레트는 보통 원형 또는 8각형의 높은 탑으로 이루어져 있으며, 탑 중간에 여러 층의 발코니가 있고 꼭대기에 돔을 얹은 경우도 있다.

  인도의 대표적 이슬람 건축으로 모스크 외에 능묘를 들 수 있다. 이는 정사각형 방에 돔을 얹은 것, 돔을 얹은 주실(主室) 주위에 4개의 작은 돔을 붙인 것, 집중식 팔각형으로 만들어진 것 등으로 나누어진다. 세계적으로도 유명한 타지마할(1630~1653년)이 바로 샤 자한 황제의 아내였던 뭄타즈 마할을 기리기 위해 능묘로 지어졌던 건축물이다. 타지마할은 돔을 얹은 주실(主室) 주위에 4개의 작은 돔을 붙인 방식으로 설계된 건축물이라 할 수 있다. 아른거리는 백색의 대리석으로 지어진 타지마할은 우아한 느낌을 연출하며 건축의 보석으로 불린다.

이 외에도 쿠와트울 이슬람 사원(1196년)을 들 수 있다. 이 모스크는 3면의 한가운데에 각기 입구가 나 있으며, 쿠트브 미나레트를 갖추고 있는데, 이 미나레트는 인도 최초의 미나레트로 유명하다.

쿠와트울 이슬람 사원(왼쪽)
쿠트브 미나레트(오른쪽)

Meidan Emam, Esfahan

에스파한의 이맘 광장

이란 에스파한(900년경)

- 이란의 수도 테헤란에서 남쪽으로 약 330km 떨어진 에스파한은 고원 중앙에 있는 도시로 수목이 울창한 오아시스 도시이다. BC 8~6세기에 번창한 메디아 왕국의 대도시가 자리 잡았던 곳으로 은세공이나 융단 같은 수공예품의 교역 활동이 활발했던 에스파한은 파르티아, 사산 왕조 페르시아 시대를 지내며 크게 발전했다.

사산 왕조 페르시아는 오늘날의 이란과 이라크를 중심으로 400년 이상 오리엔트를 지배했다. 7세기 초 대정복자 호스로우 2세(재위 591~628년)는 영토를 최대로 넓혔지만, 이슬람 아랍군의 공격으로 사산 왕조 페르시아는 651년에 허무하게 무너져 내렸다.

그 뒤 오랫동안 페르시아 지역은 아랍인의 지배를 받았다. 물론 9세기에 들어서면서 작은 왕국이 형식적인 독립을 했지만 아랍인의 지배는 계속 이어졌다. 이후 이란, 투르크계의 몇몇 이슬람 왕조가 탄생되기도 했지만 이내 사라지고 말았다. 그동안 에스파한은 비단과 면직물의 교역이 꾸준히 이루어지면서 9세기의 오리엔트를 대표하는 도시 가

이맘 광장(1979년 세계문화유산 등록)

이맘 광장의 모스크는 50만 개의 타일과 1,800만 개의 벽돌로 지은 이슬람 사원으로, 15~17세기에 이르는 페르시아의 전성기 문화를 상징적으로 보여주고 있다. 이맘 광장은 동서 160m, 남북 510m에 이르는 커다란 관장으로 원래는 여러 가지 행사와 폴로 경기를 위해 만들었으나 지금은 가로수와 분수, 2층의 아케이드가 둘러싸고 있다.

운데 하나로 성장했다.

　　15~16세기에 들어서면서 페르시아 서부나 메소포타미아에서는 투르크멘족의 여러 왕조의 다스림을 받았지만, 이들을 물리치고 오랜만에 페르시아인의 국가가 탄생하는데 바로 사파위 왕조다.

　　사파위 왕조의 역대 왕 가운데 가장 뛰어난 통치력을 보였던 왕은 아바스 1세(재위 1587~1629년)다. 그는 1598년 사파위 왕조의 수도를 이란 북부의 카즈빈에서 중앙에 위치한 에스파한으로 옮겼다.

　　아바스 1세는 치밀한 도시 계획을 바탕으로 1599년부터 에스파한을 새롭게 건설하기 시작했다. 그는 새 수도인 에스파한이 세계의 정

사파위 왕조

사파위라는 이름은 이스마일 1세가 시아파를 믿는 이슬람 신비주의 교단인 사파위의 지도자였기 때문에 붙여졌다. 이스마일 1세는 자신을 마호메트의 사촌이며, 알리의 지손이라고 했는데, 이 때문에 사파위 교단은 알리당이라고도 불렸다.

치, 경제, 문화, 종교의 중심지가 되길 바랐다. 이때 만들어진 것이 바로 사파위 왕조의 상징인 '이맘 광장' 이다.

이맘 광장은 동서 길이가 160m, 남북 길이가 510m에 이르는 커다란 광장으로 이맘이란 '이슬람의 지도자' 라는 뜻이다. 본디 이맘 광장은 여러 가지 행사와 페르시아에서 시작된 폴로 경기를 위해 만들어졌다. 그래서 남쪽과 북쪽 끝의 가운데 부분에 대리석 기둥이 서 있는데, 이는 폴로 경기 때 골대로 사용하기 위해서라고 한다.

이맘 광장 서쪽에는 15세기 티무르 왕조 시대에 건설된 알리카푸 궁전도 자리 잡고 있다. 알리카푸 궁전은 아바스 1세가 이전에 있던 궁전에 2층 건물을 지으면서 현재의 모습을 갖추게 되었다. 알리카푸란 '알라의 문' 이

알리카푸 궁전(왼쪽)
광장 서쪽에 위치한 궁전은 총 6층 건물로 프레스코 벽화와 화려한 문양을 새겨 넣은 천장 장식으로 꾸며졌다.

알리카푸 궁전의 음악실 천장(오른쪽)
다양한 크기와 형태로 만들어진 벽감은 악기를 비롯한 다양한 문양으로 장식되어 있다.

라는 뜻으로, 아바스 1세는 마호메트의 사촌이며 제4대 칼리프였던 알리의 유물이 보관되었던 카르발라의 성당 문을 옮겨 와 이 궁전에 달았다고 한다.

궁전 계단 쪽 벽면에는 천국의 그림이 지금도 선명한 색깔을 자랑하며, 2층에는 샤(왕 또는 지배자를 의미하는 페르시아어)가 즐겨 찾았다는 화려한 거실이 있다. 알리카푸 궁전과 그 서쪽에 있는 40개의 기둥을 가진 체헤르소툰 궁전 사이에는 여러 궁전이 있었다고 한다. 그러나 지금은 2개의 건물만 남아 있으며 남은 공간에는 정원이 들어서 있다. 원래 알리카푸 궁전은 전쟁 때 없어진 다른 궁전들의 입구이며 행사를 관람하는 장소였다고 한다.

알리카푸 궁전에서 가장 화려한 방은 '도자기 방'이라는 뜻의 치니차네로, 연주회가 열리던 작은 탑이 딸린 방이며 가장 위층에 있다. 이 방을 치니차네로 이름을 붙인 까닭은 둥근 천장에 나무판을 붙이고 그 위에 그릇이나 병, 항아리 모양의 벽감을 설치하고 다양한 도자기로 장식했기 때문이다.

알리카푸 궁전 맞은편인 이맘 광장의 동쪽에는 세이크 로트폴라 모스크가 있다. 세이크 로트폴라 모스크는 규모는 작지만 아바스 1세의 개인 예배소로서 중요한 장소로 평가받는다. 페르시아에서는 보통 푸른색이나 유릿빛 등의 채색 타일을 사용하는 데 반해, 이 모스크는 노란색을 기본으로 한 아름다운 채색 타일이 돔의 안팎과 벽면을 장식하고 있다.

세이크 로트폴라 모스크는 메카 방향을 나타내는 키블라와 일치하도록 설계하는 축선을 이맘 광장에서 45° 돌려놓았다. 이는 미흐라브

를 메카 방향으로 놓기 위해서였다고 한다. 세이크 로트폴라 모스크의 예배당은 종유 장식으로 된 화려한 홀을 지나 둥근 천장으로 덮인 통로를 지나면 나온다. 이란에서 가장 화려하고 아름다운 이 모스크는 아바스 1세가 그의 장인인 세이크 로트폴라를 위해 1602~1618년에 지은 것으로 중요한 건축물의 하나로 평가받는다.

이맘 광장의 남쪽을 막아 버린 이맘 모스크는 1612년에 건설을 시작했지만, 건설을 지시한 아바스 1세가 죽은 뒤인 1630년이 되어서야 완성되었다. 2층의 아케이드 뒤로 보이는 이맘 모스크는 4기의 미나레트와 26m 높이의 아치

세이크 로트폴라 모스크 정문(위)
푸른색 타일과 다양한 채색의 타일로 장식한 조밀한 벽감은 아라베스크의 극치를 이룬다. 아래 푸른색 타일에는 코란의 구절이 새겨져 있다.

세이크 로트폴라 모스크의 예배당(가운데)
세이크 로트폴라 모스크의 예배당은 눈이 번쩍 뜨일 만큼 아름다운 무늬와 황금빛 색깔의 타일로 장식되어 있다.

세이크 로트폴라 모스크(아래)
규모는 작지만 아바스 1세의 개인 예배소이다. 이란인들이 세계에서 가장 아름답다고 자랑하는 모스크로 '여성의 모스크'로 불린다.

모양의 입구인 이완을 갖춘 커다란 돔 모양으로 그 위엄을 자랑한다. 이맘 모스크 역시 세이크 로트폴라 모스크처럼 축선이 45° 돌려져 있는데, 이 때문에 이완 바로 뒤쪽에 이등변삼각형 모양의 공간이 있으며 통로도 45° 꺾여 안뜰로 이어진다.

이맘 광장 남쪽의 이맘 모스크

세이크 로트폴라 모스크와 비교해서 '남성의 모스크'로 불린다. 주 이완에는 화려한 색채의 돔으로 덮인 예배당이 있으며, 돔을 지탱하는 고동부에 〈코란〉의 문구를 새겼다.

Historic Centre of Bukhara

부하라 역사 지구

우즈베키스탄 부하라(9~10세기)

● 산스크리트어로 '불교 사원'을 뜻하는 부하라는 우즈베키스탄 부하라 주의 주도로, 제라프샨 강이 흐르는 광대한 오아시스 한가운데에 자리 잡고 있다. 그 덕분에 부하라는 사마르칸트와 함께 중앙아시아를 관통하는 실크로드의 중요 거점으로 오래전부터 번영을 누렸다. 발달한 도시가 그렇듯이 부하라도 오랜 세월 동안 번영과 파괴가 되풀이되었다.

1세기 이전에 도시가 형성되었던 부하라는 709년 아랍인들에게 점령당했을 때 이미 교역과 수공업의 중심지인 상업도시였다. 아랍인들의 점령으로 이슬람화가 급속히 진행된 부하라는 713년 최초의 모스크를 건립하였다. 이후 9~10세기에는 사만 왕조의 수도였으며, 999년에는 중앙아시아에 대제국을 건설한 몽골계의 카라한 왕조가 점령하였다. 그리고 1220년에는 몽골의 칭기즈 칸의 공격으로 막대한 피해를 입으며 도시는 황폐화되었다. 이후 1370년 티무르 제국이 지배하면서 다시 부흥의 세월을 보낸다. 하지만 1500년 유목민인 우즈베크족을 이끈 샤이반 왕조가 티무르 제국을 침입하여 수니파 이슬람 국가인 샤이

부하라 역사 지구(1993년 세계문화유산 등록)
많은 역사적 유물이 남아 있는 뛰어난 중세 도시로, 10~17세기 사이의 이슬람 건축술을 볼 수 있다.

바니 왕조를 세웠다. 이후 왕조는 계속 바뀌지만 부하라는 이들이 세운 국가인 부하라 한국의 수도로 번영이 지속된다. 16세기 말, 샤이반 왕조가 중앙아시아 지역까지 영토를 넓히자 부하라 또한 전성기를 맞이하였으며, 1868년 러시아 보호령이 되어 부하라 한국 대신 부하라 소비에트 인민공화국이 세워졌다. 이후 1924년 부하라 소비에트 인민공화국이 우즈베키스탄에 흡수될 때까지 인민공화국의 수도로 남아 있었다.

현재 부하라의 옛 시가지에는 모스크와 신학교인 마드라사, 38개의 대상 숙소, 6개의 교역소, 16개의 공중 목욕탕, 45개의 시장(바자르), 벽돌집 등 예전의 모습이 많이 남아 있다.

중앙아시아에 현재까지 남아 있는 가장 오래된 이슬람 건축의 유산인 이스마일 사당은 사만 왕조의 제2대 칸인 이스마일(재위 892~907년)

시대에 지어진 귀중한 건축물이다. 단순한 구조의 사당은 반원형 돔을 얹은 정사각형 구조로, 외벽이 수직이 아니라 안쪽으로 기울어져 있는 것이 특징이다. 벽면 장식은 무늬 벽돌을 쌓아 아름다운 음영 효과를 보여준다.

중요한 건축물 가운데 하나인 칼리안 모스크(대모스크)는 카라한 왕조의 아르스란 칸이 건립하기 시작했으며, 미나레트는 1127년에 완성되었다. 이 미나레트는 높이가 약 46m로 중앙아시아에서 최고의 높이를 자랑한다. 탑신은 위로 올라갈수록 가늘어지는 원통 모양이며, 겉면은 저마다 다른 도안의 무늬 벽돌로 장식된 평평한 띠로 수십 층으로 나누어서 장식되어 있다. 칼리안 미나레트는 부하라의 상징이자 동시에 사막의 길잡이 역할을 했다고 한다.

칼리안 모스크가 준공된 것은 1514년이다. 모스크에는 288개의 돔이 있는데, 돔 내부는 채색한 스투코로 빽빽하고 화려하게 장식되어 있다. 그리고 건물 안에 있는 긴 통로인 회랑에는 208개나 되는 기둥 위에 볼트(아치에서 발달된 반원형 천장·지붕을 이루는 곡면 구조체) 천장이

사막의 길잡이 칼리안 모스크(위)
칼리안 모스크의 부속물인 미나레트는 중앙아시아에서 최고의 높이를 자랑한다.

칼리안 모스크의 돔 내부(아래)
칼리안 모스크의 돔 내부는 채색한 스투코로 화려하게 장식되어 있다.

얹혀져 있다.

부하라에서 가장 오래된 건축물인 아르크 요새는 부하라 한국의 역대 칸('왕'을 뜻하는 몽골어)들이 살았다고 한다. 아르크 요새의 맨 아래층은 7세기경부터 쌓았으며, 현재의 모습으로 완성된 것은 18세기라고 한다.

15~16세기에 들어서면서 부하라는 이슬람의 신학과 페르시아의 철학, 예술, 문학을 부활시키는 중심지가 된다. 이 덕분에 부하라에는 200개가 넘는 모스크와 100개가 넘는 마드라사가 건설되었다. 이 가운데 1536년에 세워진 미르 아랍 마드라사는 소비에트 연방 아래에서도 유일하게 그 명맥을 유지할 수 있었다. 미르 아랍 마드라사의 건축 비용을 마련하기 위해 무려 3,000명이나 되는 사람을 노예 시장에 팔았다고 한다. 마드라사의 장식은 말기 티무르 양식을 따라 푸른색과 흰색의 모자이크 타일로 무늬를 맞추었다. 물론 지금도 미르 아랍 마드라사는 소련령 중앙아시아에서 그 기능을 발휘하는 유일한 이슬람 신학교이다.

미르 아랍 마드라사
1536년에 세워져 소비에트 연방 아래에서도 유일하게 명맥을 유지했으며, 현재도 유일한 신학교로 사용되는 모스크이다.

알람브라 궁전

스페인 안달루시아(13~14세기)

- 스페인 안달루시아 지방 그라나다에 있는 무어 왕조 시대의 요새 궁전인 알람브라 궁전은 헤네랄리페 별궁과 함께 이슬람 건축과 조경술의 최고봉으로 평가받는 건축물이다. 그라나다란 이름은 '석류'를 뜻하는 아랍어에서 기인한 것으로 추측되는데, 이는 건물이 모여 있는 도시 모습이 마치 갈라진 석류 모습과 비슷했기 때문에 지어진 이름이라고 한다. 이베리아 반도에서는 11세기 초, 후 우마이야 왕조가 멸망한 후에 몇 차례 되풀이되는 분열과 통합의 과정 속에서 이슬람 세력이 차츰 쇠퇴했다. 그러다 13세기 중반 무렵에 이르러서는 북쪽의 기독교 왕국에게 잠식당하고 마침내 그라나다 왕국만 남게 된 것이다.

  알람브라 궁전과 헤네랄리페 별궁은 이베리아 반도의 시에라네바다 산맥 기슭 언덕 위에 자리 잡고 앉아 헤닐 강이 흐르는 비옥한 평야를 내려다본다. 이곳이 바로 전설적인 그라나다 왕국의 터로 20세기의 가장 위대한 시인 가운데 한 사람으로 평가받는 비운의 시인, 가르시아 로르카의 고향이기도 하다.

그라나다 왕국은 나스르 왕조를 창시한 무하마드 1세 알 갈리브가 세웠는데, 그는 공정하면서 유능한 통치자로 널리 이름을 날렸다. 하지만 아라곤 왕국의 하이메 1세(재위 1213~1276년)의 군사적 압박을 견디지 못한 무하마드 1세(재위 1232~1273년)는 하는 수 없이 카스티야 왕 페르난도 3세(재위 1217~1252년)에게 보호를 요청했다. 이 때문에 그라나다는 속국이 되고 만다. 물론 무하마드 1세의 활약으로 기독교 왕국이 세비야를 정복할 수 있었지만, 카스티야 왕국의 역대 왕들이 모두 그라나다 왕국을 병합하려고 했기 때문에 이베리아 반도에서 이슬람 세력이 그 힘을 잃어가는 것은 정해진 수순이었다.

알람브라 궁전(1994년 확장, 세계문화유산 등록)
알람브라 궁전은 기독교와 이슬람의 경계 지역에 있는 무어 양식 건축의 풍부한 장식미와 안달루시아 양식이 혼합된 요새이다. 이슬람 건축양식의 최고 걸작답게 알람브라 궁전은 이슬람 건축양식의 환상적인 아름다움을 보여준다.

하지만 718년부터 1492년까지 약 7세기 반에 걸쳐 이루어진 레콩키스타(국토회복운동), 즉 기독교 왕국들이 이베리아 남부의 이슬람 세력을 몰아내고 이베리아 반도를 회복하는 과정이 진행되면서 많은 이슬람교도들이 그라나다로 피신하게 되었다. 이때 피난민에는 상인 외에도 예술가나 기술자도 있었는데, 이들에 의해 그라나다는 코르도바 지방에서 이슬람 문화의 중심지로 성장할 수 있었다. 15세기에 들어서면서 그라나다의 15km의 성벽 안에는 무려 40만 명이 모여 살았다. 그러나 1492년 아라곤의 페르난도 2세와 카스티야의 이사벨 1세의 스페인 연합 왕국이 마지막 남은 이슬람 점령지인 그라나다를 정복하면서 레콩키스타도 마무리되고, 그라나다도 멸망하게 되었다.

그라나다 왕국을 세운 무하마드 1세는 알람브라 궁전을 처음 착공한 사람으로, 그가 말한 '알라만이 승리자'라는 말이 아라베스크 모양으로 알람브라 궁전의 벽에 수놓여져 있다고 한다. 알람브라 궁전은 무하마드 1세가 13세기 후반에 창건한 이래 그 후계자들이 집권한 1238~1358년 사이에 증축을 거듭하면서 넓은 부지의 면적을 차지하며 그 모양이 갖추어져 갔다. 무하마드 1세가 알람브라 궁전을 처음 지을 때는 영원히 남을 건물을 짓겠다는 생각을 한 것은 아니었다고 한다.

알람브라란 아랍어로 '붉은색'을 뜻하는데, 햇볕에 말린 타피아(토담)와 외벽에 쓰인 자갈이나 벽돌의 색이 모두 붉어서 이런 이름이 붙었을 것으로 생각된다.

알람브라 궁전은 이베리아 반도에서 이슬람 문화와 예술이 꽃피었음을 상징하는 공간이기도 하다. 알람브라 궁전은 전체 땅 면적이 1만 4,000㎡로 재판하는 공간, 군주가 공무를 보는 공간, 그리고 군주의 개인 공간 등으로 나뉜다. 구조적으로는 일반적인 이슬람 건축양식을 따랐으며, 방마다 개방적인 안뜰을 둘러싸는 모양으로 되어 있다. 이 때문에 안뜰에 있는 주랑이나 분수가 더위를 식혀주는 그늘 역할을 했다.

알람브라 궁전은 크게 헤네랄리페 정원, 나스르 궁전, 카를로스 5세 궁전, 알카사바 요새 등 총 4개 부분으로 구성되어 있다. 헤네랄리페

헤네랄리페 별궁의 정원
왕의 피서용 별장으로 13세기에 지어진 헤네랄리페 별궁에는 아름다운 산책로와 테라스, 분수 등이 있다.

정원은 13세기에 지어진 것으로 추측되는 왕의 여름 별궁으로, 600년이 넘는 세월 동안 포물선을 그리며 쏟아지는 분수와 연못, 나무들의 조각 같은 형상에 여러 가지 색채의 조화를 이룬 꽃들로 이루어진 화단 등으로 꾸며져 있다. '건축사의 뜰'이라는 별명이 붙어 있는 이 정원은 아기자기한 분위기의 건물들과 조화를 이루며 아름다움을 발하고 있다.

나스르 궁전은 알람브라 궁전 가운데 중심이 되는 궁전으로, 현재까지 남아 있는 메수아르궁, 코마레스궁, 사자궁 등 세 궁을 이르는 말이다. 코마레스궁과 사자궁의 주요 부분은 유수프 1세(재위 1331~1359

년)와 그의 아들 무하마드 5세(재위 1354~1391년) 때 지었다. 이 두 궁전은 일반적인 궁전 이상의 역할을 했는데, 구성 요소를 보면 왕의 사적인 공간 이외에도 공무를 보는 공간, 모스크, 병영, 마구간, 욕실 등 마치 하나의 작은 도시를 만들어 놓은 듯하다.

그리고 카를로스 5세 궁전은 알람브라 궁전의 정문에 해당하는데, 카를로스 5세가 스페인 통일을 기념하며 이슬람 건축에 대항하기 위해 16세기에 지은 궁전 건축물이다. 알람브라 궁전의 다른 건축물과

알람브라 궁전에서 가장 높은 탑인 '코마레스의 탑'
코마레스의 탑 안에 있는 '대사의 방'은 외국 대사가 임금을 알현하거나 권력 이양 의식을 집행하던 곳이다.

달리 카를로스 5세 궁전은 이탈리아 바깥에 지어진 최초의 르네상스 양식 건물이라고 할 수 있다. 사각형 모양의 궁전 내부는 원형 경기장과 비슷한 원형 구조로 되어 있다.

마지막으로 알카사바 요새는 병사들이 사용하던 군사 시설로 병사들의 숙소와 목욕탕, 저수조, 지하 감옥 등이 있다.

알람브라 궁전의 가장 놀라운 특징은 바로 화려한 장식이다. 어떤 일정한 양식을 따르지는 않았지만, 다른 곳에서는 비슷한 예를 찾아볼 수 없을 정도로 뛰어난 기술을 보여준다. 황금색과 빨강, 파랑의 아라베스크, 파랑 바탕에 빛나는 금빛 문자나 장미꽃 무늬, 복잡한 타일 무늬 등으로 장식된 궁전의 벽은 주위의 경치와 융합되면서 그 아름다움을 배가시킨다. 또 파사드나 회랑의 대리석 오더 아래쪽에는 별 다른 장식 없이 마루와 이어지지만, 위쪽 부분에는 복잡한 아라베스크나 고드름 모양의 나무 조각 장식이 뒤덮인 반원과 말굽 모양의 아치가 끝없이 이어지며 뛰어난 예술성을 자랑한다.

알람브라 궁전의 벽면과 천장의 장식들

이슬람 아라베스크 무늬의 진수를 보여주는 천장의 패턴(위)과 기하학적인 무늬들로 장식된 아치형 벽면(아래)

알람브라 궁전 가운데 가장 으뜸으로 손꼽히는 궁은 파티오 데 로스 아라야네스라는 이름의 도금양궁과 파티오 데 로스 레오네스라는 부르는 사자궁이다. 사자궁이라는 이름은 힘과 용기를 상징하는 사자 12마리가 조각된 흰 대리석의 석상이 수반을 받치고 있는 분수가 안뜰에 있기 때문이다. 사자상은 나스르 왕조 때 만들어진 조각 가운데서도 특히 아름다운 작품으로 평가되며, 분수 가장자리에는 정원의 아름다움을 찬양하는 이븐 잠자크의 시가 새겨

사자궁 안뜰에 있는 분수(위)
수반을 받치고 있는 12마리의 사자상. 나스르 왕조 때 만든 조각상인 이 사자상 때문에 사자궁이라는 이름이 붙었다.

사자궁 안뜰(아래)
나스르 왕조 시대의 예술 가운데에서도 걸작으로 손꼽히는 '사자의 안뜰'. 회랑에는 가느다란 원주가 사자상으로 장식된 분수 주변으로 124개나 늘어서 있다.

져 있다. 그는 정원의 아름다움에 대해 '더할 나위 없는 아름다움과 견줄 만한 것은 알라도 찾아내기 어렵다.'라며 찬양했다.

그리고 외국 귀빈이 왕을 만나기 위해 기다리던 '대사의 방'은 권력 이양 의식을 집행한 곳이기도 하다. 대사의 방은 히말라야 삼으로 짠 나무 세공으로 둥근 천장이나 식물이나 기학학적 무늬의 장식은 알람브라 궁전에서 가장 으뜸이다.

이 밖에도 빼어나게 아름다운 종유석 장식이 있는 살라 데 라스 도스 에르마나스(두 자매의 방)라는 방도 있다. 이 방은 전에는 왕의 후궁들이 쓰던 방이었다고 한다. 종유 장식으로 된 별 모양의 둥근 천장의 밝고 가벼운 색들은 빛의 명암과 어울리며 눈부신 아름다움을 선사하는 곳으로 유명하다.

이슬람교도 국가가 아닌 스페인 땅에 세워진 알람브라 궁전은 '중세 이슬람 문화의 결정체' 또는 '이슬람 건축의 최고 걸작' 등으로 평가받으며, 그 평가에 걸맞게 우상 숭배를 금지하는 이슬람 교리에 따라 다른 아무런 장식 없이 식물과 기하학적인 무늬만으로도 소박하지만 환상적인 아름다움과 화려함을 자랑한다.

Taj Mahal and Agra Fort

타지마할과 아그라 요새

인도 아그라(1631~1648년)

● 세계 7대 불가사의 가운데 하나인 타지마할은 사랑하는 왕비를 잃고 슬픔에 잠긴 무굴 제국의 샤 자한 자신이 살고 있던 아그라 성과 가까운 야무나 강 근처에 왕비를 위해 세운 대리석으로 만든 묘이다. 1632년 건설되기 시작한 타지마할은 인도에서 가장 유명한 건축물로, 전성기 무굴 건축의 절정을 이룬 모습을 잘 보여주고 있다.

무굴 제국의 제5대 황제인 샤 자한(재위 1628~1658년)은 1630년 알라신의 가호 아래 남인도를 정복하기 위해 데칸 고원으로 향했다. 이때 왕비인 뭄타즈 마할은 임신 중이었음에도 불구하고 제국의 군대와 함께 황제를 따라 나섰다. 하지만 이듬해에 황제의 14번째 아이를 낳은 뒤 숨지고 만다. 뭄타즈 마할은 궁정의 명문 가문 출신으로 샤 자한과 결혼한 후 황제의 훌륭한 상담자로 여러 가지 조언을 아끼지 않았다고 한다. 샤 자한도 전쟁터에 왕비를 데려갈 정도로 뭄타즈 마할을 사랑했다.

사랑하던 아내가 떠나자 샤 자한은 국민들에게 2년 동안 상을 치르도록 명하고, 자신도 깊은 슬픔에 빠져 평생을 보냈다. 그러는 동안

타지마할(위, 1983년 세계 문화유산 등록)

대리석으로 만든 영묘로 이슬람 건축술의 완성작이다. 페르시아, 터키, 인도 및 이슬람의 건축양식이 잘 조합된 무굴 건축의 가장 훌륭한 예라는 평가를 받았다.

아그라 요새(아래)

무굴 제국의 악바르 대제가 지은 성으로서 제국의 강력한 권력을 상징한다. 샤 자한이 원래는 요새로 지어진 이 성을 궁전으로 변모시켰다.

355 Chapter 09 _ 이슬람의 영향을 받은 서아시아 건축

세계의 왕(샤 자한)이라고 스스로를 칭하며 무굴 제국의 영토 확장에 커다란 의욕을 가졌던 샤 자한은 오로지 뭄타즈 마할을 그리워하며 왕비와의 추억을 영원히 간직하기 위한 묘 건설에만 몰두했다.

타지마할은 1632년경 인도, 페르시아, 중앙아시아 등지에서 온 건축가들의 공동 설계에 따라 착공되었다. 샤 자한은 모자이크 수공업자, 대리석 기술자, 서예가 등 세계 여러 나라의 장인과 기술자들을 불러 모았다. 그뿐만 아니라 프랑스의 금세공업자인 오스틴 드 볼드와 이탈리아의 보석 기술자인 제로니모 베로네오도 불러들여 타지마할의 디자인에 참여토록 했다. 이 때문에 타지마할의 건축양식에는 유럽의 바로크 양식도 찾아볼 수 있다. 날마다 2만 명이 넘는 노동자들이 동원되어 1643년경에 영묘를 완공하였고, 1649년경에 모스크와 성벽 통로 등 부속 건물을 완공함으로써 전체 완공까지 22년이 걸렸다.

인도 사람들은 사람이 죽으면 49일 뒤에 다시 태어난다는 윤회사상을 믿기 때문에 원래 묘를 만들지 않는다. 하지만 이슬람의 침입을 받으면서 묘 건축이 유입되고 델리의 술탄 왕조가 300년간 다스리는 동안 묘 건축이 정착되었다. 북인도 전체에 묘가 세워지고 이것을 힌두의 라지푸트족이 모방하게 된 것이다.

무굴 왕조는 이러한 묘 건축을 가장 세련된 양식으로 발전시켰다. 제국의 권위에 어울리게 거대하고 웅장하지만 세련된 묘를 만들었다. 이는 1565년에 세워진 무굴 왕조의 제2대 황제 후마윤 묘에서 찾아볼 수 있다. 넓은 정사각형 정원인 차하르바그 가운데 세워진 델리의 후마윤 묘는 페르시아 풍의 이완 4개를 서로 등이 맞대도록 하여 높은 기단 위에 세웠으며, 그 위에 흰 대리석으로 된 돔 지붕을 올렸다. 이를 시작

후마윤의 묘
붉은 사암으로 축조한 묘는 웅장함과 정형화된 구획 등 타지마할 건축에 지대한 영향을 끼쳤다.

으로 묘 건축은 대부분 후마윤 묘의 형식을 따랐으며, 세련되게 발전시킨 것이 바로 아그라의 타지마할이다.

타지마할의 모습은 전체적으로 볼 때 페르시아 건축의 영향을 받은 것으로 보인다. 차하르바그, 이완, 돔 지붕, 그리고 벽면의 상감 세공 기법은 모두 페르시아 건축의 특징이기 때문이다. 이와 달리 인도 건축의 요소로는 중앙 돔 둘레에 묵직한 지붕을 떠받치는 가느다란 기둥인 차토리(작은 탑)에서 찾을 수 있다. 차토리란 우산을 뜻하는 산스크리트어의 '차트라'에서 유래한 것으로 남문 위에는 작은 차토리가 화려하게 늘어서 있으며, 미나레트 꼭대기에서도 그 모습을 찾을 수 있다.

타지마할의 전체 크기는 너비 580m, 길이 350m의 직사각형으로 남북으로 늘어서 있다. 중앙에는 한 변이 305m인 정사각형 정원이 있고, 남쪽과 북쪽에 이보다 약간 작은 2개의 직사각형 구역이 있다. 남쪽 구역에는 타지마할로 들어가는 출입구와 부속 건물이 있으며, 북쪽 구역에는 영묘가 있는데 이 구역은 야무나 강가까지 뻗어 있다.

타지마할이 이전의 묘와 다른 특징은 묘의 위치에 있다. 이전의 묘는 보통 차하르바그의 가운데에 세웠다. 하지만 타지마할은 정원의 건너편 안쪽에 영묘를 배치하고, 묘의 양쪽에 똑같은 모양의 건물을 붉은 사암으로 만들어 묘를 향해 세웠다. 서쪽의 것은 모스크이고 동쪽의 것은 영빈관 역할을 하는 곳이며, 두 건물 모두 흰 대리석 돔을 3개씩

누문(樓門)
남쪽의 누문은 정원과 영묘로 들어가는 입구로 양쪽 끝은 팔각형의 미나레트 형태에 커다란 차토리를 머리에 이고 있다.

떠받치고 있다. 이 두 건물은 미학적 균형을 맞추어 묘 전체를 돋보이게 하기 위한 의도에 의해 설계된 것으로 보인다. 무굴 제국의 건축 특징 중 하나는 나중에 증축하거나 개축하지 못하도록 되어 있다. 그래서 건축가들은 처음부터 하나의 완벽한 구조로 타지마할을 설계해야 했다.

담장으로 둘러싸인 정원은 공원길과 수로 때문에 4등분으로 나뉜다. 정원은 한가운데 연못이 있는 대리석 단으로 구획이 나뉘고, 이 구획은 다시 작은 길로 4등분된다. 그리고 작은 길로 나뉜 구획은 다시 수로로 4등분된다. 이러한 구성은 모두 정사각형을 단위로 한 기하학에 기초를 두었기 때문으로 생각된다.

타지마할 모스크
영묘 양쪽에 붉은 사암으로 똑같은 모양의 건물을 만들어 묘를 향해 세웠다. 서쪽에 있는 모스크로 회교 사원으로 사용되고 있다.

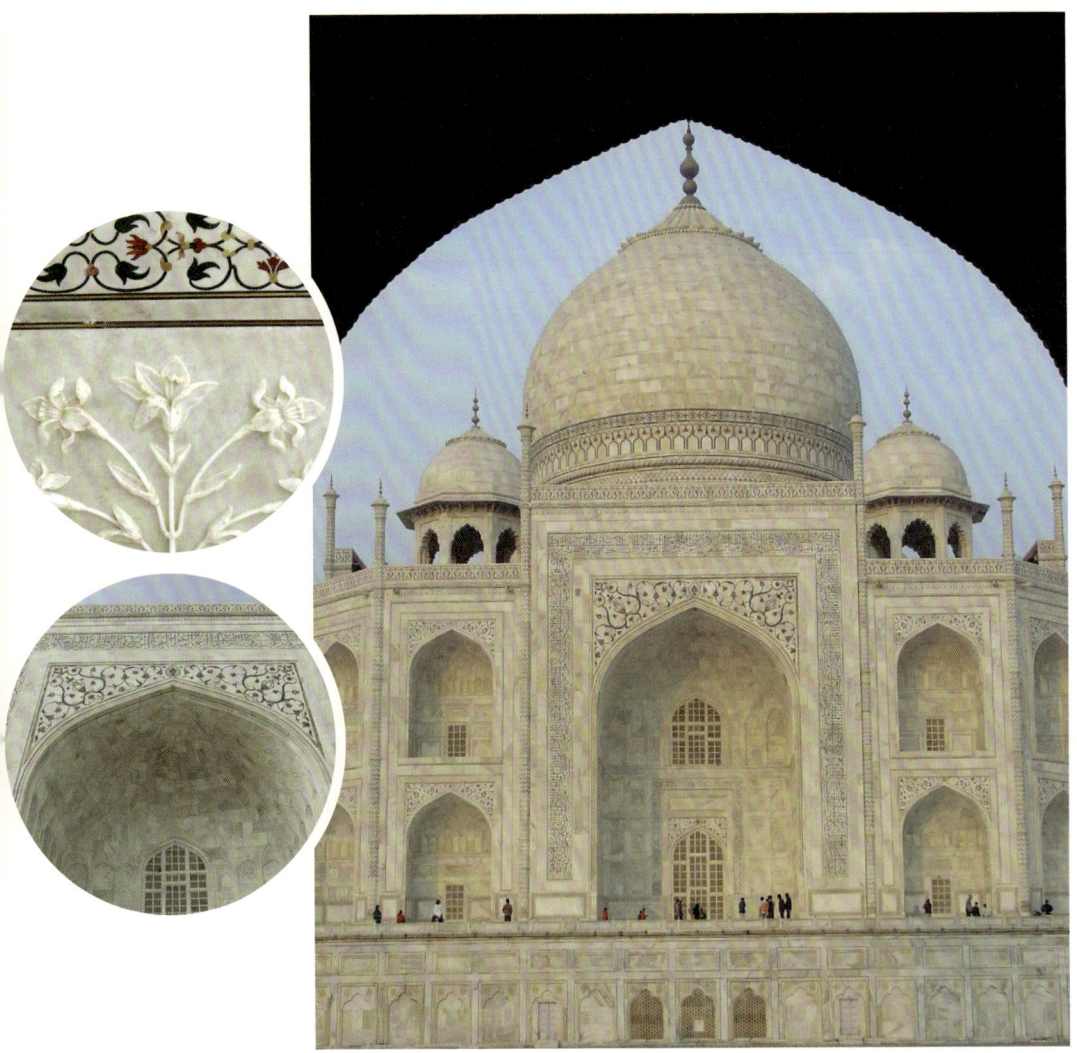

정문에서 바라본 타지마할
차하르바그 건너편에 우뚝 선 타지마할은 물 위에 반영된 모습과 달빛이 반사되었을 때 연출되는 순백색의 아름다움이 장관이다. 또한 기단이나 벽면을 장식하는 문양은 대리석을 깎아 옥돌을 하나하나 새겨 넣고, 상감 기법으로 세공하여 타지마할에 섬세하고 우아한 아름다움까지 더하고 있다.

영묘는 높이 7m의 대리석 대좌 위에 지어졌는데, 사방이 똑같은 모습으로 모서리가 정교하게 깎여 있다. 그리고 각 면마다 높이 33m의 거대한 아치가 우뚝 솟아 있다. 여기에 원통형 벽으로 떠받친 이중 돔이 이 건물을 더욱 완벽하게 보이게 한다. 묘의 각 아치 위에 있는 난간, 각 모서리 위에 있는 뾰족탑, 그리고 돔을 덮은 원통형 정자는 전체적인 묘의 모습을 더욱 율동감 있게 보여준다.

묘의 내부는 팔각형 방을 중심으로 설계되어 있는데, 얕은 부조 무늬와 아름다운 돌로 장식되었다. 연꽃 모양을 한 돔 천장으로 덮인 묘실에는 뭄타즈 마할의 모형관인 세노탑이 안치되어 있고, 진짜 석관은 지하 납골당에 안치되어 있다. 샤 자한 황제는 뭄타즈 마할의 묘를 완성한 뒤 건너편 강가에 검은색 대리석으로 타지마할과 똑같은 묘를 만들려고 했다. 바로 자신의 묘를 만들 계획이었다. 하지만 당시 국고는 이미 바닥이 나 있는 상태였고, 말년에는 대를 이은 아들 아우랑제브(재위 1658~1707년)에 의해 유폐되어 살았다. 아우랑제브는 아버지 샤 자한이 죽자 그의 관을 타지마할 지하 묘실에 있던 왕비의 관 옆에 두었다.

타지마할이라는 이름은 '궁전의 관'을 의미하기도 하는 뭄타즈 마할이 와전된 것으로 샤 자한의 한숨이 돌로 표현된 것이라고 한다. 무굴 제국 최고의 건축물인 타지마할은 무굴 건축의 전통을 이어받아 좌우 대칭의 균형이 잘 잡혀 있다. 이러한 타지마할은 세계에서 가장 아름다운 건물 가운데 하나이다.

샤 자한과 뭄타주 마할의 묘
대리석을 깎아 세운 난간 너머, 영원한 안식처에 뭄타즈 마할과 샤 자한의 관이 나란히 놓여 있다.

Old City of Jerusalem - Dome on the Rock

예루살렘 구 시가지 - 바위 돔

예루살렘(7세기)

● 이스라엘 하면 대부분 유대인들이 사는 나라쯤으로 인식하고 그들의 종교 역시 유대교일 것이라 생각한다. 하지만 실제 이스라엘은 종교의 자유가 보장된 나라이며 인구의 구성 비율은 유대인 77.8%, 아랍계 이스라엘인 17.5%이다. 이스라엘에서 유대인들은 대부분 유대교를 믿지만, 아랍계 이스라엘인들은 이슬람교를 믿는다. 즉, 이스라엘의 종교는 유대교과 이슬람교가 다수를 이루고 기독교, 드루즈교, 바하이교 등이 소수를 이루고 있는 상황이다. 예루살렘은 이 수많은 종교의 집산지라 할 수 있으며, 이 때문에 수많은 종교적 문화유산들이 산재하여 1981년 유네스코에서 예루살렘 전체를 세계문화유산으로 지정하기까지 하였다. 그중에서도 가장 빛나는 문화유산이 바로 '바위 돔(Dome on the Rock)'이다. 바위 돔은 그 유명한 통곡의 벽 위쪽에 우뚝 서 있는데, 이 지역은 무슬림이 모여 사는 이슬람 지역이기도 하다.

이슬람의 최고 성지 가운데 하나이며 현존하는 가장 오래된 이슬람 건축물로 인정받고 있는 바위 돔은 687~691년에 세워졌다. 7세기

바위 돔(1981년 세계문화유산 등록)
바위 돔의 모든 벽면은 정교한 기하학적 문양으로 장식되어 있어 아랍 건축 예술을 가늠해 볼 수 있다.

에 예루살렘을 차지하고 있던 이슬람교도는 유대교도들의 예루살렘 출입을 금지했다. 추방당한 유대교도들에게 예루살렘은 간절히 그리운 신화의 땅이 되었다.

638년 이슬람군을 이끌고 예루살렘을 점령한 제2대 칼리프(Caliph, 이슬람의 종교·정치 지도자에게 주어지는 옛날 명칭) 우마르(재위 634~644년)는 성묘 교회를 방문하였지만 예배를 올리지 않고 따로 예배소를 만드는데, 바로 우마르 모스크이다. 우마이야 왕조는 우마르가 죽은 뒤에도 100년 가까이 예루살렘을 지배했다. 바위 돔도 바로 우마이야 왕조의 제5대 칼리프 압둘 말리크(Abd al-Malik, 재위 685~705년)가 건설하기 시작하여 691년에 완공한 것이다. 당시 압둘 말리크는 예루살렘의 솔로몬 성전 자리가 있던 바위 위에 이슬람 사원인 '바위 돔' 사원을 지었다. 그가 이곳에 바위 돔 사원을 지은 이유는 이곳이 바로 역사적 인물 아브라함이 자신의 아들 이삭(그러나 무슬림들은 이때의 인물이 이스마엘이라고 믿고 있음)을 제물로 바치려던 바로 그 바위라고 이야기되고 있었기 때문이었다.

전해지는 이야기에 의하면 압둘 말리크는 이 바위 돔을 짓기 위해 7년 동안의 국고 수입에 맞먹는 돈을 쏟아부었으며, 완공된 후에는 직접 손으로 바닥을 쓸고 닦는 예식을 거행했다고 한다. 이 때문에 그

성전의 황금 돔
현재와 같은 진짜 황금의 돔이 된 것은 요르단의 후세인 왕이 650만 달러의 사재를 들여 24K의 순금으로 씌우게 한 이후이다.

후의 모든 칼리프들도 이곳에서 예배를 드릴 때는 똑같은 예식을 행해야만 했다고 한다.

바위 돔은 그리스 건축가의 설계로 지어졌는데, 사실 이는 비잔틴 양식의 '예수님 부활 성당(콘스탄티누스 황제가 건축한 성당)'을 모방한 것이다. 그 때문에 돔의 내부를 보면 비잔틴식 모자이크로 화려하게 장식된 것을 볼 수 있다.

돔 천장
윗부분은 면마다 다른 타일을 붙였고, 돔 안쪽에는 아라비아 문자로 코란이 새겨져 있다.

압둘 말리크는 예수님 부활 성당보다 더 크고 화려하게 돔을 만들도록 지시했다. 그리고 완성된 바위 돔 내부의 천장 벽에 장장 240여 미터 길이의 코란을 새겨 놓기도 했다.

691년에 완성된 바위 돔은 그 뒤로 모습이 거의 변하지 않았다. 사람들의 눈길을 끌 수 있는 커다란 건축물을 세우라는 압둘 말리크의 명령으로 세워진 바위 돔은 팔각당 위에 돔을 얹힌 형태로, 납과 금으로 만들어져 있다. 팔각당의 높이는 9.5m이고, 그 위에 세워진 돔의 높이는 20.5m나 되지만 팔각당과 돔의 크기는 서로 균형을 이루며 전체적으로 훌륭한 조화를 이루고 있다. 황금색을 입힌 바깥쪽의 청동판 돔이 안쪽에 있는 목제 돔을 보호하는 역할을 하는데, 태양빛이 바깥쪽의 황금색 돔에 반사되어 눈부시게 빛난다.

동서남북에 4개의 입구가 있는 바위 돔 사원의 남쪽 입구는 메카

바위 돔 사원 중앙 회랑(위)
사원 내부에는 대리석 기둥들이 있는데, 비잔틴이나 로마 시대의 양식이 복합적으로 나타나 기둥들의 색깔, 높이, 두께 등이 모두 제각각이다.

바위 돔 사원 내부의 바위(아래)
사원 내부 한가운데 회랑으로 둘러싸인 바위는 기독교에서는 아브라함이 아들 이삭을 눕혔던 장소로, 이슬람교에서는 무함마드가 신의 계시를 받으러 하늘로 올라갔다는 장소로 신성시되는 곳이다.

통곡의 벽 위로 보이는 바위 돔 사원(위)
솔로몬의 성전 자리 위에 지었다는 바위 돔 사원은 이슬람교도의 3대 성지 중 하나이다. 오른쪽으로 보이는 통로는 비이슬람인들을 위한 입구로 무어족의 문으로 연결된다.

바위 돔 사원의 신성한 장식(가운데)
사원의 벽면은 코란을 고대 아라비아 문자로 새겼고, 푸른색 타일과 화려한 모자이크로 꾸며져 있다.

쇠사슬 사원(아래)
다윗의 법정으로도 불리는 이 사원은 바위돔 사원 동쪽에 위치한다. 20개의 대리석 기둥으로 이루어진 이 돔을 무슬림들은 성전 산의 배꼽 또는 지구의 배꼽으로도 부른다.

방향을 향하고 있으며, 사원 안에는 훌륭한 모자이크로 장식된 돔 기부의 고동부와 팔각형의 측랑 윗부분을 찾아볼 수 있다. 또한 여러 가지 색깔로 도금된 아라베스크 무늬의 스투코(치장 벽토) 장식도 볼 수 있다.

유대교도와 이슬람교도는 사원 내부에 있는 바위를 세계의 중심이라고 생각한다. 이 바위의 전설은 시조 아브라함 시대까지 거슬러 올라가 다윗, 솔로몬, 헤롯, 예수 시대를 지나 예언자 마호메트 시대로 이어지고, 바위는 이슬람교도의 지배 아래로 들어가게 된다. 이슬람교도들에게 이 바위는 마호메트가 계시를 받은 성스러운 장소였다.

1099년, 십자군의 점령으로 예루살렘은 기독교도의 도시가 된다. 1187년 아이유브 왕조의 초대 술탄인 살라흐 알 딘이 예루살렘을 되찾았지만, 1229년부터 15년 동안은 다시 기독교도의 지배를 받았다. 그 뒤 1516년, 예루살렘은 오스만 제국에 점령당하면서 많은 기독교의 성당들이 이슬람 사원으로 바뀌었다.

유네스코 세계유산으로 지정되었다는 의미는 유산을 소유한 나라뿐만 아니라 유산을 인류 공동의 유산으로 지정하여, 모두 함께 보호해야 한다는 기본 취지를 가지고 있다.

그렇지만 유네스코 세계유산에서는 등재하는 유산을 표기할 때는 반드시 그 유산을 소유한 나라 이름을 함께 표기하는 것을 기본으로 한다. 하지만 예루살렘의 경우에는 나라 이름을 표기하지 않는다. 왜냐하면 예루살렘을 자신들의 영토라며 세계문화유산으로 지정해 줄 것을 요청한 나라는 요르단이다. 그러나 현재 예루살렘이 속해 있는 나라는 지역적으로는 이스라엘이기 때문에 유네스코에서는 예루살렘을 표기할 때 나라 이름을 함께 쓰지 않는다.

■■ 알아두면 좋아요 ■■

예루살렘은 도시 그 자체가 세계 유산이자 인류 역사의 현장이다. 예루살렘의 건축과 그 속에 담긴 혼을 이해하기 위해 간단히 예루살렘의 역사를 알고 가자.

연도	예루살렘의 역사 내용
BC 1000	다윗이 예루살렘에 도읍을 정하다.
BC 969	솔로몬이 성전을 세우다.
BC 701	아시리아의 산헤립이 예루살렘을 포위 공격하다.
BC 586	바빌론의 느부갓네살이 예루살렘을 함락하다.
BC 538	바사의 고레스 왕의 칙령에 따라 스룹바벨이 예루살렘 성을 재건하다.
BC 515	예루살렘 성전을 강화하다.
BC 445	느헤미야가 예루살렘 성과 성벽을 정비하다.
BC 332	알렉산드로스 대왕이 예루살렘을 방문, 그리스 시대가 시작되다.
BC 169	그리스 후예인 시리아의 안티오쿠스 4세 에피파네스가 예루살렘 성전을 약탈하고 유대교를 금지시키다.
BC 167	마카비 형제의 하스모니아 유대 왕국이 예루살렘을 회복하고 성전을 강화하다.
BC 63	로마 제국의 폼페이우스 장군이 예루살렘을 점령하다.
BC 37	로마 제국의 비호 아래 헤롯 왕이 예루살렘 확장 공사를 하다.
BC 22	헤롯 왕이 예루살렘 성전을 확장하고 미화하다.
BC 4	예수가 탄생하다.
AD 70	로마의 디도 장군이 예루살렘을 함락하고 성전을 파괴하다.
AD 135	바르 코흐바의 지도로 유대인 독립 운동이 일어나고 하드리안 로마 황제가 유대인을 국외로 추방하고 예루살렘을 알리아 카피톨리나로 부르다.
AD 324~640	비잔틴 시대가 도래하여 아름답고 웅장한 교회들이 세워지다.
AD 614	이슬람교도들이 예루살렘을 점령하고 모리아산(성전산)을 중심으로 이슬람 성지화하다.
AD 1099	십자군이 예루살렘을 점령하다.
AD 1187	이슬람의 살라딘 장군이 예루살렘을 점령하다.
AD 1267	이슬람교인 이집트의 맘루크 왕조가 예루살렘을 점령하다.
AD 1516	이슬람교인 오스만 투르크 제국이 예루살렘을 점령하다.
AD 1538	오스만 투르크 제국의 술레이만 1세가 예루살렘 성벽을 재건하여 현재의 예루살렘 성벽으로 보존되다.
AD 1917	영국의 예루살렘 점령 및 신탁 통치가 시작되다.
AD 1947	이스라엘이 독립하고, 예루살렘이 이스라엘의 수도가 되다.

Part 05

기타 지역의
건축 문화 유산

Chapter 10

Architecture of The World

아메리카 지역의 건축

+

• 욱스말 선(先) 스페인 도시, 멕시코
• 마추픽추 역사 보호 지구, 페루

고대 아메리카의 신비한 건축들

우리는 가끔 신문이나 잡지를 통해 고대 아메리카가 남긴 유적들을 보고 놀랄 때가 있다. 이집트의 피라미드가 신비해 보이는 것처럼 이곳의 고대인들이 남긴 유적 또한 피라미드 못지않은 미스터리를 자아낸다. 도대체 이 미지의 땅에 이런 건축 기술을 가진 문명인이 살고 있었다는 게 믿어지지 않을 정도다.

이를 이해하기 위해 우선 아메리카의 고대 문명에 대해 어느 정도 이해가 필요하다. 고대 아메리카에는 우리가 생각하는 이상으로 문화를 꽃피웠던 3대 문명이 있었다. 바로 마야 문명, 아스텍 문명, 잉카 문명이 그것이다.

마야 문명(Maya)은 6세기경 중앙아메리카(멕시코 남동부, 과테말라, 유카탄 반도 등)에서 마야족이 발달시킨 것으로, 마야족은 아메리카에서 상형 문자를 사용한 유일한 민족으로 꼽힌다. 그들은 또한 상당 수준의 금속 문화를 가졌고, 천문학에도 조예가 깊었다고 전해진다. 이러한 마야족은 화려한 석비에 왕조의 역사를 나타내는 내용의 글을 새겨 정통성을 나타내려 하였다.

고대 마야 문명의 칼라크물의 피라미드 유적(위)

마야의 역년(曆年)이 새겨진 소치칼코 유적지의 석주 (아래)

아스텍 문명(Aztec)은 지금의 멕시코 부근에서 1248~1521년까지 존재했던 아스텍 제국이 일으킨 문명이다. 아스텍인들의 예술과 건축물은 강한 느낌이 나는 것이 특징이다. 테노치티틀란은 아스텍 인들이 세상의 중심이라고 생각하고 세운 도시로, 호수를 가로지르는 두 개의 주요 도로가 중앙에서 교차하는 바둑판 형태로 만들어진 계획적인 도시라는 점에서 놀랄 만하다. 또한 각 도시에 거대한 계단식 제단을 갖춘

테오티우아칸의 태양 피라미드(위)

피라미드를 장식하는 조각상(아래)

피라미드 신전을 세웠는데, 이렇게 전해지는 대표적인 유적이 멕시코에 남아 있는 테오티우아칸(죽은 자의 거리)이다. 이 유적은 격자형 구조로 되어 있는데, 특히 인상적인 것은 죽은 자의 거리 좌우로 늘어서 있는 피라미드들이다. 그중 가장 커다란 피라미드는 57m 높이의 '태양의 피라미드'이다. 이것은 크기만으로 따져도 이집트를 포함해서 세계에서 3번째로 큰 피라미드이니 놀랍기만 하다. 그 모양도 정도의 차이가 있기는 하지만, 이집트의 피라미드와 너무 닮아 있어 도대체 아스텍인들과 고대 이집트인들이 어떤 관계가 있었는지 의문을 자아낼 뿐이다. 더욱 놀라운 것은 태양의 피라미드와 이집트의 피라미드가 지구본으로 봤을 때 일직선상에 놓인다는 점이다.

잉카(Inka)문명은 주로 지금의 페루 지역에서 활동했던 잉카 제국(중앙아메리카의 에콰도르부터 칠레 중부까지의 땅을 차지했던 거대 제국임)이 일으킨 문명이다. 그들은 12~15세기에 활약하며 뛰어난 금속 가공과 석공 기술을 가졌던 것으로 전해진다. 그러나 1533년 사파 잉카(유일한 왕)라 불리는 마지막 황제 아타왈파가 에스파냐(스페인)의 점령자 프란시스코 피사로에 의해 살해당하면서 멸망하고 말았다. 그렇다면 이러한 잉카 문명이 남긴 건축물은 어떠했을까? 그것은 잃어버린 도시로 불리는 마추픽추(Machu Picchu)에 잘 나타나 있다. 마추픽추는 페루 남부 쿠스코시의 북서쪽 우루밤바 계곡에 건설한 잉카의 도시이다. 쿠스코시는 안데스 산맥의 해발 3,399m에 자리 잡고 있는 도시로, 이곳이 바로 잉카 제국의 수도였다. 그 잉카인들이 에스파냐의 공격을 받고 우루밤바 계곡으로 뿔뿔이 흩어지게 되었으며, 그들은 이곳의 산 정상(해발 2,400m)에 요새를 건설하여 적들과 대항하다가 결국 최후를 맞았다. 그런데 그들이 이곳에 남긴 마추픽추는 경탄을 자아내다 못해 신비 속으로 빠져들게 할 만큼 장엄한 모습을 하고 있다. 아득한 산봉우리에 궁전, 신전, 묘지, 도로, 수로 등 온갖 시설물이 다 존재하고 있으며, 깎아지른 절벽을 따라 아슬아슬한 계단이 신기하게 이어져 있다. 도대체 어떤 건축기술로 이런 요새를 만들 수 있었는지 그저 경이로울 따름이다.

식민지 아메리카의 건축

이제 아메리카는 원주민이 쫓겨나고 서구 열강들의 식민지로 탈바꿈하였다. 북아메리카는 영국이, 중남미 대부분은 스페인이, 브라질은 포르투갈이 잠식하였다. 이렇게 새로운 기회의 땅을 차지한 서구 열강들은 하나같이 이곳에 자신들의 종교와 문화를 퍼뜨렸다. 따라서 근대 아메리카의 건축물들은 이런 배경 하에서 건설될 수밖에 없었다.

우선 미국의 경우를 살펴보자. 17세기 중반부터 미국에는 영국을 비롯하여 독일, 프랑스, 스페인, 북유럽 등으로부터 이주해 온 사람들이 건축물을 짓기 시작했다. 당연히 이때의 건축양식은 그들이 고향에서 보았던 그것을 답습하는 수준이었다. 그렇게 18세기 초가 되면서 생활이 안정되자 영국 건축가들의 테크닉을 모델로 하는 건축 기술들로 실내가 장식되기 시작했으며, 18세기 중반에는 '조지안 양식'이라는 건축술이 등장했다. 조지안 양식은 매우 고급스러운 건축양식으로 밝은 톤의 여러 색으로 채색한 미늘벽(Clapboard, 참나무 판자)이 사용되었으며, 장밋빛이나 연한 핑크색(Salmon)의 벽돌이 사용되어 멋있는 효과를 낼 수 있게 되었다. 주택의 구조는 주층에 거의 같은 크기인 4개의 방들이 건물의 전면과 후면에 대칭적으로 배치되어 있고 중앙에 계단 홀이 있는 형태였다.

이러한 조지안 양식으로 만들어진 대표적인 건축물이 미국의 독립기념관이다. 독립기념관은 원래는 잉글랜드 퀘이커교도들이 세운 펜실베이니아 식민지의 정부청사였으나, 1776년 7월 4일 제퍼슨(Thomas Jefferson)이 〈독립선언서〉를 발표하면서 역사적인 건축물이 되었다.

한편 중남미의 경우 스페인과 포르투갈이 지배하고 있었으므로 건축양식 또한 두 나라의 영향을 받을 수밖에 없었다. 당시 스페인과 포르투갈은 구교인 가톨릭을 신봉하는 국가였으므로 그들은 강제적으로 이곳에 가톨릭 문화를 심어 식민지를 지배하려 들었다. 이 덕분에 이곳에는 수많은 유럽 풍의 식민지 시대 건축이 남아 있다.

1519년 처음 아스텍 땅에 상륙한 스페인인들이 중앙아메리카부터 남아메리카까지 차례로 정복해 가면서 건설한 건축물들은 조금 복잡

독립기념관(왼쪽)
산타 프리스카 성당(오른쪽)

해 보일 정도의 화려하게 장식된 현관과 진입로를 강조한 육중한 느낌의 바로크 양식 건물들이었다. 멕시코 중부 미초아칸주(州)의 주도(州都) 모렐리아(Morelia)에는 1744년에 완성된 바로크 양식의 대성당 등 유서 깊은 건물이 많으며, 멕시코 중부 케레타로주(州)의 주도(州都) 케레타로에도 서양 건축양식의 성당과 수도원 건물들이 남아 있다. 프란시스코 히메네스가 세운 사카테카스 성당, 산타 프리스카 성당 등이 대표적인 건축물이다.

이러한 바로크 건축은 남아메리카 전체로 퍼져 나갔다. 그것은 장식이 주렁주렁 달린 요란한 느낌이 나기도 했는데, 이는 당시 남미인들의 기호에도 맞았기 때문에 이런 풍의 건축술이 하나의 건축 문화를 이루기도 했다. 이때 세워진 또 하나의 대표적인 건축물 중 하나가 브라질의 아마존 한가운데 있는 마나우스 오페라 하우스이다. 이는 열대우림의 악조건 속에 세워진 바로크 풍 건축이라는 데 커다란 의미가 있다. 또 하나 대표적인 건축물을 소개하자면 칠레의 칠로에 섬에 있는 교회들을 들 수 있을 것이다. 칠로에 섬에는 자그마치 14개의 교회 건축물이 들어서 있는데, 이들은 모두 17~20세기에 걸쳐 서양 전통 건축양식에 따라 천연 목재를 재료로 하여 지어진 목조 건축물이다. 하지만 이런 건축물들은 이 지역 고유의 양식과 서양의 문화 및 건축 기술이 조화를 이룬 작품의 극치로 평가받아 유네스코 세계문화유산으로 공식 지정되었다. 당시 스페인인과 인디오의 혼혈인을 메스티소라고 불렀는데, 이러한 칠로에 섬의 교회 건축과 같은 양식도 메스티소 양식이라 부른다.

마나우스 오페라 하우스(위)
칠로에 섬의 네르콘 교회 (아래)

Pre-Hispanic Town of Uxmal

욱스말 선(先) 스페인 도시

멕시코 메리다(11세기 경)

고대의 마야 도시 욱스말은 일찍부터 정치와 경제의 중심지로 번성했다. 마야 문명이 전성기를 누렸던 고대 마야의 후기(600~900년)를 대표했던 도시 욱스말은 900년~1200년, 이곳을 침입한 사우족이 만든 도시로 알려져 있다. 하지만 방사성 탄소 14를 이용해 욱스말에서 발굴된 출토품의 연대를 측정한 결과, 6세기 것이 많았으며, 심지어 BC 800년 경에도 사람이 살았던 흔적을 발견했다.

본래 욱스말은 농경 위주의 도시였지만 교역의 중심지로 발달하면서 유카탄 반도 북부의 정치, 경제, 종교의 중심지가 된다.

욱스말은 10세기 말에 치첸이트사(지금의 멕시코 유카탄 주 남중부에 있었던 고대 마야 도시로 현재는 폐허가 됨)와 마야판(지금의 멕시코 메리다 남쪽에 위치한 고대 마야 유적 도시) 등의 도시와 동맹을 맺으면서 번성했다. 그 후 마야판이 주도권을 가지면서 욱스말은 쇠퇴의 길을 걷다가 15세기 말에는 그 명성을 완전히 잃어버렸다.

남북으로 약 1,000m, 동서로 약 600m 규모로 펼쳐져 있는 욱스

욱스말(1996년 세계문화유산 등록)

고대 정치, 경제의 중심지로 번성했던 마야 도시 욱스말. 마야 시대의 건축과 예술의 절정이다.

말에는 웅장하고 다양한 건물 유적이 남아 있는데, 이들은 작은 분지에 위치해 있다. 모든 건물 유적은 마야의 전통에 따라 거의 남과 북을 잇는 일직선상 위에 세워져 있다.

남쪽에서 시작한 건물은 '남쪽 신전', '비둘기관', 그리고 광장을 에워싼 4동의 건물군이 차례로 배치되어 있다. 비둘기관 동쪽에는 '대피라미드'가, 그 북동쪽에는 '총독관'이, 총독관 기단의 북서쪽 모퉁이에는 '거북관'이, 거북관 북쪽에는 '여자 수도원' 및 '마법사의 피라미드'가 있다. 그뿐만 아니라 북쪽에는 북쪽 그룹이라는 유적도 있으며 구기장 서쪽에는 신전이 있는 무덤군이, 총독관 남동쪽에는 '노예 피라미드' 등의 건축물이 자리를 잡고 있다.

욱스말은 마야 문양의 고전기 후기에 널리 퍼졌던 푸크 양식이 화려하게 전개된 곳이기도 하다. 욱스말이 위치한 유카탄 반도 북부는 낮은 구릉 지대가 펼쳐지는 곳이다. 마야 말로 '구릉'을 뜻하는 단어가 바로 푸크여서, 마야 사람들은 이곳을 푸크 지방으로 불렀다고 한다.

푸크의 건축양식은 평평한 지붕과 무게감이 있는 건물, 가로로 긴 직사각형 모양이 특징이다. 그리고 외벽의 윗부분은 모자이크 장식으로 마감되었다. 같은 시대의 건물은 돌 블록을 쌓아 올려 만들었는데 반해, 푸크 양식은 콘크리트로 벽을 만들고, 겉면에는 석회암을 얇게 다듬은 돌을 붙였다. 외벽은 위아래를 나누어 윗부분은 회반죽을 발라 여러 모양으로 조각을 한 돌을 모자이크 모양으로 늘어놓아 벽면을 장식했으며, 아랫부분은 아무런 장식 없이 평평하게 다듬은 돌을 질서 있게 죽 늘어놓는 것이 특징이었다. 이때 윗부분을 장식하던 모자이크에는 기하학적인 문양이나 비스듬한 격자, 그리고 비의 신 차크를 조각한 장식물이 설치되었다. 이는 밋밋한 건물에 고유의 특징을 주는 유일한 요소가 되었다.

욱스말 유적지에 들어서면 우뚝 솟아 있는 '마법사의 피라미드'가 한눈에 들어온다. 5개의 신전을 가진 마법사의 피라미드는 바닥은 타원형으로 긴 지름이 70m, 짧은 지름이 50m 정도이며, 높이는 26m이다. 이 피라미드는 6~11세기까지 서쪽 면의 기단부에 있는 가장 오래된 제1기 신전부터 가장 위층에 있는 '마법사의 집'이라고 부르는 제5기 신전까지 건설하는 데 300년의 시간이 걸렸다. 6세기부터 시작한

욱스말 건축물의 외벽 장식물
욱스말 건축물은 기하학적 문양과 비의 신 차크 부조상, 특유의 뱀 무늬 조각으로 곳곳이 장식되어 있다.

마법사의 피라미드
전체적으로 타원형 평면 구조로 되어 있는 이 피라미드는 매우 우람하고 단단하게 보여 마치 성을 보는 것 같은 느낌을 준다.

마법사의 피라미드 입구
둥글고 우아한 모습의 마법사의 피라미드는 300년이라는 긴 세월에 걸쳐 완성되었다.

건설이 11세기에 이르러 완공된 것이다. 마법사의 피라미드는 한 층씩 차례로 올려 완성되었다. 이 때문에 각 기마다 다른 건축 기술이 구사되어 더욱 특색 있는 피라미드가 되었다. 마법사의 피라미드라는 이름은 알에서 태어난 지 1년 만에 어른이 된 난쟁이가 욱스말 왕의 도전으로 하룻밤 만에 세웠다는 전설로 인해 생겨났다는 것에서 유래되었다.

마법사의 피라미드는 89개의 거대한 계단이 급한 경사를 이루며 27m나 이어져 2층 아랫부분에 해당하는 무도장에 닿는다. 계단 옆면은 차크상 12개로 장식되어 있다. 2층에는 체네스 양식으로 된 신전의 큰 입구가 있는데, 내부에 위치한 2개의 방과 서로 연결되어

체네스 양식의 신전
신전 입구는 입을 벌린 거대한 차크 신의 얼굴 조각상으로 장식되어 있다. 이 장식은 수많은 차크 조각상으로 꿰어 맞춰져 있다.

있다. 천장은 마야 특유의 유사 아치 모양으로 돌을 쌓아 올렸다.

입구 정면은 전체가 차크의 얼굴로 만들었기 때문에 차크의 입이 출입문에 해당한다. 그리고 출입문 둘레는 작은 차크의 얼굴과 기하학적 문양으로 꾸며져 있다. 이처럼 신의 입을 출입문으로 꾸미는 것이 체네스 양식의 특징 가운데 하나다. 입구 양쪽에 있는 계단은 피라미드 맨 위 층뿐만 아니라 그곳에 있는 신전 입구로 이어진다.

높은 기단 위에 작은 방이 이어진 직사각형 건물로 만들어진 '여자 수도원'은 4동의 건물로 중앙 광장을 에워싸고 있다. 이곳은 신관의 주거지나 중요한 의식과 제사 등이 거행되던 장소로 여겨진다. 여

여자 수도원
여자 수도원은 다른 수도원들과 같이 많은 방들이 안뜰을 에워싸고 있다. 모서리에는 비의 신인 차크의 얼굴과 기하학적 문양으로 꾸며져 있다.

총독관
건물 외벽은 차크와 뱀 장식 부조로 섬세한 조형미를 자랑한다.

자 수도원이라는 이름은 에스파냐의 여자 수도원과 비슷하다고 해서 붙여진 이름으로, 차크의 얼굴과 마야의 가옥, 뱀, 재규어, 격자 문양 등이 장식으로 사용되었다. 여자 수도원의 출입문은 하나로 남동쪽 중앙에 있다.

여자 수도원 출입문인 유사 아치를 지나면 2개의 두꺼운 벽이 가늘고 긴 공간을 사이에 두고 마주하는 '구기장'이 나온다. 이름 그대로 이곳에서는 일찍이 풍요 의례의 하나로 고무공을 이용한 경기가 행해졌다고 한다. 구기장 정남쪽에는 '총독관'이 위치한다. 3단의 기단 위에 세워진 총독관의 1단의 기단은 긴 변이 181m, 짧은 변이 153m이다. 이 위에 다시 기단을 쌓고 그 위에 동서 12m, 남북 100m, 높이 8m의 건물을 푸크 양식으로 올려 전체 높이가 땅에서 약 20m나 된다. 총독관의 지붕은 평평한 모양에 벽면 위쪽은 조각을 한 약 2만 개의 돌로 뒤덮인 푸크 양식의 전형을 보여준다. 훌륭한 모자이크 문양이 새겨진 총독관은 마야 건축의 가장 아름다운 건축물 가운데 하나로 평가받는다.

'대피라미드'에는 북쪽 면에 몇 개의 계단만이 남아 있던 것을 1972~1973년 사이에 복구하여 현재는 피라미드 정상에 있는 신전까지가 볼 수 있다. 신전의 겉면은 차크의 얼굴과 불을 상징하는 무늬로 장식되어 있으며, 중앙의 방으로 들어가는 입구는 커다란 신의 얼굴로 되어 있다. 이 얼굴은 너비 약 3m, 높이 약 2m로 크기가 큰 편에 속한다.

'비둘기관'은 4동의 건물로 이루어져 있는데, 직사각형 모양의 채광창이 있는 흙벽 위는 격자창이 달린 지붕 장식이 얹혀져 있다. 이는 욱스말 주변에서는 보기 드문 구조다.

마야 고전기 후기에 정치, 경제, 종교의 중심지였던 욱스말에 현재 남아 있는 건물군의 대부분은 종교 건축과 함께 귀족들의 저택이나 궁전이었던 것으로 추측하고 있다.

Historic Sanctuary of Machu Picchu

마추픽추 역사 보호 지구

페루 쿠스코(15세기경)

● 수 세기 동안 스페인 정복자나 많은 모험가들을 비롯해 숨겨진 도시를 발견하여 일확천금을 꿈꾸던 사람들은 잉카 전설의 도시, 빌카밤바를 발견하기 위해 노력했다. 하지만 그 누구도 자연의 왕성한 생명력으로 덮여진 도시를 발견하지는 못했다.

잉카란 인티(태양신)의 아들로 절대적인 권력자, 즉 잉카 제국의 황제를 칭하는 말이었다. 하지만 스페인 정복자들은 황제뿐만 아니라 국가와 국민 모두를 잉카라고 불렀다. 왕조를 세운 최초의 황제(잉카)는 태양신의 아들인 망코팍이다. 전설에 따르면 1200년경 태양신의 명령으로 망코팍이 지상으로 내려와 쿠스코에 수도를 정하고, 제국을 통치하였다고 한다.

1911년 영국의 고고학자이면서 예일 대학에서 라틴아메리카의 역사를 강의하던 히람 빙엄은 페루의 안데스 산맥을 향해 출발했다. 히랑 빙엄이 안데스 산을 조사하려는 목적도 바로 빌카밤바를 찾기 위해서였다. 그는 잉카 제국의 수도였던 쿠스코 북서부를 조사하던 중 원주

잉카 도시 마추픽추(1983년 세계문화유산 등록)
안데스 산맥 끝자락에 위치한 고도의 문명이 존재했던 잉카 제국의 도시이다.

민 소년의 안내로 우루밤바 강이 내려다보이는 산꼭대기에 올라가게 되었다. 그곳에서 빙엄은 숲에 덮여 있는 도시 유적을 발견하고는 드디어 빌카밤바를 찾아냈다고 생각했다.

그곳은 원주민들이 늙은 산봉우리라는 뜻의 마추픽추라고 부르는 곳이었다. 마추픽추의 산기슭에는 셀 수 없이 많은 계단이 연결된, 여러 개의 계단식 언덕으로 이루어진 도시가 있었다. 해발 2,400m에 자리 잡은 잉카의 도시는 해발 2,720m 높이의 우아이나픽추(젊은 산봉우리) 산을 배경으로 안데스 산맥의 웅대한 풍경과 어울리며 그 아름다움을 자랑했고, 보존 상태도 매우 좋았다.

시간이 흐르면서 마추픽추가 사라진 도시, 빌카밤바가 아니라는

마추픽추 거주 단지(위)
돌로 지어진 건물의 개수는 총 200호 정도가 된다.

칸차 양식의 마추픽추 실내 모습(아래)
5k㎡에 달하는 면적에 펼쳐져 있는 잉카 도시는 가공한 돌로 건물의 큰 벽을 두르고, 그 내부를 나누어 방을 만드는 칸차 양식을 따랐다.

의견이 점차 굳어지는 듯하였다. 하지만 마추픽추를 발견한 뒤, 이곳과 연결된 산에서도 유적을 발견함에 따라 마추픽추도 잉카 제국이 동쪽 국경을 따라 만든 요새 가운데 하나라는 의견이 모아졌다. 그러나 이상한 것은 스페인 정복자와 그들을 돕던 원주민 가운데 누구도 마추픽추의 존재를 몰랐다는 사실이다.

안데스 산맥에 둘러싸인 절벽 기슭에 펼쳐진 잉카의 도시에는 신전군과 궁전을 중심으로 한 중앙 광장과 거주 지역이 있다. 이곳의 건물들은 모두 가공한 돌을 쌓아 큰 벽을 두르고, 그 내부를 나누어 방으로 만드는 칸차 양식으로 만들어졌다.

광장 남쪽 계단 언덕에는 태양의 신전인 '큰 탑'을 포함한 황실의 건축물이 있다. 큰 탑은 말굽 형태로 그들이 신성시하던 자연석을 감싸듯이 세워져 있다. 또한 '산 제물의 제단'을 쌓은 돌도 자연석에서 채취한 것인데, 이 돌에 그려진 직선은 탑에 있는 2개의 창문 가운데 남동쪽으로 향한 창을 정확히 가리키고 있다. 동짓날 아침이 되면 이 직선의 연장선상에 태양이 정확히 떠오른다.

'큰 탑'의 북서쪽에는 신전에 둘러싸인 작은 광장이 있다. 그 동쪽에 커다란 사다리꼴의 창문이 3개 있어서 '3개의 창의 신전'이라고 부르는 신전이 있다. 긴 변이 11m, 짧은 변이 8m인 이 신전은 현재 세 방향에만 벽이 남아 있다. 잉카에서는 이렇게 한쪽 벽이 없는 건물이 많다.

'주 신전'은 단단한 돌을 정교하게 쌓아 올려 만들었다.

3개의 창의 신전(위)
아래 광장을 내려다볼 수 있는 커다란 사다리꼴의 창문이 3개 있는 신전이다.

큰 탑(아래)
창이 있는 태양의 신전인 '큰 탑'은 말굽 형태로 아름다운 곡선을 자랑한다.

주 신전 바로 옆에는 돌기둥으로 유명한 '향기의 방'이 있다. 방 입구에 있는 돌을 32각형으로 깎아 만든 특이한 기둥이 놓여 있다.

마추픽추 인티우아타나(태양을 묶는 기둥) 제단(위)
높이 1.8m, 너비 36cm의 이 돌기둥은 태양을 숭배했던 잉카인들이 매년 동지에 돌기둥 바로 위에 뜬 태양을 붙잡아 둔다는 의미로 돌기둥에 끈을 매는 의례를 지냈다.

마추픽추의 계단식 밭(아래)
계단 한 단의 높이가 사람 키보다 높은 큰 규모의 밭이다.

신전이 모여 있는 언덕의 가장 높은 곳에는 '인티우아타나(인티란 태양을, 우아타나는 연결을 뜻하는 케추아어임)'라는 제단이 있다. 1.8m의 화강암을 가공하여 만든 이 제단은 해시계로서 신관이 의식을 치루던 곳으로 여겨진다. 인티우아타나는 잉카의 대도시마다 똑같은 모양으로 서 있다.

마추픽추는 수많은 계단식 경작지 위에 세워졌는데, 그곳이 원래부터 계단으로 이루어진 곳이라고 생각될 정도로 산의 경사면과 조화를 잘 이루고 있다. 우루밤바 강가에서 올려다보면 보이지 않고, 위에서 내려다봐야만 계곡 전체가 보일 정도로 입지 조건이 뛰어나지만, 그만큼 도시를 건설하기 위해서는 많은 기술과 노력이 필요했다.

정확한 도시 계획 하에 만들어진 마추픽추는 돌계단과 좁은 돌길로 각 구역을 연결하고, 계단식 경작지를 만들었으며 관개용 수로까지 갖추었다. 이 모든 것을 완벽한 기술로 설계한 잉카 건축가들의 재능과 기술은 실로 놀라울 따름이다. 계단식 경작지인 안데네스는 우루밤바 강 계곡에서 운반해 온 흙으로 토층을 다지고, 해안 지역에서 가져온 바다새의 배설물인 구아노라는 비료를 활용하였다. 여기에서 잉카인들은 옥수수, 감자, 코카나무 등을 재배할 수 있었다.

남아메리카 제일의 아름다움을 자랑하는 마추픽추에는 신전, 궁전, 주거 지역, 계단식 경작지 등이 남아 있어 오래전, 이곳에 고도의 문명이 존재했다는 사실을 보여준다. 그러나 지금까지도 누가 마추픽추를 세웠으며, 그곳에서 사람들이 왜 갑자기 사라졌는지는 신비에 싸여 있다.

Chapter 11

아프리카의 건축

- 사브라타, 리비아
- 라리벨라 암굴 교회, 에티오피아
- 젠네의 구 시가지, 말리

고대 아프리카의 건축들

아프리카의 건축에 대해 말하라 하면 아마도 대부분의 사람들은 아프리카(북아프리카를 제외한)에도 건축이라 할 만한 게 있었나 생각하며 움막 같은 것을 떠올릴 것이다. 그도 그럴 것이 사하라 남쪽의 아프리카에서 오두막 수준을 넘어서는 건축물을 찾아보기란 쉽지 않다. 그 이유가 아프리카에는 오두막 외에는 건축이라 할 만한 기술들이 발달하지 못했기 때문일 수도 있을 것이다.

그러나 절대 그렇지 않다. 고대 아프리카 건축물의 유적이 전혀 전해지지 않고 있는 것은 아프리카 건축에 사용된 재료와 관련이 있다. 아프리카인들은 그들의 건축 재료로 철저히 흙을 사용했다. 그 때문에 오랜 세월 풍파에 견디지 못하고 대부분이 모습을 감추고 말았던 것이다. 그럼에도 불구하고 고고학자들의 노력으로 몇 곳의 유적이 발견되어 아프리카 건축의 우수성을 증명하고 있다.

짐바브웨에서 발견된 철기 시대의 울타리는 BC 1000년경에 건설되었음에도 불구하고 잘 꾸며진 요새와 같은 느낌을 준다. 그리고 역시 BC 1245년경에 해변가에 건설된 것으로 추정되는 탄자니아의 후수니 쿠브와 궁전은 그 크기가 가로 150m에 세로 75m에 달하는 엄청난 규모였음이 발견되었다. 이 궁전에는 100개 이상의 방이 있었고 아름다운 팔각형 모양의 연못이 있었으며 곳곳에 석조물이 세워져 있었다. 이 외에도 아프리카에는 제법 규모를 갖춘 도시가 여러 곳에 있었고, 그곳에는 상당한

그레이트 짐바브웨 유적

규모의 궁전이나 성채가 지어졌던 것으로 추정된다.

건축의 기본 재료인 흙을 이용해 짓는 건축 기법을 '아도비 건축(Adobe house)'이라 하는데 아프리카 건축양식은 바로 이 아도비 건축의 전형을 보여주고 있다. 이러한 건축 기법이 비록 원시적이라고 생각할 수 있으나 역으로 생각해 보면 가장 환경친화적인 건축이라고도 볼 수 있는 것이다. 이 때문에 현대의 건축가들 중에는 아프리카 대륙으로 눈을 돌려 건축에 사용된 재료와 기법을 연구하려고 노력하는 사람들이 늘어나고 있는 상황이다.

서양의 영향을 받은 식민지 아프리카의 건축들

현재 아프리카에 남아 있는 유적이라 할 만한 건축물로는 모스크 외에 궁전, 성당, 그리고 고대 로마 시대의 유적 등을 들 수 있을 것이다.

리비아의 렙티스마그나 유적지

북아프리카의 경우 고대 로마 때부터 식민지가 되기 시작했기 때문에 로마의 건축 문화가 그대로 전해졌다. 북아프리카 곳곳에 이러한 고대 로마 건축의 흔적이 남아있는데 그중 리비아는 압권이다. BC 9~8세기경 페니키아인은 리비아를 정복한 후 오에아(현재의 트리폴리), 사브라타,

렙티스마그나 등 3도시를 건설하고 그곳을 지중해 무역의 거점으로 삼았다. 그 후 이곳은 카르타고를 거쳐 알렉산드로스 대왕의 지배하에 들어갔다가 BC 84년부터 로마 제국의 속주가 되었다. 그러고는 고대 로마의 건축물들이 즐비하게 세워졌다. 특히 셉티미우스 세베루스 황제(재위 193~211년) 때는 이곳에 로마식의 도시화를 진행하여 북아프리카에 수많은 건축물이 세워졌다. 사브라타에 있는 원형 극장 유적이 그때 만들어졌다. 그 외에도 도시 곳곳에 신전, 바실리카, 포럼 등을 세웠다. 그러나 오늘날 발굴된 유적들에는 모두 건물의 벽과 기둥만 남아 있을 뿐이다.

  이후 북아프리카는 7세기경부터 이슬람 제국의 침략으로 이슬람 영향권 안에 들어가게 된다. 이때 동부 아프리카에는 아프리카 원주민과 이슬람 문화가 융화된 '스와힐리 문명'이 탄생하고, 서부 아프리카에는 북부 이슬람과 토착 원주민 문화가 결합해 '하우사 문명'이 생겨났다.

아프리카의 건축양식

  아프리카의 역사는 대부분 외세의 침략에 의해 식민지 문화 양식을 만들어 내는 데 그쳤지만, 독자적인 왕국을 유지해 온 나라들도 있었다. 대표적인 곳이 가나와 말리, 에티오피아 같은 곳이다. 이 나라들은 고대부터 강력한 왕국을 형성하여 아프리카의 독자적인 문명을 유지해 올 수 있었다. 이러한 나라들은 종교적으로도 이슬람이나 기독교를 받아들여 자체적으로 발전시켰으며, 그 바탕 위에 건축 문화를 꽃피웠다.

젠네 모스크

말리의 경우 이슬람을 받아들여 여러 곳에 모스크를 지었다. 대표적인 곳이 14세기에 건설되었던 말리의 팀북투에 있는 산코레 모스크와 젠네의 모스크이다. 그러나 이 모스크들은 그 후 파괴되고 말았으며, 다행히 근래에 들어 복원됨으로써 당시의 건축물을 감상할 수 있게 되었다. 비록 재건된 것이긴 하나 이들을 통해 아프리카 건축술의 단면을 엿볼 수 있다. 건축의 특징을 보면 목재로 골조를 만든 후 그 위를 창문 하나 없이 완전히 흙으로 덮은 구조를 하고 있다. 그 때문에 이 모스크의 겉모양은 마치 흰개미집처럼 보인다. 안쪽은 텅 비어 있는 구조이다.

한편 고대부터 왕국을 형성해 온 에티오피아는 기독교를 받아들였다. 그렇게 하여 그들이 남긴 대표적인 건축물이 12~13세기경에 지어진 라리벨라(Lalibela) 성전이다. 이는 해발 3,000m 이상 되는 고산 지대에 펼쳐져 있는 암반을 정교하게 파고 들어가 만든 것으로 돌 교회라 불리기도 한다. 라리벨라 성전에는 총 11개의 교회들이 지어져 있는데, 그중 규모가 가장 큰 것은 메르하네 알렘 성당으로 가로 33m, 세로 22m, 높이 11m에 달한다. 이 라리벨라 성전만으로 당시 에티오피아의 건축 기술이 얼마나 발달해 있었는지 가히 짐작할 수 있을 것이다.

아프리카 건축에서 주목해야 할 곳이 더 있는데 바로 우간다이다.

19세기 당시 동아프리카에는 가장 큰 영향력을 가졌던 부간다라는 국가가 있었다. 이는 바간다(Baganda, Ganda)족들이 세운 나라로 이곳의 통치자였던 카바카는 막강한 권력을 가지고 중앙집권적 사회체제를 이루었다. 그리하여 1880년 카수비 언덕(Kasubi Hill)에 부간다 왕국(Buganda Kingdom)을 다스리는 왕들의 궁전이 세워졌다. 이후 이곳은 묘지로 바뀌어 카수비의 부간다 왕릉군(Tombs of Buganda Kings at Kasubi)으로 불리게 되었다. 카수비 왕묘는 아프리카 전통 건축 방식과 재료로 지어졌기에 독특한 역사적·문화적 가치를 인정받아 유네스코 세계문화유산으로 선정되기도 하였다.

메드하네 알렘 교회

부간다 왕릉군

Archaeological Site of Sabratha

사브라타

리비아 엘리카트알홈스 주(190년)

● 리비아 북서부는 트리폴리타니아 지방으로 불리는데, 이는 그리스어로 '3개의 도시'라는 트리폴리스에서 유래되었다. 트리폴리타니아 지방은 리비아 서해안에 페니키아인이 교역의 거점으로 만든 도시인 사브라타, 오에아 그리고 렙티스마그나를 일컫는다.

BC 6세기 말에 트리폴리스는 페니키아인의 해양 국가 카르타고의 위성도시가 되지만, BC 146년에 일어난 제3차 포에니 전쟁에서 카르타고가 로마 제국에 패하면서 베르베르족의 마시니사가 건국한 누미디아 왕국의 지배를 받는다. 하지만 BC 46년에 로마의 정치가 카이사르와 폼페이우스 사이의 정치 싸움에서 폼페이우스가 패하자 폼페이우스를 도왔던 누미디아 왕국도 멸망하게 됨으로써 사브라타는 아프리카 속주가 되었다.

193~211년까지 로마 황제로 군림한 셉티미우스 세베루스 황제는 사브라타를 비롯한 트리폴리타니아 지방을 로마와 같은 도시로 만들고자 하였다. 로마의 식민지 도시 출신이었던 셉티미우스 세베루스 황

사브라타 전경(1982년 세계문화유산 등록)

북아프리카에 위치한 로마 제국의 유적 도시로 페니키아 사람들의 무역 도시에서 시작해 사하라 사막을 연결하는 교역로 역할을 했던 사브라타의 유적의 모든 조사가 끝나려면 아직 많은 시간이 필요하다.

제는 자신이 태어난 곳과 같은 로마의 식민 도시를 도시화하는 데에 많은 힘을 기울였기 때문이다.

현재 사브라타에는 당시의 번영을 말해 주듯 북아프리카에서 가장 규모가 큰 원형 극장을 비롯해 수많은 유적이 남아 있다. 사브라타 원형 극장은 3세기에 셉티미우스 세베루스 황제의 아들 가운데 1명이 지은 것으로 3층으로 된 연주장을 갖추고 있다. 지중해를 배경으로 무대가 세워진 사브라타 원형 극장은 무대 아랫부분이 흰색과 분홍빛 대리석으로 만들어졌다. 이 반원형의 대리석 벽면은 부조가 무척이나 섬세하게 조각되어 있는데, 왼편에는 아프로디테, 헤라, 아테나 세 여신의 모습과 세 여신 가운데 최고의 미녀를 뽑는 파리스 왕자의 신화를 담

은 '파리스의 심판' 장면을 볼 수 있다.

　　5,000명을 수용할 수 있는 극장의 무대 벽면은 108개의 기둥이 세워져 있으며, 한 벽면의 높이가 25m나 된다. 하지만 이 원형 극장은 365년에 발생한 지진으로 많은 부분이 파손되었다.

사브라타 원형 극장(왼쪽)
코린트 양식의 분홍색 대리석 기둥이 3층 연주장 발코니를 지탱하고 있다. 지금도 이 원형 극장에서는 공연이 올려진다.

사브라타 원형 극장의 벽면 부조(오른쪽)
원형 극장의 반원형 무대 벽면에는 '파리스의 심판'을 비롯한 그리스 신화와 철학자들이 섬세하게 조각되어 있다.

    그 뒤, 사브라타는 트라야누스 황제 때인 2세기 초에 로마 식민 도시로 승격되면서 2~3세기에 걸쳐 아프리카 내륙부에서 운반되어 온 물자의 교역 수출항으로 최전성기를 맞이한다. 하지만 4세기에 들어오면서 내륙부와의 교역이 점점 줄면서 사브라타도 쇠퇴하게 되었다.

로마의 뒤를 이어 사브라타를 지배한 사람들은 게르만계 반달족으로 이들은 북유럽에서 갈리아, 이베리아 반도를 거쳐 400년경에는 북아프리카까지 그 세력을 넓히고 있었다. 455년 마침내 사브라타를 침범한 게르만인들은 사브라타를 둘러싼 성벽과 시내 건물을 모두 파괴했다. 이 때문에 현재 사브라타에 남은 고대 유적은 모두 로마 제국이나 비잔틴 제국 시대에 세워진 유적뿐이다.

이들은 이집트에서 기원한 이시스 신을 섬겼는데, 이 때문에 사브라타에도 신전을 세우고 이시스 신을 모셨다. 이 밖에도 디오니소스 신전, 바쿠스 신전 유적이 있으며 로마의 황제들에게 봉헌된 신전이 많다.

기단과 기둥만이 남아 예전의 영광을 말하고 있지만, 로마 제국의 식민지하에서 착취당했을 트리폴리타니아 지방의 역사도 엿보여 웅장함과 함께 쓸쓸함도 느껴지는 사브라타 유적 풍경이다.

이시스 신전
이집트에서 기원한 이시스 신을 모시는 신전으로, 로마 제국이나 비잔틴 제국이 사브라타를 통치하던 무렵에 세워졌다.

Rock-Hewn Churches, Lalibela

라리벨라 암굴 교회

에티오피아 아디스아바바(12~13세기)

● 라리벨라란 역사적으로는 로하라고 부르는 에티오피아 북부 웰로 지방의 이름이다. 1811년 에티오피아의 자그웨 왕조의 제7대 국왕이 되는 황태자가 태어났다. 그때 황태자 둘레를 벌떼가 에워싸자 백성들은 그를 위대한 운명을 가진 황태자로 생각하였다. 그래서 새로 태어난 황태자에게 '벌에게 선택받은 자'라는 뜻의 '라리벨라'라는 이름을 붙였다.

라리벨라가 왕이 된 뒤, 그의 꿈속에 신이 나타나 로하를 제2의 예루살렘으로 만들라는 명령을 내렸다. 그것도 바위 한 개에 건물을 모두 만들라는 내용이었다. 신앙심이 깊어 죽은 뒤 예루살렘에 묻히기를 간절히 바랐던 라리벨라는 그 즉시 수도원으로 거처를 옮기고는 신의 계시를 실행에 옮기기 시작했다. 결국 에티오피아의 예루살렘에는 커다란 바위에 11개의 교회가 세워졌다. 교회는 요르단 강을 끼고 남쪽과 북쪽에 각각 5개씩 지어졌으며, 마지막으로 조금 떨어진 언덕에 기오르기스 교회가 세워졌다.

이들 교회는 단단한 화강암 둘레에 직사각형으로 도량을 판 다음,

암굴 교회들(1981년 세계문화유산 등록)
기오르기스 교회 지붕과 메드하네 알렘 교회는 수백 년이 흐른 지금도 수천 명의 신도들이 꾸준히 찾아오는 아프리카 북부의 중요한 기독교 순례지이다.

그 화강암을 안팎으로 깎아서 만들었다. 또한 11개의 교회는 지하 통로로 연결되었는데 임마누엘의 집, 메르쿠리오스의 집, 수도원장 리바노스의 집, 가브리엘의 집 등이 있다. 각각의 교회 벽면에는 그리스도 생

애의 여러 장면이 묘사되었다. 에티오피아에 전해지는 전설에 따르면 바위 교회군을 만들던 사람들이 밤마다 피곤에 지쳐 잠이 들면 천사들이 내려와 작업을 도와주어 눈 깜짝할 사이에 완성되었다고 한다. 하지만 실제로 교회 11개를 건설하는 데는 120년 정도가 걸렸으며, 이집트와 팔레스티나 등 3개국의 기술자들이 참여했던 것으로 추정하고 있다.

메드하네 알렘 교회(위)
암반을 파 내려가 만든 라리벨라 최대의 메드하네 알렘 교회는 에티오피아 건축물의 절정으로 모두 32개의 각진 기둥으로 둘러싸여 있다.
메드하네 알렘 교회 지붕(아래)
지붕에 새겨진 창틀은 악숨 양식을 대표한다.

이처럼 라리벨라의 바위 교회군은 에티오피아 고원 북동부의 3,000m나 되는 산지에 위치한 약 120개 교회군의 한 부분으로, 중세 에티오피아 미술의 모습을 오늘날까지 전해 주고 있다. 유럽에서 로마네스크나 고딕 양식으로 교회를 건축할 때, 라리벨라에서는 가까이 가기 어려운 산의 암반에 교회가 조각되었던 것이다.

　　이 가운데 라리벨라 최대의 메드하네 알렘 교회는 모두 32개의 각진 기둥으로 둘러싸여 있다. 현지에서는 이 교회를 집을 뜻하는 베타라는 말을 붙여, 베타 메드하네 알렘 곧 '구세주의 집'이라고 부른다. 길이 약 33m, 넓이 약 23m, 깊이 약 11m의 메드하네 알렘 교회는 에티오피아 건축의 걸작으로 암반을 파 내려가 만든 것이다. 지붕은 다듬은 돌을 연결하여 아치형의 창문 문양을 새기고, 앞면은 아치로 장식했다. 교회 안으로 들어가면 각각 7개의 기둥으로 된 4개의 열주(列柱)가 오랑(五廊)의 공간을 만들어 놓았다. 평평한 회랑의 천장과 달리 본당의 천장은 반원통형 모양인데, 이는 그리스와 로마 신전의 영향을 받은 것으로 추정된다. 기둥머리나 기둥과 아치가 연결되는 부분에는 아라비아 풍의 식물 무늬가 새겨져 있으며, 창도 여러 가지 형태로 변화를 주어 섬세한 조각으로 장식한 모습 등에서 신비로움과 아름다움이 느껴진다.

　　메드하네 알렘 교회와 달리 서쪽에 있는 마리암 교회의 외관은 간소한 느낌이 든다. 성모 마리아에게 봉헌된 마리암 교회는 라리벨라 왕이 무척 좋아하여 날마다 예배에 참여했다고 한다.

마리암 교회의 벽화
정면 입구 윗부분에 기마상 부조가 있는 마리암 교회는 아치와 기둥을 장식한 부조와 15세기의 벽화가 유명하다.

또한 암반을 파 내려가 만든 광장에는 '십자가의 집'이라는 마스칼 교회가 있다. 교회 정면은 몰타의 국기에 새겨진 십(+) 자를 비롯한 부조군이 장식되어 있으며, 입구 위에는 손에 창을 들고 짐승을 사냥하는 기마상의 부조가 조각되어 있다. 창틀은 고대 에티오피아의 악숨 양식으로 되어 있으며, 그 경계 부분은 수많은 모양의 십자가로 장식되었다. 교회 내부에는 기둥과 기둥머리, 아치 등에 새겨진 여러 가지 장식이 눈에 띄며, 15세기에 그려진 벽화도 인상적이다. 또 한가운데 서 있는 기둥에는 덮개가 씌어져 있는데, 이는 사람들이 기둥을 보면 눈이 부셔 견딜 수 없기 때문이라고 한다. 대부분의 사람들은 라리벨라 왕이 기둥에 기대고 있는 예수 그리스도를 보았다고 믿는다.

마스칼 교회의 서쪽에는 골고다 미카엘 교회가 자리하고 있다. 시나이 산이라고도 불리는 골고다 미카엘 교회 아래에는 셀라시에 예배실(삼위일체 예배실)이 있는데, 이곳에는 벽감에 안치된 3개의 조각상이 있으며 조각상 앞에는 '계약의 상자'를 모방한 제단이 각각 마련되어 있다. 여기에서 '계약의 상자'란 모세가 이집트 시나이 산에서 신에게 받은 십계명을 기록한 석판을 넣은 상자를

골고다 미카엘 교회의 모세 조각
시나이 산에서 십계명을 기록한 석판을 갖고 내려오는 모세의 모습이 교회 벽면에 조각되어 있다.

말한다. 많은 사람들은 아직도 이스라엘에서 운반해 온 진짜 상자가 악숨에 있다고 믿고 있다.

골고다 미카엘 교회의 창은 똑같은 모양으로 2개씩 이어지며 십자가로 장식되어 있다. 그러나 창문 위의 아치는 이슬람적인 느낌이 많이 들며, 교회에 있는 7명의 성인 부조는 에티오피아의 미술에서는 유일한 것이다. 이들 7명의 성인이 입고 있는 의복은 현대의 사제가 입는 옷과 거의 비슷한 모양이다.

이 밖에 요르단 강가의 교회군 가운데 가장 붉게 빛나는 임마누엘 교회에서는 원숭이 머리 모양의 장식을 한 입구와 창에서 악숨 양식의 모습을 만날 수 있다.

임마누엘 교회와 이웃한 메르쿠리오스 교회는 동굴과 터널, 동굴을 빙글빙글 돌아 걸어가야만 한다. 현재 건물은 반쯤 무너진 모습이지만, 불규칙하게 배치된 기둥이 독특한 공간을 연출하여 마치 동굴 안에 있는 느낌이 들 정도다. 메르쿠리오스 교회 내부의 벽화는 무명천 위에 그려져 있다. 〈구약성서〉의 이야기를 주제로 그려진 벽화는 특히 성모 마리아와 어린 예수를 하얀 기수(낮)와 검은 기수(밤)로 나눈 그림이 특히 아름답다.

메르쿠리오스 교회 서쪽에는 압바 리바노스 교회가 있다. 고대 기독교의 지하 분묘를 본떠 만든 전형적인 악숨 양식의 건물로, 동굴처럼 바위산의 옆면에서 안으로 파 들어가 만들어 마치 위에서 산을 덮친 것처럼 보인다. 교회의 정면은 이슬람 풍의 뾰족한 아치 모양 창과 십자가형의 창으로, 악숨 양식의 전형을 보여주고 있다.

그 서쪽으로는 가브리엘 라파엘 교회의 모습도 볼 수 있다. 가브

압바 리바노스 교회(위)
옆면에서 안으로 파 들어가 만들어서 마치 위에서 산을 덮친 것처럼 보인다.

가브리엘 라파엘 교회(아래)
교회 입구에는 천국으로 가는 길을 형상화해 놓았으며, 교회 안쪽에는 베들레헴의 심벌 건물과 지옥으로 가는 길 등을 형상화해 놓았다.

리엘 라파엘 교회는 정면에 굵은 기둥 8개가 서 있어 마치 성채와 같은 인상을 주며 이슬람 풍의 아치를 연상시키는 창이 특징적이다. 이 교회 안에는 빌라도가 예수 그리스도의 십자가 처형을 결정하는 장소를 본떠 만든 곳도 있다.

또한 언덕에 따로 떨어져 있는 기오르기스 교회는 십자가형으로 경사진 계단식 바위를 파서 만들었다. 전설에 따르면 10번째 교회가 완성되었을 때, 성 기오르기스가 라리벨라의 꿈에 나타나 분노에 찬 무서운 모습으로 자신을 위한 교회를 만들라고 요구했다.

기오르기스 교회
라리벨라의 명령으로 11번째로 만든 마지막 교회인 기오르기스 교회. 독특한 십자가 문양과 십자가형으로 지어진 건물로 전 세계적으로 유명하다.

그래서 만들어진 교회가 바로 기오르기스 교회라고 한다.

예술적 가치 면에서는 라리벨라 왕의 명령으로 만들어진 교회 가운데 가장 가치가 높다. 하지만 현재는 많이 손상되어 있어 복원 작업 중이다. 다른 교회와 마찬가지로 하나로 된 바윗덩어리를 파서 만든 기오르기스 교회는 그 너비가 12m인 십자가형으로 높이가 12m나 된다. 교회 내부는 기둥을 받치고 있는 십자가형의 천장과 내진(교회당에 있어서 후진과 교차랑에 둘러싸인 부분. 즉 성가대석과 제단이 있는 부분)을 덮고 있는 둥근 천장이 우아함을 보여준다. 그뿐만 아니라 교회는 무척 세련되고 세밀한 부분까지 신경 쓴 절벽의 가장자리로 둘러싸여 있다.

이처럼 바위를 파서 만든 비슷한 종교 시설이 그리스와 이집트에도 있지만 오늘날까지 신앙의 장소로 살아 숨쉬는 것은 라리벨라뿐이다. 그래서인지 지금도 라리벨라는 해마다 수천 명의 신자들이 찾아오는 순례지로 유명하다.

Old Towns of Djenne

젠네의 구 시가지

말리의 젠네(14세기)

● 젠네는 아프리카 서부에 위치하고 있는 말리(Mali, 아프리카 서부에 위치한 나라로 이슬람교가 주 종교임)에 있는 작은 도시이다. 젠네는 말리의 수도인 바마코와 몹티 사이에 있으며, 니제르 강의 지류(支流)에 자리 잡고 있다. 이곳은 예로부터 북아프리카인과 서부아프리카인들이 교역하던 곳이기도 하다.

이러한 젠네에 가 보면 온갖 흙으로 지은 집들이 즐비하다. 바로 젠네의 옛 시가지라 불리는 곳이다. 그중 중앙 광장에 우뚝 솟은 건축물 하나가 눈에 띄는데, 그 규모가 길이 55m에 높이 20m로 제법 웅장해 보인다. 이는 젠네의 그랜드 모스크(대모스크)라 불리는 건축물로, 흙으로 지어진 건축물 중에서는 세계 최대를 자랑할 정도로 크다. 크기로만 따진다면 그리 특별해 보이지는 않을 수도 있으나 그 독특한 외형에는 압도당하여 도저히 눈길을 뗄 수가 없다. 건물 전체가 오로지 흙으로만 뒤덮여 만들어진 건축물이기 때문이다. 어떻게 흙으로 이렇게 커다란 건물을 지을 수 있었을까. 정말 불가사의한 일이 아닐 수 없다. 아마도

소낙비가 내리면 다 씻겨 내려갈 것만 같은 아슬아슬함도 감출 수 없다. 실제로 아프리카의 우기에는 비가 매우 많이 내리는데, 그때 그랜드 모스크의 일부가 비에 씻겨 내린다고 한다. 그래서 우기가 끝나면 한 달간 그랜드 모스크의 보수 작업이 진행된다.

젠네의 그랜드 모스크는 보통 우리가 머릿속에 그리고 있는 모스크와는 차원이 다른 외형을 가지고 있다. 이는 사헬(Sahel) 건축양식에 따라 지어졌기 때문이다. 사헬이란 사하라 사막 이남의 반사막 지대에 지어진 진흙 건물들을 가리키며, 그

젠네의 그랜드 모스크(위, 1988년 세계문화유산 등록)
창 하나 없이 온통 흙으로 뒤덮여 만들어진 모스크는 독특한 분위기를 자아내고 있다. 젠네의 옛 시가지에는 진흙 건축물로는 세계 최대라는 대모스크는 물론, 2,000여 채의 전통 가옥이 남아 있다.

모스크의 구조물(아래)
외벽에 촘촘히 박아 놓은 나무 막대는 장식의 효과와 지지대의 역할을 한다.

러한 진흙 건축양식을 사헬 건축양식이라 한다. 젠네의 그랜드 모스크는 그중 가장 커다란 건축물인 셈이다. 이러한 그랜드 모스크의 외형을 꼼꼼히 살펴보자.

우선 젠네의 그랜드 모스크에서는 보통의 모스크에서 볼 수 있는 돔 지붕 대신에 뾰족하게 솟은 진흙탑이 여러 개 있음을 볼 수 있다. 그리고 이 진흙탑 위에는 타조 알 모양의 장식이 얹혀져 있는데, 이는 이슬람 모스크의 전통적인 반달 상징 대신 만들어진 것으로 보인다. 이 타조 알은 아프리카인들에게 있어 악귀를 몰아내고 풍요와 번영, 순결, 다산을 상징한다고 한다. 즉, 이슬람교가 아프리카의 토속 신앙과 결합한 예라고 볼 수 있다. 하지만 14세기에 그랜드 모스크는 그 형태가 정령 숭배라고 하는 급진적인 이슬람교도들에 의해 파괴되었다가 1906년에 옛 모스크가 있던 자리에 다시 복원되어 지금에 이르고 있다.

무엇보다 눈에 띄는 것이 외벽에 촘촘히 박혀 있는 야자나무 막대이다. 누구나 이 나무 막대의 의미가 무엇인가 하고 고개를 갸우뚱거릴 것이다. 사실 기능적으로는 보수 작업을 할 때 인부들의 발판 정도의 역할을 할 뿐이라고 한다. 즉, 지지대로 이용하기 위해 이렇게 나무 막대를 박아 놓았다는 것이다. 그런데 이렇게 박아 놓은 나무 막대는 훌륭한 장식의 효과도 나타내고 있다. 만약 이 커다

젠네의 그랜드 모스크를 보수하고 있는 모습
이들은 돈을 받고 일하는 인부가 아니라 자발적으로 참여하는 자원 봉사자이다. 물론 무슬림만 참여가 가능하다.

젠네의 그랜드 모스크 전경
그랜드 모스크 앞에서 열리는 월요 장날은 보기에도 진풍경이 아닐 수 없다.

란 흙 건축물에 이것마저 없었다면 너무도 밋밋한 느낌이 날 수밖에 없었을 것이다.

 그렇다면 이 흙으로 만든 그랜드 모스크는 어떻게 지었기에 자연의 풍파에도 견딜 수 있었던 것일까? 그 비밀은 내부를 들여다보면 짐작할 수 있다. 우선 나무로 그랜드 모스크의 골조를 만들었다. 그리고 볕에 말린 진흙 벽돌로 기본적인 모스크의 벽을 세웠으며 여기에 다시 진흙을 발라 마무리했다. 즉, 그랜드 모스크는 외형에서 보는 것과 같이 오로지 진흙으로만 만들어진 것이 아니라 그 속에 골조를 세우고 또 벽돌로 지어졌기에 튼튼한 건축물로 남아 있을 수 있었던 것이다.

Architecture of The World

부록

:부록

유네스코 세계문화유산

- 국가별 세계문화유산 목록은 유네스코 한국위원회에 2010년 8월을 기준으로 등록한 자료를 정리하여 옮겼습니다.
- 국가별 세계문화유산 목록은 가나다 순을 따르지 않고, '유럽-아프리카-아시아-오세아니아-아메리카' 순으로 실었습니다.
- 세계유문화산은 전 세계 151개국이 보유하고 있는 911점(2010년 8월 현재)에 이릅니다. 이 가운데 문화유산이 704점, 자연유산이 180점, 복합유산이 27점입니다. 위험에 처한 세계유산 목록에 등재된 유산은 34점이며, 이 가운데 문화유산이 16점, 자연유산이 15점입니다. 삭제된 세계문화유산 항목은 목록에서 제외하였습니다.

유네스코 세계문화유산 국가별 목록

 : 이 책에 실린 세계문화유산

지역	국가	세계문화유산 내용
북유럽	아이슬란드	싱벨리어 국립공원(문화) ǀ 쉬르트세이 섬(자연)
	스웨덴	드로트닝홀름 왕실 영지(문화) ǀ 비르카와 호브가르텐(문화) ǀ 엥겔스버그 제철소(문화) ǀ 스코그스키르코가르덴 묘지 공원(문화) ǀ 타눔 암각화(문화) ǀ 비스비 한자동맹 도시(문화) ǀ 가멜스태드, 룰리아의 교회 마을(문화) ǀ 라포니안 지역(복합) ǀ 칼스크로나 항구(문화) ǀ 남부 올랜드 경관(문화) ǀ 크바르켄 군도와 하이 코스트(자연) ǀ 파룬 지역 동광 지역(문화) ǀ 바르부르크 무선 방송국(문화) ǀ 스트루베 측지 아크(문화)
	핀란드	라우마 구 시가지(문화) ǀ 수오멘리나 요새(문화) ǀ 페타야베시 교회(문화) ǀ 벨라의 제재·판지 공장(문화) ǀ 사말라덴미키 청동기 시대 매장지(문화) ǀ 크바르켄 군도와 하이 코스트(자연) ǀ 스트루베 측지 아크(문화)
	노르웨이	베르겐의 브리겐 지역(문화) ǀ 우르네스 목조 교회(문화) ǀ 로로스 광산 도시(문화) ǀ 알타의 암석화(문화) ǀ 베가연-베가 제도(문화) ǀ 서부 노르웨이 피오르(자연) ǀ 스트루베 측지 아크(문화)
	덴마크	옐링의 흙으로 쌓은 보루, 비석, 성당(문화) ǀ 로스킬드 대성당(문화) ǀ 크론보르그 성(문화) ǀ 일룰리사트 얼음 피오르(자연)
동유럽	세르비아	스타리 라스와 소포카니(문화) ǀ 스튜데니카 수도원(문화) ǀ 코소보 중세 유적지(문화) ǀ 갈레리우스 궁전(문화)
	몬테네그로	코토르 지역의 자연 및 역사문화 유적지(문화) ǀ 두르미토르 국립공원(자연)
	불가리아	마다라 기수상(문화) ǀ 보야나 교회(문화) ǀ 이바노보의 암석 교회군(문화) ǀ 카잔락의 트라키안 무덤(문화) ǀ 네세바르 구 도시(문화) ǀ 릴라 수도원(문화) ǀ 스레바르나 자연보호 구역(자연) ǀ 피린 국립공원(문화) ǀ 스베스타리의 트라키안 무덤(문화)
	구 유고연방/마케도니아공화국	오흐리드 지방의 역사 건축물과 자연(복합)
	크로아티아	스플리트의 디오클레티안 궁전과 역사 건축물(문화) ǀ 두브로브니크 구 시가지(문화) ǀ 플리트비스 호수 국립공원(자연) ǀ 트로지르 역사 도시(문화) ǀ 포렉 역사 지구 성공회 건축물(문화) ǀ 시베닉 성야고보 성당(문화) ǀ 스타리 그라드 평야(문화)
	알바니아	부트린트 고고유적(문화) ǀ 베라트와 지로카스트라의 역사 중심지(문화)
	몰도바	스트루베 측지 아크(문화)
	루마니아	다뉴브 강 삼각주(자연) ǀ 몰다비아 교회(문화) ǀ 호레주 수도원(문화) ǀ 트랜실바니아 요새 교회(문화) ǀ 마라무레스 목조 교회(문화) ǀ 시기소아라 역사 지구(문화) ǀ 오라스티산 다시안 요새(문화)
구 소비에트 연방권	러시아	모스크바의 크레믈린 궁과 붉은 광장(문화) ǀ 상트 페테르스부르그 역사 지구와 관련 기념물군(문화) ǀ 키지 섬(문화) ǀ 노브고로드 역사 기념물군과 주변 지역(문화) ǀ 블라디미르와 수즈달의 백색 기념물군(문화) ǀ 솔로베츠키 섬(문화) ǀ 트리니디 세르기우스 수도원(문화) ǀ 콜로멘스코예 교회(문화) ǀ 버진 코미 삼림 지대(자연) ǀ 바이칼 호(자연) ǀ 캄차카반도의 화산군(자연) ǀ 알타이 황금산(자연) ǀ 코카서스 서부 지역(자연) ǀ 카잔 크렘린 역사건축물(문화) ǀ 크로니안 스피트(문화) ǀ 웁스 분지(자연) ǀ 노보데비치 수도원(문화) ǀ 브랑겔 섬의 자연보호 지구(자연) ǀ 스트루베 측지 아크(문화) ǀ 야로슬라블 역사 지구(문화) ǀ 푸토라나 고원(자연)

지역	국가	세계문화유산 내용
구 소비에트 연방권	우크라이나	키에프의 성 소피아 대성당과 수도원 건물들, 키에프-페체르스크 라브라(문화)	리비브 유적 지구(문화)	스트루베 측지 아크(문화)	카르파티아 원시 너도밤나무 숲(자연)
	벨라루스	벨로베즈스카야 푸시차/바이알로비에자 삼림지대(자연)	미르성(문화)	니스비쉬의 라치빌가 건축·주거·문화 복합공간(문화)	스트루베 측지 아크(문화)
	라트비아	리가 역사 지구(문화)	스트루베 측지 아크(문화)
	리투아니아	빌니우스 역사 지구(문화)	크로니안 스피트(문화)	케르나베 고고 문화 경관(문화)	스트루베 측지 아크(문화)
	그루지야	바그라티 성당과 겔라티 수도원(문화)	츠헤타 역사적 기념물(문화)	어퍼 스배네티(문화)
	아르메니아	아흐파트와 사나힌 수도원(문화)	게하르트의 수도원과 아자 계곡(문화)	에크미아신의 교회와 쯔바르트노츠의 고고유적(문화)
	아제르바이잔	쉬르반샤 궁전과 메이든 탑이 있는 바쿠 성곽 도시(문화)	고부스탄 암각화 문화 경관(문화)
서유럽	아일랜드	보인 굴곡부의 고고학유적(문화)	스켈리그 마이클(문화)
	영국	대방죽 연안(자연)	더햄 성과 대성당(문화)	스톤헨지 유적(문화)	아이언 브리지 계곡(문화)	에드워드 시대의 성과 읍성들(문화)	파운틴 수도원 유적을 포함한 스터들리 왕립공원(문화)	성 킬다 섬(문화)	바스 시(문화)	블렌하임 궁전(문화)	웨스트민스터 궁/수도원과 세인트 마가렛 교회(문화)	로마 제국의 국경(문화)	런던 타워(문화)	캔터베리 대성당, 성 오거스틴 수도원 및 성 마틴 교회(문화)	핸더슨 섬(자연)	에딘버러 신·구 도시(문화)	고프 섬과 이낵세시블 섬(자연)	그리니치 해변(문화)	오크니 제도 신석기 유적지(문화)	블래나본 산업 경관(문화)	성 조지 역사 마을과 버뮤다 방어물(문화)	뉴 라나르크(문화)	데르웬트 계곡 방직 공장(문화)	도르셋과 동부 데본 해안(자연)	솔테이어 공업촌(문화)	큐-왕립 식물원(문화)	리버풀-해양 산업 도시(문화)	콘월 및 데본 지방의 광산 유적지 경관(문화)	폰트컬실트 다리와 운하(문화)
	네덜란드	쇼클란트와 그 주변 지역(문화)	암스테르담 방어선(문화)	윌렘스타드 내륙 지방 역사 지역과 항구(문화)	킨더디지크-엘슈트 풍차망(문화)	증기기관 양수장(문화)	벰스터 간척지(문화)	리에트벨드 슈로더 하우스(문화)	바덴 해(자연)	싱겔 운하 내 암스테르담의 17세기 운하 고리 지역(문화)
	벨기에	베긴 수녀원(문화)	브뤼셀의 라 그랑쁠라스(문화)	중앙 운하의 다리와 그 주변(문화)	플랑드르와 왈로니아 종루(문화)	건축가 빅토르 호르타의 마을(문화)	뚜르네의 노트르담 성당(문화)	브루거 역사 지구(문화)	스피엔네스의 부싯돌 광산(문화)	플랜틴-모레터스 박물관(문화)	스토클레저(문화)
	프랑스	몽셸미셸 만(문화)	베르사유 궁전(문화)	베제레 계곡의 동굴 벽화(문화)	베젤레 교회와 언덕(문화)	샤르트르 대성당(문화)	아를르의 로마 시대 기념물(문화)	아미엥 대성당(문화)	오랑쥬 지방의 로마 시대 극장과 개선문(문화)	퐁테네의 시토파 수도원(문화)	퐁텐블로 궁전과 정원(문화)	아르크 에 세낭 왕립 제염소(문화)	낭시의 스태니슬라스 광장, 캐리에르와 알리앙스 광장(문화)	생 사벵 쉬르 가르탕페 교회(문화)	지롤라타 곶(山甲)과 포르토 만, 스캔돌라 자연보호 지역(자연)	퐁뒤가르-로마 시대 수로(문화)	스트라스부르 구 시가지(문화)	노트르 담 성당과 상트레미 수도원 및 타우 궁전(문화)	파리의 센 강변(문화)	부르쥬 대성당(문화)	아비뇽 역사 지구(문화)	미디 운하(문화)	까르까손느 역사 도시(문화)	피레네-몽 페르 뒤(문화)	꽁포스텔라의 쌍띠아쥬 길(문화)	리용 유적지(문화)	생떼밀리옹 포도 재배 지구(문화)	플랑드르와 왈로니아 종루(문화)	쉴리 쉬르 르와르와 샬론느 간 르와르 계곡(문화)	프로방스지역의 중세도시 상가 지역(문화)	르아브르 도시(문화)	달의 항구, 보르도(문화)	누벨칼레도니 섬 석호: 다양한 사주와 생태계(자연)	보방의 성채(문화)	레위니옹 섬의 봉우리와 원형 협곡, 성벽(자연)	알비의 주교 도시(문화)
	스위스	뮤스테르의 성 요한 베네딕트 수도원(문화)	베른 구 시가지(문화)	세인트 갤 수도원(문화)	베린존 시장마을의 성과 성벽(문화)	알프스 융프라우 및 인근 지역(자연)	성 죠지 산(자연)	라보 포도원 테라스(문화)	스위스 사르도나 지각 표층 지역(자연)	알불라·베르니나 문화 경관 지역의 라에티안 철로(문화)	라쇼드퐁·르로클 시계 제조 계획 도시(문화)
	터키	궤레메 국립공원과 카파도키아 바위 유적(복합)	대모스크와 디브리지 병원(문화)	이스탄불 역사 지구(문화)	하츄샤(문화)	넴룻 다이 고고유적(문화)	크산토스-레툰(문화)	히에라폴리스-파무칼레(문화)	사프란볼루 시(문화)	트로이 고고유적지(문화)
	룩셈부르크	룩셈부르크 중세 요새 도시(문화)
중부(앙)유럽	독일	아헨대성당(문화)	뷔르츠부르크 궁전(문화)	슈파이어 대성당(문화)	비스 순례 교회(문화)	브륄의 아우구스투스부르크성(문화)	성·마리아 대성당과 성 미카엘 교회(문화)	트리에르의 로마 시대 기념물, 성당과 라이브 프로엔 교회(문화)	뤼베크 한자도시(문화)	로마 제국의 국경(문화)	베를린과 포츠담의 궁전과 공원들(문화)	로쉬의 수도원과 알텐 뮌스터(문화)	람멜스부르크 광산과 고슬라 역사 지구(문화)	마울브론 수도원 지구(문화)	밤베르크 중세 도시 유적(문화)	퀘들린부르크의 협동교회, 성, 구 시가지(문화)	뢰라긴 제철소(문화)	메셀 피트의 화석 유적(자연)	꼴로뉴 성당(문화)	바이마르 와 데사우 소재 바우하우스 유적(문화)	아이슬레벤과 비텐베르크 소재 루터 기념관(문화)	바이마르 지역(문화)	뮤지엄신셀(박물관 섬)(문화)	와트버그 성(문화)	데소 뵐리츠의 정원(문화)	라이체노이의 수도원 섬(문화)	에센의 졸베레인 탄광지(문화)	슈트랄준트와 비스마르의 역사 지구(문화)	드레스덴엘베 계곡(문화)	무스카우어 공원(문화)	브레멘 시장의 시청 건물과 로란드 상(문화)	레겐스부르크의 중세 도시 유적지(문화)	베를린 모더니즘 주택 단지(문화)	바덴 해(자연)

지역	국가	세계문화유산 내용
중부(앙)유럽	오스트리아	쇤부룬 궁전과 정원(문화)	잘츠부르크시 역사 지구(문화)	할슈타트-닥슈타인/잘츠 카머굿 문화 경관(문화)	젬머링 철도(문화)	그라쯔 시 역사 지구(문화)	와차우 문화 경관(문화)	비엔나 역사 지구(문화)	페르퇴/노지들레르씨(문화)
	체코	체스키 크루믈로프 역사 센터(문화)	텔치 역사 센터(문화)	프라하 역사 지구(문화)	젤레나 호라의 성 요한 순례 교회(문화)	쿠트나 호라 역사 타운(문화)	레드니스-발티스 문화 경관(문화)	크로메리즈의 정원과 성(문화)	홀라소비스 역사마을 보존 지구(문화)	리토미슬 성(문화)	올로무크의 삼위일체 석주(문화)	브르노지역의 투겐하트 별장(문화)	트레빅의 유대인지구와 성 프로코피오 교회(문화)
	슬로바키아	반스카 스티아브니카(문화)	블콜리네츠 전통건축물 보존 지구(문화)	스피시키 흐라드 문화기념물군(문화)	아그텔레크 동굴과 슬로바키의 카르스트 지형(자연)	바르데조프 도시 보존 지구(문화)	카르파티아 원시 너도밤나무 숲(자연)	카르파티아 산맥의 목조 교회(문화)
	헝가리	홀로 퀘 전통 마을(문화)	부다페스트의 도나우 강변과 부다 성, 안드레시 애비뉴(문화)	아그텔레크 동굴과 슬로바키의 카르스트 지형(자연)	파논할마의 베네딕트 천년 왕국 수도원과 자연환경(문화)	호르토바기 국립공원(문화)	소피아나 초기 기독교 묘지(문화)	페르퇴/노지들레르씨(문화)	토카지 와인 지역 문화유산(문화)
	폴란드	벨로베즈스카야 푸시차/바이알로비에자 삼림 지대(자연)	무스카우어 공원(문화)
	에스토니아	탈린 역사 지구(문화)	스트루베 측지 아크(문화)
	슬로베니아	스코얀 동굴(자연)
남유럽	포르투갈	바탈하 수도원(문화)	앙고라 도 헤로이스모 시 중앙 지역(문화)	토마르의 그리스도 수도원(문화)	하이에로니미테스 수도원과 리스본의 벨렘 탑(문화)	에보라 역사 지구(문화)	알코바샤 수도원(문화)	신트라 문화 경관(문화)	오포르토 역사 센터(문화)	코아계곡 선사시대 암각화(문화)	마데이라의 라우리실바(자연)	구이마레에스 역사 지구(문화)	알토 도우로 포도주 산지(문화)	피코 섬의 포도밭 경관(문화)
	스페인	마드리드의 에스큐리알 수도원 유적(문화)	브르고스 대성당(문화)	알함브라, 알바이진, 그라나다(문화)	코르도바 역사 지구(문화)	구엘 공원 및 성곽(문화)	산타이고 데 콤포스텔라 구 시가지(문화)	세고비아 구 시가지와 수로(문화)	아빌라 구 시가지(문화)	오비에도 및 아스투리아스 왕국 기념물군(문화)	알타미라 동굴(문화)	가라호네이 국립공원(문화)	톨레도 구 시가지(문화)	아라곤의 무데야르 건축(문화)	세빌라 지역 대성당, 성채(문화)	살라만카 구 도시(문화)	포블렛 수도원(문화)	메리다 고고유적(문화)	산타마리아 과달루페의 왕립 수도원(문화)	산티아고 데 콤포스텔라 순례길(문화)	도나나 국립공원(자연)	라 론야 데 라 세다 데 발렌시아(문화)	쿠엔카 구 성곽 도시(문화)	라스 메둘라스(문화)	산 밀란 유소-수소 사원(문화)	카탈란 음악당과 산트 파우 병원(문화)	피레네-몽 페르 뒤(복합)	알카라 드 헤나레스 대학 및 역사 지구(문화)	이베리아 반도 지중해 연안 암벽화 지역(문화)	성 라구나 그리스탈(문화)	이비자 생물 다양성과 문화(복합)	루고 성벽(문화)	발드보와의 카탈란 로마네스크 교회(문화)	아타푸에카 고고유적(문화)	엘체시의 야자수림 경관(문화)	타라코 고고유적(문화)	아란후에즈 문화 경관(문화)	우베다 베자의 르네상스 기념물군(문화)	비트카이야 다리(문화)	타이드 국립공원(문화)	헤라클레스의 탑(문화)
	안도라	마드리우-클라로-페라피타 계곡(문화)
	이탈리아	발카모니카 암각화(문화)	산타마리아의 교회와 도미니카 수도원(문화)	로마 역사 지구(문화)	플로렌스 역사 센터(문화)	베니스와 석호(潟湖)(문화)	피사의 두오모 광장(문화)	산 지미냐노 역사 지구(문화)	이 사시 디 마테라 주거지(문화)	비센자 시와 팔라디안 건축물(문화)	나폴리 역사 지구(문화)	시에나 역사 지구(문화)	크레스피 다대(문화)	르네상스 도시 페라라와 포 삼각주(문화)	라베나의 초기 그리스도교 기념물(문화)	몬테 성(문화)	알베로벨로의 트룰리(문화)	피엔자 시 역사 지구(문화)	까세르따 18세기 궁전과 공원, 반빈텔리 수로 및 산 루치오(문화)	모데나의 토레 씨비카와 피아짜 그란데 성당(문화)	사보이 궁중 저택(문화)	수 누락시 디 바루미니(문화)	아그리젠토 고고학지역(문화)	카잘레의 빌라 로마나(문화)	코스티에라 아말피타라(문화)	파두아 식물원(문화)	포르토베네레, 생케 테레와 섬들(문화)	폼페이 및 허큐라네움과 토레 아눈치아타 고고유적지(문화)	시렌토, 발로, 디 디아노 국립공원(문화)	아퀘레이아 고고유적지 및 가톨릭 성당(문화)	울비노 역사 유적지(문화)	안드리아나 고대 건축(문화)	베로나 도시(문화)	앗시시, 성 프란체스코의 바실리카 유적(문화)	에올리안 섬(자연)	티볼리에 있는 르네상스식 빌라(문화)	발 디 노토의 후기 바로크 도시(문화)	피에드몽과 롬바르디의 지방의 영산(문화)	발 도르시아(문화)	체르베테리와 타르퀴니아의 에트루리아식 네크로폴리스(문화)	시라쿠사와 암석 묘지(문화)	제노바의 롤리 왕궁 및 신작로 유적지(문화)	만투아와 사비오네타(문화)	알불라·베르니나 문화 경관 지역의 라에티안 철로(문화)	돌로미테스(자연)
	그리스	밧새의 아폴로 에피큐리우스 신전(문화)	델피 고고유적지(문화)	아테네의 아크로폴리스(문화)	로데스 중세 도시(문화)	아토스 산(복합)	에피다우루스 고고유적(문화)	테살로니카 지역의 고대 그리스도교 및 비잔틴 기념물군(문화)	미스트라스의 중세 도시(문화)	올림피아 고고유적(문화)	다프니, 호시오스 루카스, 키오스의 비잔틴 중기 수도원(문화)	델로스(문화)	사모스 섬의 피타고리온과 헤라 신전(문화)	베르기나 고고유적(문화)	미케네와 티린의 고고유적(문화)	역사 센터: 성 요한 수도원과 파트모스섬 요한 계시록 동굴(문화)	코르푸 옛마을(문화)
	산마리노	산마리노 역사 지역 및 티타노 산(문화)
	홀리시	로마 역사 지구(문화)	바티칸 시티(문화)

지역	국가	세계문화유산 내용
북아프리카	모로코	페즈의 메디나(문화)	마라케쉬의 메디나(문화)	아이트-벤-하도우(문화)	메크네스 역사 도시(문화)	볼루빌리스 고고유적(문화)	테투안의 메디나(문화)	에사우이라의 메디나(문화)	마자간 구 포르투갈 요새(문화)
	모리타니아	방 다르긴 국립공원(자연)	오우아데인, 칭게티, 티치트, 오왈래타 고대 도시(문화)
	리비아	렙티스 마그나 고고유적(문화)	사브라타(문화)	시레네 고고유적(문화)	타드라트 아카쿠스의 암각예술 유적(문화)	가다메스 구 도시(문화)
	수단	게벨 바르칼과 나파탄 지구 유적(문화)
	알제리	베니 하마드 요새(문화)	므자브 계곡(문화)	지에밀라 고고유적(문화)	타실리 나제르(복합)	티파사 고고유적(문화)	팀가드 고고유적(문화)	알제의 카스바(문화)
	이집트	고대 테베와 네크로폴리스(문화)	멤피스와 네크로폴리스: 기자에서 다 쉬르까지의 피라미드 지역(문화)	아부 메나 그리스도교 유적(문화)	아부 심벨에서 필래까지 이르는 누비아 유적(문화)	이슬람도시 카이로(문화)	성캐더린 지구(문화)	와디 알 히탄(문화)
	튀니지	엘 젬의 원형 극장(문화)	카르타고 고고유적(문화)	튀니스의 메디나(문화)	이츠케울 국립공원(자연)	케르쿠안의 카르타고 유적 및 대규모 공동묘지(문화)	수스의 메디나(문화)	카이로우안 고대 도시(문화)	두가/투가(문화)
서아프리카	가나	가나의 성채(문화)	아샨티 전통건축물(문화)
	감비아	제임스 섬과 관련 유적(문화)	세네감비아 환상 열석군(문화)
	기니	님바 산의 자연보호 지역(자연)
	나이지리아	수쿠 문화 조경(문화)	오순-오소그보 신성숲(문화)
	니제르	아이르, 테네레 자연보호 지역(자연)	니제르 W 국립공원(자연)
	말리	젠네의 구 시가지(문화)	팀북투(문화)	반디아가라 절벽(복합)	아스키아 무덤(문화)
	베냉	아보메이 왕궁(문화)	부르키나파소(BROOKINAPASO)	로로피니 유적(문화)
	세네갈	고레 섬(문화)	니오콜로-코바 국립공원(자연)	주드 조류 보호지(자연)	세네감비아 세인트루이스 섬(문화)	세네감비아 환상 열석군(문화)
	코트디부아르	님바산의 자연보호 지역(자연)	타이 국립공원(자연)	코모에 국립공원(자연)
	토고	코타마코,바타마리바 지역(문화)
	카보베르데	시다데 벨라, 리베이라 그란데 역사 지구
동아프리카	에티오피아	라리벨라 암굴 교회(문화)	시멘 국립공원(자연)	파실 게비, 곤다르 유적(문화)	아와시 계곡(문화)	악숨 고고유적(문화)	오모 계곡(문화)	티야 비석군(문화)	에티오피아의 이슬람 역사 도시 하라 주골(문화)
	케냐	케냐 국립공원(자연)	투르카나 호수 국립공원(자연)	라무 고대 성읍(문화)	미지켄다 부족의 카야 성림(문화)
	탄자니아	느고론고로 자연보호 지역(자연)	세렌게티 국립공원(자연)	킬와 키시와니/송고므나라 유적(문화)	셀로스 동물 보호지역(자연)	킬리만자로 국립공원(자연)	잔지바르 석조(石造) 해양 도시(문화)	콘도 암각화 유적지(문화)
	우간다	르웬조리 국립공원(자연)	브윈디 천연 국립공원(자연)	카스비에 있는 부간다족 왕릉 단지(문화)
중앙아프리카	중앙아프리카 공화국	마노브-군다 성 플로리스 국립공원(자연)
	가봉	생태계 및 문화 경관(복합)
	카메룬	드야의 동물 보호 구역(자연)
	콩고	비룽가 국립공원(자연)	가람바 국립공원(자연)	카후지-비에가 국립공원(자연)	살롱가 국립공원(자연)	오카피 야생생물 보호 지역(자연)
남아프리카	나미비아	트위펠폰테인 암각화 지대(문화)
	남아프리카공화국	로벤 섬(문화)	성 루시아 습지공원(자연)	스테르크폰테인, 스와르트크란스, 크롬드라이의 인류화석지와 엔비론스(문화)	우카람바/드라켄스버그 공원(복합)	마푼구베 문화 경관(문화)	케이프 식물 보호 지구(자연)	브레드포트돔(자연)	리흐터스펠트 문화 및 식물 경관(문화)
	마다가스카르	베마라하 자연보호 구역(자연)	암보히만가 왕실 언덕(문화)	아치나나나 열대우림(자연)
	말라위	말라위 호수 국립공원(자연)	총고니 공원 암석화 유적지(문화)
	모리셔스	아프라바시 선창장 유적지(문화)	르몬 문화 경관(문화)
	모잠비크	모잠비크 섬(문화)
	잠비아	모시 오아 툰야: 빅토리아 폭포(자연)
	짐바브웨	마나 풀스 국립공원 : 사피·츄어수렵 지역(자연)	대짐바브웨 유적(문화)	카미 유적(문화)	모시 오아 툰야: 빅토리아 폭포(자연)	마토보 언덕(문화)

지역	국가	세계문화유산 내용
서아시아	사이프러스	파포스의 고고유적(문화)	트루도스 지역의 벽화 교회군(문화)	크로코티아 고고유적(문화)
	레바논	바알벡(문화)	비블로스(문화)	안자르 유적(문화)	티르 고고유적(문화)	콰디사 계곡 및 삼목숲(문화)
	시리아	다마스커스 구 시가지(문화)	보스라 구 시가지(문화)	팔미라 유적(문화)	알레포 구 시가지(문화)	기사의 성채와 살라딘의 요새(문화)
	예루살렘 (요르단 신청)	예루살렘(문화)
	이스라엘	마사다 국립공원(문화)	아크레 고대 항구 도시(문화)	텔아비브 White 시-모더니즘 운동(문화)	네제브 지역의 사막 도시와 향로(문화)	성경 지구(문화)	하이파와 갈릴리 서부 지역의 바하이교(敎) 성지(문화)
	요르단	퀴세이르 아므라(문화)	페트라(문화)	엄 에르 라자(문화)
	이라크	하트라(문화)	아슈르(문화)	사마라 고고유적도시(문화)
	이란	메이단 이맘, 에스파한(문화)	초가잔빌(문화)	페르세폴리스(문화)	타흐트 술레이만(문화)	밤 지역 경관(문화)	파사르가데(문화)	술타니야(문화)	비소툰 유적지(문화)	이란의 아르메니아 교회 수도원 유적지(문화)	슈슈타르 관개 시설(문화)	세이크 사피 알딘 카네가와 사원 및 아르다빌의 성지 유적군(문화)	타브리즈 바자 역사 지구(문화)
	바레인	콸 아트 알-바레인 고고학 유적지(문화)
	사우디아라비아	나바테아 고고유적지(문화)	애-디리야의 아-투라이프 지구(문화)
	오만	바흐라 요새(문화)	아라비아 오릭스 보호 지역(문화)	프랑킨센스 유적(문화)	아플라지 관개 시설 유적지(문화)
	예멘	시밤 고대 성곽 도시(문화)	사나 구 시가지(문화)	자비드 역사 도시(문화)	소코트라 군도(자연)
남아시아	파키스탄	모헨조다로 고고유적(문화)	탁실라 고고유적(문화)	탁티바이 불교유적과 사리바롤 주변 도시 유적(문화)	라오르의 성채와 샬라마르 정원(문화)	타타 기념물(문화)	로타스 요새(문화)
	인도	아그라 요새(문화)	아잔타 석굴(문화)	엘로라 석굴(문화)	타지마할(문화)	마하발리푸람 기념물군(문화)	코나라크의 태양신 사원(문화)	마나스 야생동물 보호 지역(자연)	카지랑가 국립공원(자연)	케올라디오 국립공원(자연)	고아의 교회와 수도원(문화)	카주라호 기념물군(문화)	파테푸르 시크리(문화)	함피 기념물군(문화)	순다르반스 국립공원(자연)	엘레판타 동굴(문화)	파타다칼 기념물군(문화)	대 촐라 사원(문화)	난다 데비 국립공원(문화)	산치의 불교 기념물군(문화)	델리의 구트브 미나르 유적(문화)	델리의 후마윤 묘지(문화)	인도 산악 철도(문화)	보드 가야의 마하보디 사원 단지(문화)	핌베트카의 바위그늘 유적(문화)	짬빠네르-빠우거드 고고학 공원(문화)	차트라바티 시와 지역(문화)	붉은 항구 복합 건물(문화)	잔타르 마타르(문화)
	네팔	사가르마타 국립공원(자연)	카트만두 계곡(문화)	왕립 시트완 국립공원(자연)	룸비니 석가탄신지(문화)
	스리랑카	시기리야 고대 도시(문화)	아누라다푸라 신성 도시(문화)	폴론나루와 고대 도시(문화)	갈레 구 도시와 요새(문화)	신하라자 삼림보호 지역(자연)	칸디 신성 도시(문화)	담불라의 황금 사원(문화)	스리랑카의 중앙 산악 지대(자연)
중앙아시아	카자흐스탄	코자 암드 야사위의 영묘(문화)	탐갈리 암면 조각화(문화)	사랴르카 초원·호수 지역(자연)
	우즈베키스탄	이찬 칼라(문화)	부하라 역사 지구(문화)	샤크리스압즈 역사 지구(문화)	사마르칸트-문화의 교차(문화)
	투르크메니스탄	고대 메르프 역사문화공원(문화)	쿠냐-우르겐치(문화)	니사의 파르티아 성채(문화)
	키르기즈스탄	술라이만투 성산(문화)
	타지키스탄	사라즘의 원(原)-도시 유적(문화)
	아프가니스탄	얌의 첨탑과 고고학적 유적(문화)	바미안 계곡의 문화 경관과 고고유적지(문화)
동아시아	중국	막고굴(莫高窟)(문화)	만리장성(문화)	주구점(周口店)의 북경원인 유적(문화)	진시황릉(문화)	태산(泰山)(복합)	쯔진청(문화)	황산(黃山)(복합)	주자이거우 자연경관 및 역사 지구(자연)	호남성 무릉원 자연경관 및 역사 지구(자연)	황룡(黃龍) 자연경관 및 역사 지구(자연)	곡부(曲阜)의 공자(孔子) 유적(문화)	우당산의 고대 건축물군(문화)	청대의 피서 산장(문화)	라싸의 포탈라 궁과 전통 티베트 건축물(문화)	노산(廬山) 국립공원(문화)	아미산(峨眉山)과 낙산 대불(樂山 大佛)(복합)	리지앙 고대 마을(문화)	핑야오 고대 도시(문화)	소주(蘇州) 전통 정원(문화)	이화원 영명(문화)	천단(天壇)(문화)	대족(大足) 암각화(문화)	무이산(武夷山)(복합)	안휘-시디와 홍춘 고대 마을(문화)	용문 석굴(문화)	친청산과 듀장안 용수로 시스템(문화)	명과 청 시대의 황릉(문화)	운강 석굴(문화)	윈난성 보호 구역의 세 하천(자연)	고대 고구려 왕국의 수도와 묘지(문화)	마카오 역사 지구(문화)	쓰촨 자이언트 팬더 보호 구역(자연)	은허 유적지(문화)	중국 남부 카르스트(자연)	카이핑 마을(문화)	싼칭산 국가급풍경명성구(자연)	푸젠성 토루(문화)	우타이산(문화)	"하늘과 땅의 중심"의 덩펑 역사기념물(문화)	중국 단샤(자연)
	몽골	옵스 분지(자연)	오르콘 계곡 문화 경관(문화)
	북한	고구려 고분군(문화)
	한국	석굴암과 불국사(문화)	종묘(문화)	해인사 장경판전(문화)	수원 화성(문화)	창덕궁(문화)	경주 역사 유적 지구(문화)	고창·화순·강화 고인돌 유적(문화)	제주 화산섬 및 용암 동굴(자연)	조선 왕릉(문화)	한국의 역사 마을: 하회와 양동(문화)

지역	국가	세계문화유산 내용
동남아시아	일본	시라카미 산치(자연)	야쿠시마(자연)	호류사의 불교 기념물군(문화)	히메지 성(문화)	고대 교토의 역사 기념물(문화)	시라카와고와 고카야마의 역사 마을(문화)	이쓰쿠시마 신사(문화)	히로시마 평화기념관: 원폭돔(문화)	나라 역사 기념물(문화)	니코 사당과 사원(문화)	류큐 왕국의 규스큐 유적과 관련 유적(문화)	기이산지의 영지와 참배길(문화)	시레토코(자연)	이와미 은광 및 문화경관(문화)
	베트남	후에 기념물 집중 지대(문화)	하롱 만(자연)	성자 신전(문화)	호이안 고대 도시(문화)	퐁 나케방 국립공원(자연)	하노이 탕롱 황성의 중앙부(문화)
	라오스	루앙 프라방 시(문화)	참파삭 문화지역 내 푸 사원과 고대 주거지(문화)
	태국	수코타이 역사 도시(문화)	아유타야 역사 도시(문화)	툰야이 후아이 카켕 동물 보호 구역(자연)	반 치앙 고고유적(문화)	동파야엔-카오야이 숲(자연)
	캄보디아	앙코르(문화)	프레아비히어 사원(문화)
	말레이시아	구눙물루 국립공원(자연)	키나바루 공원(자연)	말라카해협의 역사 도시, 멜라카와 조지타운(문화)
	인도네시아	보로부두르 불교 사원(문화)	우중쿨론 국립공원(자연)	코모도 국립공원(자연)	프람바난 힌두 사원(문화)	산기란 초기 인류 유적지(문화)	로렌츠 국립공원(자연)	수마트라의 열대우림 지역(자연)
	필리핀	필리핀 바로크양식 교회(문화)	투바타 암초 해양공원(자연)	필리핀의 계단식 벼 경작지, 코르디레라스(문화)	비간 역사 도시(문화)	푸에르토-프린세사 지하강 국립공원(자연)
오세아니아	오스트레일리아	대보초(자연)	윌랜드라 호수 지역(복합)	카카두 국립공원(복합)	로드하우 군도(자연)	타즈매니안 야생 지대(복합)	오스트레일리아 곤드와나 우림 지대(자연)	울루루 카타 추타 국립공원(복합)	퀸즐랜드 열대습윤 지역(자연)	샤크 만(자연)	프래이저 섬(자연)	호주 포유류 화석 보존 지구(자연)	맥커리 섬(자연)	허드 맥도날드 제도(자연)	블루마운틴 산악 지대 (자연)	푸눌루루 국립공원(자연)	왕립전시관과 칼튼 정원(문화)	시드니 오페라 하우스(문화)	호주 교도소 유적(문화)
	파푸아뉴기니	쿠크 초기 농경지(문화)
	솔로몬제도	동 렌넬(자연)
	바누아투	바누아투 로이 마타 추장 영지(문화)
	마셜제도	비키니 환초 핵 실험지(문화)
	키리바시	피닉스 제도 보호 구역(자연)
	뉴질랜드	테 와히포우나무 공원(자연)	통가리로 국립공원(복합)	남극연안 섬(자연)
북아메리카	캐나다	나하니 국립공원(자연)	란세오 메도스 국립역사공원(문화)	앨버타주립 공룡공원(자연)	알래스카 · 캐나다 국경의 산악 공원군(자연)	스구앵 과이(문화)	우드 버팔로 국립공원(자연)	캐나디언 록키 산맥 공원(자연)	퀘벡 역사 지구(문화)	그로스 몬 국립공원(자연)	루넨버그 구 시가지(문화)	워터튼 레이크 국립공원(자연)	미구아사 공원(자연)	리도 운하(문화)	조진스 화석 절벽(자연)	헤드-스매쉬드 버팔로 지대(문화)
	미국	메사 베르데 국립공원(문화)	엘로우스톤 국립공원(자연)	그랜드 캐니언(자연)	독립기념관(문화)	에버글래드 국립공원(자연)	알래스카 · 캐나다 국경의 산악 공원군(자연)	레드우드 국립공원(자연)	매머드 동굴 국립공원(자연)	올림픽 국립공원(자연)	카호키아 고분 역사 유적(문화)	그레이트 스모키 산맥 국립공원(자연)	푸에르토리코 소재 라 포탈레자 신후안 역사 지구(문화)	요세미티 국립공원(자연)	자유의 여신상(문화)	몬티셀로와 버지니아 대학(문화)	차코 문화역사 공원(문화)	하와이 화산 공원(자연)	푸에블로 데 타오스(문화)	워터튼 레이크 국립공원(자연)	칼스배드 동굴 국립공원(자연)	파파하노모쿠아키아 해양국립기념물(복합)
	멕시코	멕시코시티 역사 지구(문화)	시안 카안 생물권 보호 지역(자연)	옥사카 역사지구 및 몬테 알반 고고유적지(문화)	테오티와칸의 선(先) 스페인 도시(문화)	팔렝케 유적과 국립공원(문화)	푸에블라 역사 지구(문화)	구아나후아토 타운과 주변 광산 지대(문화)	치첸이트사의 선(先) 스페인 도시(문화)	모렐리아 역사 지구(문화)	엘 타진 선(先) 스페인 도시(문화)	시에라 데 샌프란시스코 암벽화(문화)	엘 비즈카이노 고래 보호 구역(자연)	자카테카스 역사 지구(문화)	포포카테페틀의 16세기 수도원(문화)	궤레타로 역사 기념물 지대(문화)	욱스말 선(先)-스페인 도시(문화)	과달라하라의 호스피시오 카바나스(문화)	티아코탈판 역사 기념물 지역(문화)	파퀸 카사스 그란데스 고고유적지(문화)	소치칼코 고고학 기념 지역(문화)	캄페체 요새 도시(문화)	칼라크물, 캄페체의 고대 마야 도시(문화)	코레타라의 시에라 고르다의 프란치스코 선교본부(문화)	루이스 바라간의 집과 스튜디오(문화)	캘리포니아만의 섬과 보호 지역(자연)	용설란 재배지 경관 및 구 데킬라 공장 유적지(문화)	국립대학(UNAM) 중앙대학 도시 캠퍼스(문화)	산미겔 보존 지구와 아토토닐코의 나사렛 예수 교회(문화)	왕나비 생물권 보전 지역(자연)	오악사카 중앙 계곡의 야굴과 미틀라의 선사동굴(문화)	티에라 아덴트로의 카미노 레알(문화)
	쿠바	아바나 구시가와 요새들(문화)	트리니다드와 로스 인제니오스 계곡(문화)	산티아고 데 쿠바의 산 페드로 드 라 로카 요새(문화)	데셈바르코 델 그란마 국립공원(자연)	비날레스 계곡(문화)	쿠바 동남부의 최초 커피 재배지 고고학적 경관(문화)	홈볼트 국립공원(자연)	시엔푸에고스 역사 중심 도시(문화)	카마구에이 역사 지역(문화)
	벨리즈	벨리즈 산호초 보호 지역(자연)
	엘살바도르	호야 데 세렌 고고유적지(문화)

지역	국가	세계문화유산 내용
북아메리카	과테말라	안티구아 시(문화) ǀ 티칼 국립공원(복합) ǀ 퀴리구아 고고유적공원(문화)
	온두라스	코판의 마야 유적(문화) ǀ 리오 플라타노 생물권 보호 지역(자연)
	니카라과	레온 비에즈 유적(문화)
	코스타리카	라 아미스테드 보호 지역 및 국립공원(자연) ǀ 코코스 섬 국립공원(자연) ǀ 구아나카스트 보호 지역(자연)
	파나마	포르토벨로와 산 로렌조 요새(문화) ǀ 다리엔 국립공원(자연) ǀ 라 아미스테드 보호 지역 및 국립공원(자연) ǀ 살롱 볼리바르와 파나마 역사 구역(문화) ǀ 코이바 국립공원(자연)
	아이티	국립역사공원-시터들, 상수시, 라미에르(문화)
	도미니카 공화국	산토 도밍고 식민 도시(복합)
	도미니카 연방	모르네 트루와 피통 국립공원(자연)
	세인트키츠네비스	유황산 요새 국립공원(문화)
	세인트루시아	피통스 관리 지역(자연)
남아메리카	베네수엘라	코로 항구(문화) ǀ 카나이마 국립공원(자연) ǀ 카라카스 대학 건축물(문화)
	콜롬비아	카타제나의 항구, 요새 역사, 기념물군(문화) ǀ 로스 카티오스 국립공원(자연) ǀ 산 아구스틴 고고학 공원(문화) ǀ 산타 크루즈 데 몸포 역사 지구(문화) ǀ 티에라덴트로 국립 고고 공원(문화) ǀ 말펠로 동식물 보호 해상 구역(자연)
	수리남	수리남 자연보존 지구(자연) ǀ 파라마리보의 역사적 내부 도시(문화)
	에콰도르	키토 구 도시(문화) ǀ 갈라파고스 제도(자연) ǀ 산가이 국립공원(자연) ǀ 쿠엔카 역사 지구(문화)
	페루	마추피추 역사 보호 지구(복합) ǀ 쿠스코 시(문화) ǀ 차빈 고고유적지(문화) ǀ 후아스카란 국립공원(자연) ǀ 찬찬 고고 유적지대(문화) ǀ 마누 국립공원(자연) ǀ 리마 역사 지구(문화) ǀ 리오 아비세오 국립공원(복합) ǀ 나스카와 후마나 평원(문화) ǀ 아레큐파 역사 도시(문화) ǀ 카랄-수페 신성 도시(문화)
	볼리비아	포토시 광산 도시(문화) ǀ 치키토스의 예수회 선교단 시설(문화) ǀ 수크레 역사 도시(문화) ǀ 사마이파타 암벽화(문화) ǀ 노엘 캠프 메르카도 국립공원(자연) ǀ 티와나쿠(문화)
	브라질	오우로 프레토 역사 도시(문화) ǀ 올린다 역사 지구(문화) ǀ 과라니족의 예수회 선교단 시설(문화) ǀ 살바도르 데 바이아 역사 지구(문화) ǀ 콩고나스의 봉 제수스 성역(문화) ǀ 이과수 국립공원(자연) ǀ 브라질리아(문화) ǀ 세라 다 카피바라 국립공원(문화) ǀ 세인트 루이스 역사 지구(문화) ǀ 남동부 대서양림 보호 지역(자연) ǀ 디스커버리 해안 대서양림 보호 지역(자연) ǀ 디아만티나 시 역사 지구(문화) ǀ 판타날 보존 지구(자연) ǀ 아마존 열대수림 보호 지역(자연) ǀ 고이아스 역사 지구(문화) ǀ 브라질 대서양 제도(자연) ǀ 케라도 열대우림 보호 지역(자연) ǀ 사오 크리스토바오의 사오 프란치스코 광장(문화)
	칠레	라파 누이 국립공원(문화) ǀ 칠로에 교회(문화) ǀ 발파라이소 항구도시의 역사 지구(문화) ǀ 움베르스똔과 산따 라우라의 초석 작업장(문화) ǀ 씨웰 광산촌 유적지(문화)
	파라과이	라 산티시마 데 파라나 제수스 데 타바란게 제수이트 선교단 시설(문화)
	우루과이	콜로니아 델 새크라멘토 역사 지구(문화)
	아르헨티나	로스 글라시아레스 국립공원(자연) ǀ 과라니족의 예수회 선교단 시설(문화) ǀ 이과수 국립공원(자연) ǀ 리오 핀투라스 암각화(문화) ǀ 발데스 반도(자연) ǀ 이치구알라스토 타람파야 자연공원(자연) ǀ 코르도바의 예수회 수사 유적(문화) ǀ 우마우카 협곡(문화)

참고 문헌 및 사이트

- 〈유네스코 세계 유산〉, 중앙M&B
- 〈교과서에 나오는 유네스코 세계 문화유산〉, 시공주니어
- http://mjnam001.egloos.com
- http://www.vascoplanet.com

- 〈유네스코 지정 세계 문화유산 577〉, 청아출판사
- 〈유네스코 세계문화유산〉, 대교 베델스만
- http://blog.naver.com/juk4277
- http://blog.naver.com/koviet2

자료 제공

by simon_music 12	by Allie_Caulfield 138, 139	by scarletgreen 229
by unforth 13	by ahisgett 140, 143	by Army Vet 231
by *clairity* 13, 15, 65, 198, 200	by Andrea Kirkby 143	by izahorsky 233
by paul-simpson 16	by spacejulien 148	by unfoldedorigami 237
by ninara 22	by MACSURAK 153	by tekbassist 237
by Matthew Winterburn 22	by Renata Barros 154	by Bernt Rostad 244
by Gaspa 29, 37, 50, 53, 54, 56, 68, 75, 193	by Ashley R. Good 165	by RachelH 249, 251
by Tom@HK 24	by Bernt Rostad 165	by jin_nkzw 250
by a rancid amoeba 24, 64	by amos 172	by beggs 257
by StartAgain 24	by twicepix 187	by JaeYong, BAE 263
by Argenberg 25, 41 ,46, 163, 359	by Marc Lagneau 180	by Sebastià Giralt 338
by magnusfranklin 45	by Melodie Mesiano 181	by Sorosh 338
by Nic's events 51	by ell brown 194	by gregor_y 361
by HBarrison 51	by roryrory 194	by Esme_Vos 364, 367
by Tommy and Georgie 102	by beggs 196	by georgia.kral 373
by Rita Willaert 101	by Jim Linwood 196	by gerard0 373
by Bernt Rostad 113	by felipe_gabaldon 197	by amanderson2 374
by jns001 118, 129	by redgoober4life 198	by jschmeling 374
by Rainer Ebert 120	by Fonk 199	by identifide 376
by ChrisYunker 120	by edall2005 200	by Gucumatz 376
by korom 130, 131, 189	by dalylab 202	by keith_rock 377
by niky81 130, 131	by B. Tse 203	by mabahamo 377
by hesselink 134	by Jordanhill School D&T Dept 209	by Threthny 382, 384
by stevecadman 138	by AlphaTangoBravo-Adam 212	by Moody75 394
by jamie Anderson 138	by toml1959 216, 219	이용창 233, 268, 269, 270
	by LeFronque 229	

상식으로 꼭 알아야 할
건축, 그 천년의 이야기

편저자	김동훈, 박영란
발행인	신재석
발행일	초판 1쇄 발행　2010년 10월 15일
	초판 3쇄 발행　2014년 7월 15일
펴낸곳	㈜삼양미디어
등록번호	제 10-2285호
주　소	서울시 마포구 양화로 6길 9-28
전　화	02 335 3030
팩　스	02 335 2070
홈페이지	www.samyangM.com

ISBN | 978-89-5897-203-7(03300)

잘못 만들어진 책은 구입하신 서점에서 바꾸어 드립니다.